btb

»Absolut fesselnd … die wahre Geschichte einer brillanten Biochemikerin, die nie aufgegeben hat.«
Bonnie Garmus

In einer von männlichen Wissenschaftlern dominierten Welt gelang der Ungarin Katalin Karikó das Unglaubliche: Nach jahrzehntelanger Forschung zur mRNA war sie an der Impfstoff-Entwicklung von COVID-19 beteiligt - und erhielt dafür 2023 den Nobelpreis für Medizin. Aufgewachsen im kommunistischen Ungarn der Nachkriegszeit in einem Lehmhaus ohne fließend Wasser war Karikó schon früh entschlossen, Wissenschaftlerin zu werden. Mit 1200 Dollar, eingenäht in den Teddybär ihrer Tochter, und dem Traum, die Medizin zu revolutionieren, ging sie in die USA. Dort machte sie allen Widerständen zum Trotz eine beispiellose Karriere als Biochemikerin. In ihrer glänzend geschriebenen Autobiografie zeigt sie wie Mut, Ausdauer und ihre unerschütterliche Leidenschaft für die Forschung zu einer Erfindung führten, die Millionen Menschen das Leben rettete.

Die deutsche Erstausgabe ist bei btb HC unter dem Titel »Durchbruch« erschienen.

Katalin Karikó, geboren 1955 in Szolnok, ist eine ungarisch-US-amerikanische Biochemikerin. Der Schwerpunkt ihrer Forschung liegt auf der RNA-vermittelten Immunaktivierung. Gemeinsam mit dem amerikanischen Immunologen Drew Weissman entdeckte sie die Möglichkeit, durch Nukleosid-Modifikation die Immunogenität von RNA zu unterdrücken. Diese Technologie ermöglicht die therapeutische Nutzung von mRNA und bildete die Grundlage für die Entwicklung mRNA-basierter COVID-19-Impfstoffe. Am 2. Oktober 2023 wurde ihr und Weissman dafür der Nobelpreis für Physiologie oder Medizin verliehen.

KATALIN KARIKÓ
MIT ALI BENJAMIN

NIEMALS AUFGEBEN

Aus dem Englischen
von Elisabeth Liebl

btb

Die englische Originalausgabe erschien 2023 unter dem Titel
»Breaking Through – My Life in Science« bei Crown,
Teil von Penguin Random House LLC, New York.

MIX
Papier | Fördert
gute Waldnutzung
FSC® C014496

Penguin Random House Verlagsgruppe FSC® N001967

1. Auflage
Genehmigte Taschenbuchausgabe März 2026

Neumarkter Straße 28, 81673 München
produktsicherheit@penguinrandomhouse.de
(Vorstehende Angaben sind zugleich
Pflichtinformationen nach GPSR.)

Umschlaggestaltung: semper smile, München,
nach einer Vorlage von Editions Quanto, unter Verwendung
von Bildmaterial von Matthew Hamilton/Vilcek Foundation
Satz: Uhl+Massopust, Aalen
Druck und Einband: GGP Media GmbH, Pößneck
Printed in Germany
ISBN 978-3-442-77565-1

www.btb-verlag.de
www.facebook.com/penguinbuecher

INHALT

VORBEMERKUNG

Am letzten Unterrichtstag der zweiten Klasse kam meine Tochter Susan aus ihrer staatlichen Schule in einem Vorort von Philadelphia nach Hause. Sie setzte sich an den Tisch, öffnete ihren Rucksack und holte einen Bleistift und ein Blatt Papier heraus. Dann fing sie an zu schreiben, wobei sie hoch konzentriert die Stirn runzelte, ein Gesichtsausdruck, den ich im Laufe der Jahre immer wieder an ihr beobachten sollte.

Ich fragte Susan, was sie da schrieb. Ohne aufzublicken, antwortete sie: »Ich bedanke mich bei Mrs. Wilson, weil sie mir dieses Jahr so viel beigebracht hat.«

Ich starrte sie an. Susan blickte weiter angestrengt auf ihr Blatt Papier und widmete sich mit aller Sorgfalt den Buchstaben. Ihre Hand rückte gleichmäßig bis zum Ende der Zeile vor und wanderte dann zur nächsten.

Das habe ich nie getan, dachte ich.

Das habe ich tatsächlich nie gemacht. Nicht ein einziges Mal habe ich einem meiner Lehrer geschrieben, um mich zu bedanken.

Daher hoffe ich, dass dieses Buch als verspätete Danksagung gelten kann. Auf diese Weise möchte ich all jenen Menschen, die sich die Zeit nahmen, um mir etwas beizubringen – von all meinen Lehrern und Mentoren der frühesten Tage in Ungarn bis hin zu den weltbekannten Experten für Kardiologie, Neurochirurgie und Immunologie, die mich an ihrer Seite arbeiten ließen – sagen, dass alles, was sie taten, von Bedeutung war.

Denn es waren Lehrer, die mir die Grundlagen vermittelten, mir mein Fundament gaben.

Es waren Lehrer, die mir zeigten, wie ich den nächsten Schritt machen konnte: indem ich nachfragte, mich wunderte, forschte und eigenständig dachte.

Und es waren Lehrer, die mir zeigten, wie ich sogar darüber hinausgehen konnte: indem ich von meinem Wissen Gebrauch machte, um etwas zu bewirken.

Es waren Lehrer, die es diesem Kind aus einem Arbeiterhaushalt im kommunistischen Nachkriegs-Ungarn ermöglichten, die Welt zu verstehen … und diese auf ihre ureigenste Weise zu verändern.

Niemand wächst in einer landwirtschaftlichen Gemeinde auf – oder wird Biologin –, ohne eine gesunde Wertschätzung für Samen zu entwickeln. Samen stehen für Potenzial. Sie sind ein Versprechen. Sie sind Nahrung. Samen machen den Unterschied zwischen einer tristen Zukunft und einer fruchtbaren. Einen Samen zu pflanzen ist in jedem Fall ein Akt der Überzeugung und der Hoffnung.

Daher möchte ich meinen Lehrern danken, aber auch allen anderen Lehrern der Welt. Sie legen die Samen in fruchtbare Erde.

VORWORT

Eine Frau sitzt an einem Labortisch. Von außen betrachtet wirkt das nicht sonderlich beeindruckend. Der billige und quietschende Hocker, auf dem sie sitzt, rollt über den harten Boden. Die Laborschränke bestehen aus hartem, widerstandsfähigem Material – Stahl vielleicht oder Kunststoff. Man hat sie mit Papier abgedeckt, um sie vor ausgelaufenen Flüssigkeiten zu schützen. Rundherum einige Gerätschaften: eine Tischzentrifuge, einige rechteckige Mikrotiterplatten aus Plastik, ein Vortexmischer, eine Heizplatte, ein Inkubator. Für das ungeschulte Auge sehen die meisten Dinge aus, als könnten sie auch in einer ganz normalen amerikanischen Küche stehen. *Etwas zum Erhitzen, etwas zum Abkühlen, etwas zum Einfrieren, zum Mixen, zum Saubermachen.*

Durch ein Fenster fällt vielleicht ein bisschen Tageslicht herein, vielleicht aber auch nicht. Über dem Kopf der Frau summen die Leuchtstoffröhren. Die ganze Szenerie hat absolut nichts Glamouröses.

Vielleicht ist die Frau ja heute die Erste im Labor. Es ist noch früh, die Sonne klettert gerade über den Horizont. Sie greift nach einer Pipette, einem Reagenzglas. Und dann beginnt sie ihr Tagwerk.

Sie wird hier stundenlang sitzen, ohne auch nur einmal aufzustehen. Im Grunde sitzt sie hier vierzig Jahre lang.

Wenn Sie die Szene von außen betrachten, werden Sie sich langweilen, und das recht schnell. Und wer wollte Ihnen das übelnehmen? *Sie sitzt ja nur da.* Von innen gesehen allerdings ergibt sich ein ganz anderes Bild.

Denn auch wenn der Körper der Frau sich kaum bewegt, so fegt durch ihren Geist ein gewaltiger Wirbelsturm, denn er quillt über vor tollen Ideen. Ihr Verstand zieht eine gerade Linie von der Arbeit, die sie gerade macht, zu den wissenschaftlichen Durchbrüchen, die eines Tages Leben retten werden. Sie weiß nicht, ob sie diese Durchbrüche erzielen wird oder jemand anders. Sie weiß auch nicht, ob sie diese noch miterleben wird. Aber all das ist nicht wirklich von Bedeutung.

Die Arbeit, das *Tun* selbst, ist es, was zählt.

Die Frau macht Fortschritte, einen nach dem anderen. Sie misst, sie pipettiert, sie gießt Flüssigkeiten in Reagenzgläser und stellt die Zentrifuge an. Sie konzentriert sich, damit ihr auch bestimmt nichts entgeht. Die Arbeit ist ermüdend, aber keineswegs langweilig. Tatsächlich fühlt sie sich ein bisschen wie eine Detektivin, eine Art weiblicher Columbo. Irgendwann fällt ihr Blick vielleicht auf das eine winzige Detail, das den Fall für sie löst.

Also vergessen wir doch einfach, welchen Eindruck diese Szenerie auf einen außenstehenden Betrachter machen würde. Denn die Frau weiß, dass sich genau hier – in diesem unscheinbaren Labor mit seinem quietschenden Rollhocker und den summenden Leuchtstoffröhren – das Reich der grenzenlosen Möglichkeiten auftut.

Auch eine Zelle ist letztlich ganz anders beschaffen, als wir uns das normalerweise vorstellen.

Wenn Sie einen elementaren Unterricht in Biologie genossen haben, dann wissen Sie ein paar Dinge über die Zelle: dass sie die grundlegende Einheit alles Lebendigen ist, der Baustein allen Lebens. Vielleicht kennen Sie sogar die innere Architektur der Zelle. Bei Eukaryoten – also bei fast allem Lebendigen, das Sie je zu Gesicht bekommen haben, und vielem mehr, was unter dem Mikroskop sichtbar wird – ist diese folgendermaßen aufgebaut: Eine Plasmamembran umhüllt eine gelatineartige Flüssigkeit, die Zytoplasma heißt und in der mehrere Organellen schwimmen. In der Zellmitte befindet sich der Zellkern mit der DNA. Richtet man sich nach dem Bild, das die meisten Lehrbücher von der Zelle zeichnen, dann kann man sich diese vorstellen wie ein Kinderplanschbecken im Garten, in dem verschiedene aufblasbare Spielsachen treiben und darauf warten, dass etwas passiert.

Aber das ist leider vollkommen falsch.

Jede Zelle ist wie eine Science-Fiction-Stadt, die niemals schläft. Sie vibriert nur so vor Aktivität. Fast alle unsere Zellen enthalten ausgeklügelte Fabriken, die rund um die Uhr wie am Fließband Tausende Produkte herstellen. Labyrinthische Transportwege lassen selbst die komplexesten, vom Menschen konstruierten Autobahnen hoffnungslos simpel aussehen. Die Verpackungs- und Versandzentren arbeiten effizienter als jeder Paketdienst. Die Kraftwerke stellen Unmengen Energie zur Verfügung, und Recyclingsysteme sorgen dafür, dass nichts verschwendet wird oder lange herumliegt und vergammelt.

In Ihren Zellen werden komplexe Codes verschlüsselt, versiegelt, weitertransportiert, entschlüsselt und heruntergebrochen. Nur mit diesem einen Schlüssel sind Tore zu öffnen und zu schließen. Überwachungsnetzwerke bemerken jeden Eindringling … und attackieren ihn, sobald er entdeckt ist. Das sind unfassbar viele biologische Aktivitäten, die ohne Unterbrechung ablaufen, in jeder einzelnen Ihrer Billionen Zellen.

Seit Sie angefangen haben, dieses Buch zu lesen, haben Ihre

Zellen gepumpt, befördert, gestapelt, transportiert, transkribiert, dekodiert, konstruiert, zerstört, gefaltet, blockiert, empfangen und ausgestoßen. So wurde es ermöglicht, dass Sie atmen, verdauen und Sauerstoff sowie Nährstoffe selbst in die entlegensten Winkel Ihres Körpers schleusen konnten. Sie haben Strom erzeugt und Luftschwingungen interpretiert. Sie haben gedacht, wahrgenommen, Muskeln kontrahiert und Legionen von Krankheitserregern, von denen Sie nie erfahren werden, aufgespürt und bekämpft.

In anderen Worten: Sie haben gelebt.

Ich erzähle Ihnen all das, weil Sie, um meine Geschichte, um *mich* zu begreifen, zuerst etwas anderes verstehen müssen: Das, was auf manche Menschen so statisch wirkt – die Frau im Labor, die Spielsachen im Planschbecken – ist in Wirklichkeit das genaue Gegenteil.

Manchmal kann ein komplexes und befriedigendes Leben – oder die Komplexität des Lebens an sich – für andere aussehen, als stecke nichts Aufregendes dahinter.

TEIL 1

Die Tochter des Metzgers

Eine Geschichte wird in meiner Familie immer wieder erzählt – ich persönlich kann mich daran allerdings nicht erinnern. Ich war noch ein pausbäckiges Kleinkind mit einem blonden Pagenkopf. Ich stehe draußen hinter unserem Haus. Vor mir steht mein Vater, der gerade dabei ist, unser Familienschwein zu schlachten. Das ist seine Arbeit, seine Berufung. Er ist Metzger. So verdient er seinen Lebensunterhalt und ernährt uns alle. Er macht diese Arbeit, seit er zwölf Jahre alt war.

Das tote Tier liegt auf einem Podest aus Ziegeln, damit es nicht schmutzig wird. Mein Vater sengt die Borsten mit einem Handbrenner ab, der einer Lötlampe ähnelt. Er schneidet den langen Leib des Schweins auf und fasst in die Bauchhöhle. Dann holt er die Eingeweide heraus, sehr vorsichtig, um die Organe nicht zu beschädigen. Die knubbligen Innereien glänzen. Schließlich greift er zum Beil und teilt das Tier entlang der Wirbelsäule in zwei gleiche Hälften. Was nun vor mir liegt, sieht nicht mehr nach einem Tier aus, einem Lebewesen. Es wirkt mehr wie eine Ware. Zu guter Letzt schneidet er den Schlachtkörper in hellrote Stücke aus Muskelfleisch.

Für meine Schwester Zsuzsanna, die drei Jahre älter ist als ich, ist das zu viel. Zsóka, wie ich sie nenne, ist nicht zimperlich. Wir sind schließlich im Ungarn der Nachkriegszeit. Zimperlichkeit ist ein Luxus, den sich niemand leisten kann – schon gar nicht eine Familie, die von der Hand in den Mund lebt wie unsere. Aber egal, was *mich* an diesem Augenblick so fasziniert haben mag, auf meine Schwester hat es nicht den gleichen Effekt.

Ich jedoch bin *tatsächlich* gefesselt.

Meine Eltern amüsierten sich immer, wenn sie sich daran erinnerten, wie ich dreingeschaut habe: die Augen weit aufgerissen, um nur ja nichts zu versäumen – die ganze komplexe Topografie des tierischen Innenlebens. All diese verschiedenen Teile, die so lange zusammenarbeiteten, um dieses eine Wesen am Leben zu erhalten. All diese Rätsel und Geheimnisse, die plötzlich ans Licht des Tages traten.

In meinen Augen ist dies der Anfang.

Ich kann mich zwar nicht an diese frühen Momente erinnern, in denen ich meinem Vater bei der Arbeit zusah, aber ich weiß noch sehr gut, in welcher Welt sie sich abspielten, in der Landschaft meiner Kindheit.

Kisújszállás: Zentralungarn, Teil der nördlichen großen Tiefebene. Lehmboden. Wogendes Weideland. Eine mittelgroße, von Landwirtschaft geprägte Stadt, in der ungefähr zehntausend Menschen leben. Wir sind nicht so isoliert wie manche andere Stadt. Immerhin haben wir einen Bahnhof. Und die Hauptstraße 4 führt durch die Stadt, die wichtigste Fernstraße nach Budapest. Es gibt ein paar gepflasterte Straßen, aber unsere ist aus gestampftem Lehm.

Unser Haus ist einfach und klein. Es wurde buchstäblich aus der Erde gebaut, die es umgibt: Seine weiß gestrichenen Mauern bestehen aus Lehm und Stroh. Obenauf ein dickes Rieddach. Ich kann mich noch erinnern, wie ausgebleicht das Schilfrohr von der Sonne war. Es sah aus wie eine struppige graue Perücke.

Wir leben in einem einzigen Raum. Das Haus ist größer als dieser Raum, aber die meiste Zeit des Jahres ist es in den anderen Zimmern zu kalt, sodass wir sie nur als Lagerräume nutzen können. Unser Leben spielt sich da ab, wo es warm ist.

In einer Ecke dieses Raumes steht der Wärmespender: ein Sägemehlofen. Er besteht aus Walzblech und hat etwa einen halben Meter Durchmesser. Im Grunde sieht er aus wie ein Fass mit einem Zylinder darin, der voller Sägespäne ist. Auf Pferden holen wir die Sägespäne von der nahe gelegenen Fabrik für Holzspielzeug. Zu Hause lagern wir das Sägemehl in der Scheune, auf einem Haufen, der größer ist als mein Vater. Im Sommer müssen wir den Haufen immer wieder umschichten, damit er sich in der Hitze nicht selbst entzündet.

Der Sägemehlofen wird so heiß, dass meine Mutter ihn manchmal als zusätzliche Kochplatte nutzen kann. Wenn er richtig durchheizt, fängt seine Außenwand an, rot zu glühen. Zsóka und ich haben schon früh gelernt, Abstand zu halten, weil man sich daran ganz leicht verbrennt. Trotzdem ist es unsere Aufgabe, jeden Morgen den inneren Zylinder mit Sägemehl zu füllen. Das ist Schwerstarbeit, die mit höchster Vorsicht verrichtet werden muss. Wie viele der Dinge, die wir tun, ist es keine Verpflichtung – zumindest nicht in dem Sinne, wie dieses Wort heute gebraucht wird. Es ist nichts, worum unsere Eltern uns *bitten* würden, auch kein Gefallen, den wir der Familie tun. Es ist einfach nur etwas, was getan werden *muss*. Wenn wir es nicht tun, wird die Familie frieren.

In der Mitte des Raumes steht ein großer Tisch. Hier bereiten wir die Mahlzeiten vor und essen. Manchmal versammelt sich unsere Verwandtschaft um diesen Tisch, um ausgelassen zu feiern. An diesem Tisch erledigen meine Schwester und ich unsere Hausaufgaben, helfen unserer Mutter, frischen Nudelteig auszurollen, den sie aus Mehl und Eiern zubereitet.

Jeden Abend steht mein Vater an der Schmalseite des Tisches und gibt unser Essen aus. Er hat während des Zweiten Weltkriegs in der Armee gedient und an der Front für Hunderte Soldaten gekocht, wobei er die Portionen ganz exakt verteilen musste. Ich sehe ihn heute noch vor mir, wie er Nudeln in seine Suppenschüssel schaufelt. »Soldaten im Krieg an der Front!«, ruft er. Dann greift er nach der Schüssel meiner Mutter: »Soldaten im Krieg an der Heimatfront!« Dann komme ich und schließlich meine Schwester. Wir Kinder bekommen kleinere Portionen. »Soldaten in Friedenszeiten«, sagt er ganz ruhig.

Dann lacht er und gibt jedem von uns noch ein bisschen mehr. Die Zeiten mögen hart sein, aber er hat Schlimmeres erlebt. Jeder Erwachsene hat das.

Gleich in der Nähe befinden sich die Betten, in denen wir schlafen: ich und Zsóka in dem einen, Mutter und Vater in dem anderen. Die Betten stehen so nahe beieinander, dass wir uns während der Nacht berühren können.

Draußen steht nicht nur die Räucherkammer meines Vaters (wo die Würste hängen, von denen dicke, vom Paprika orangefarbene Fettbatzen auf den Boden tropfen), sondern auch die Scheune, wo schon ein neues Schwein heranwächst. Das Fleisch fürs nächste Jahr. Im Hof picken Hühner auf der Erde herum, und wir haben mehrere Gärten. Im Hauptgarten ziehen wir das Essen für unsere Familie: Karotten, Bohnen, Kartoffeln und Erbsen. Das Abendessen besteht gewöhnlich aus den Dingen, die gerade erntereif sind (und die natürlich, wie die Würste, immer mit reichlich Paprika gewürzt werden). Zsóka und ich haben unseren eigenen Garten. Jedes Frühjahr legen wir die Samen in die Erde. Unsere Finger sind noch ungeschickt, aber wir gehen ganz behutsam zu Werke. Sachte bedecken wir die Samen mit Erde, und Wochen später können wir dann die Sprösslinge betrachten, die ihre Spitzen in die Luft und der Sonne entgegenstrecken. Wir bauen auch Obst an. Wir haben Apfel-, Quitten- und Kirschbäume. Und dazu noch Weintrauben auf der Pergola.

Nicht zu vergessen die vielen Blumen: blaue Hyazinthen, weiße Narzissen und Veilchen und große Rosenbüsche, die unser bescheidenes Heim in einen wahren Garten Eden verwandeln.

Irgendwann, Jahrzehnte in der Zukunft und einen Ozean weit entfernt, in einer Stadt namens Philadelphia, von der ich noch nie gehört habe, werde ich in einem Haus an einer breiten Vorortstraße leben. Dort werde ich mich auf die Suche nach Blumen machen, die ich pflanzen kann. Und erst als ich keine weißen Narzissen finde, merke ich, was ich da eigentlich tue: Ich suche nicht irgendwelche Blumen, sondern genau *diese*. Die Blumen, die ich als kleines Mädchen kannte und von denen ich weiß, dass meine Mutter sie gepflanzt und gepflegt hat.

Außerhalb der Stadt erstrecken sich die Maisfelder. Diesen Mais pflanzen wir selbst an. Davor aber müssen wir die Erde mit Hacken auflockern und das Unkraut beseitigen. Später vereinzeln wir die Pflänzchen, jäten regelmäßig Unkraut und düngen den Boden mit Kuhfladen. Schließlich können wir den Mais ernten. Die Körner bekommen die Tiere, und mit den Kolben heizen wir den Küchenofen.

Alles folgt derselben Devise: Nichts wird verschwendet. Wir schütteln Walnüsse von den Bäumen, essen die Kerne und verbrennen die Schalen im Ofen.

Es wird noch Jahre dauern, bevor Plastik in mein Leben tritt. Jahre werden vergehen, bevor ich den Begriff *Müll* verstehe – Dinge, die so nutzlos sind, dass man sie einfach wegwerfen kann.

Wir selbst haben keine Kuh, aber unser Nachbar. Jeden Morgen geht eine von uns, meine Schwester oder ich, mit einem leeren Krug hinüber. Wir füllen ihn mit Milch, die noch warm vom Euter ist, und servieren sie zum Frühstück. Aus dem, was übrig bleibt, wird Kefir gemacht. Wenn wir die Milchreste aus den Gläsern spülen, fangen wir das weißliche Wasser für unser Schwein auf, das alles gierig verschlingt.

Während wir herumwieseln und uns für den Tag fertig machen (wobei die Luft manchmal so kalt ist, dass unser Atem weiße Wölkchen bildet), hören wir einem kleinen Radio zu. Jeden Morgen erzählt der Sprecher, wer heute Namenstag hat. Zu jedem Tag des Jahres gehört ein anderer Name, und seine Träger dürfen feiern. 19. Februar – Zsuzsanna. 19. November – Erzsébet (Elisabeth). *Guten Morgen*, sagt dann die Stimme aus dem Radio. *Heute ist der 2. Oktober, also haben heute alle Petras Namenstag. Der Name stammt von einem griechischen Wort, das Stein oder Fels bedeutet …* Wenn wir dann in der Schule ankommen, wissen wir schon, wer Namenstag hat, und wünschen ihm oder ihr alles Gute. Das ist ein gutes System. Wie viele von uns wissen schon, wann die Menschen, die wir kennen, Geburtstag haben? Aber wenn man weiß, wie jemand heißt, dann weiß man auch, wann jemand Namenstag hat, und kann ihm oder ihr gratulieren.

In den ersten zehn Jahren meines Lebens benutzen wir eine Außentoilette. Nachts – vor allem im Winter – pinkeln wir in einen Nachttopf. So macht das fast jeder, den ich kenne – zumindest in den Anfangsjahren.

In unserem Haus gibt es kein fließendes Wasser. Im Hof haben wir – wie alle Familien in unserer Straße – einen Brunnen. Manchmal beuge ich mich über seinen Rand und starre ins Dunkel, während die kühle, feuchte Luft meine Haut benetzt. Im Sommer wird der Brunnen zum Kühlschrank. Wir lassen unsere Lebensmittel fast ganz bis zum Wasser hinunter, damit sie nicht schlecht werden. In den Wintermonaten ist das ganze Haus ein Kühlschrank. (In der kältesten Zeit bewahren wir die Eier unter dem Bett auf, damit sie nicht einfrieren.)

Mit dem Brunnenwasser tränken wir die Tiere oder gießen die Pflanzen. Zum Baden und Waschen ist es zu hart, außerdem ist es nicht trinkbar. Daher geht mein Vater jeden Tag mit zwei Eimern zu einer Pumpe in einer nahe gelegenen Straße. Die vollen Eimer trägt er an einer Stange über der Schulter. Zsóka und ich laufen hinter ihm her und bringen in kleineren Gefäßen Wasser nach Hause. Einmal die Woche machen wir es heiß, schütten es in unsere kleine Zinkwanne und baden.

An der Gemeindepumpe tauschen die Nachbarn den neuesten Klatsch aus, diskutieren die Nachrichten und berichten einander von den erfreulichen und schlimmen Ereignissen des Tages. Für mich ist diese Pumpe so etwas wie der allererste Chatroom.

Gelegentlich kommt ein Mann auf einem Pferd durch unsere Straße. Er schlägt laut die Trommel, um uns nach draußen zu rufen und die neuesten behördlichen Bekanntmachungen zu überbringen. Das ist eine weitere, eher offizielle Nachrichtenquelle – in manchen Gemeinden heißt er der Stadtschreier oder der Ausrufer.

»Nächsten Dienstag«, könnte so eine Verlautbarung klingen, »gibt es eine vorbeugende Impfung für Hühner! Lassen Sie Ihre Hühner an diesem Tag im Stall, damit sie geimpft werden können!«

Wir schreiben auf, was er gesagt hat, und gehen dann zur Wasserpumpe. Dort wiederholen wir und jeder, der sonst noch dort ist, die jüngste Bekanntmachung, falls jemand den Ausrufer verpasst haben sollte: »Hast du gehört? Die Hühner werden geimpft. Ja, genau, nächsten Dienstag. Wir sollen die Hühner drinnen lassen.«

Und am nächsten Dienstag kommen dann auch wirklich Studenten der Tiermedizin zu unserem Haus. Zsóka und ich fangen die Hühner im Stall ein und geben sie den Männern, die sie immunisieren. Vermutlich meine erste Impfkampagne überhaupt.

Lektionen in Naturkunde gibt es überall um mich herum.

Ich klettere auf Bäume und spähe in die Nester der Vögel. Ich schaue zu, wie aus harten Eiern nackte Küken werden, die mit weit aufgesperrten Schnäbeln um Nahrung betteln. Den Küken wachsen dann Federn und Muskeln. Sie verlassen ihr Nest und fangen an, am Boden herumzupicken. Ich sehe Störche und Schwalben am Himmel. Wenn es kalt wird, verschwinden sie. Aber im Frühjahr kehren sie zurück, und alles beginnt aufs Neue.

In der Räucherkammer fangen meine Schwester und ich das herabtropfende Fett mit einem Löffel auf und sammeln es in einem Topf. Wenn der Sommer kommt, ruft meine Mutter eine Frau ins Haus. Sie ist uralt und trägt das Wissen vergangener Generationen mit sich. Unter ihrer Anleitung schmelzen wir das Fett, vermischen es mit Natriumkarbonat in einem Verhältnis, das nur sie zu kennen scheint. Dann schütten wir die Mischung in hölzerne Kästen, die wir mit einem Geschirrtuch abdecken. Wenn die Masse zu Seife ausgehärtet ist, schneiden wir sie mit einem Draht in Stücke. Die fertigen Seifenstücke verwenden wir fürs Baden oder schaben sie zu Flocken für die Wäsche.

Heute weiß ich, dass unsere örtliche Seifensiederin die erste Biochemikerin war, der ich je begegnet bin.

Eine weitere Lektion: Eines Sommers werden unsere Kartoffeln von einem Ungeziefer befallen – *Leptinotarsa decemlineata*, gemeinhin als Kartoffelkäfer bekannt. Die Insekten legen Eier, und plötzlich ist der ganze Garten voller Larven, die die Stiele anknabbern und ganze Blätter zerfressen, sodass sie aussehen wie filigrane Spitze. Sie werden die ganze Ernte vernichten, wenn wir nichts tun. Meine Eltern ernennen mich zur Kartoffelkäfer-Wächterin. Ich kontrolliere die Pflanzen und sammle die Käfer einzeln ein, um sie in eine Dose zu werfen. Jeder Käfer ist ungefähr einen Zentimeter lang, hat einen schwarz gepunkteten Kopf und dramatische schwarz-weiße Streifen am Rücken. Die Käfer an sich stören mich nicht, aber wenn ich einen übersehe, legt er haufenweise Eier, aus denen dann kleine, sich windende Larven schlüpfen, rosa und klebrig. Die sammle ich ebenfalls ein.

Die Arbeit ist ermüdend und manchmal eklig. Aber ich lerne dabei meine erste Lektion in Insektenkunde und Ökologie. Denn auch hier wird nichts verschwendet: Die Insekten werden an die Hühner verfüttert, die von dem Überfluss ganz entzückt sind. Kartoffelkäfer werden von den Hühnern gefressen, die wiederum uns nähren: eine Lektion in puncto Nahrungskette, die mir buchstäblich in Fleisch und Blut übergeht.

Die Arbeit nimmt kein Ende. Meine Schwester und ich bringen den Hühnern Wasser und sammeln ihre Eier ein. Wenn mal eins unserer kostbaren Hühner auf den Tisch kommen soll, fangen wir den Vogel mit einem Besen ein. Wir waschen Geschirr und Kleidung von Hand. Zweimal die Woche schneidet meine Großmutter, die etwa eine halbe Stunde zu Fuß von unserem Haus entfernt lebt, Blumen in ihrem Garten: *labdarózsa* (Schneeballhortensie), *török szegfű* (Bartnelke), *rózsa* (Rosen), *dália* (Dahlien), *szalmavirág* (Strohblumen), *tulipán* (Tulpen), *kardvirág* (Gladiolen) und *bazsarózsa* (Pfingstrosen). Diese verkauft sie dann auf dem Markt. Wir helfen ihr, die Blumen zu schneiden und daraus Sträuße zu binden.

Selbst wenn meine Großmutter mir nicht die Namen all dieser Blumen verraten hätte, hätte ich sie auswendig gelernt. In der fünften Klasse bekomme ich ein Buch über die Flora Ungarns. Das Buch ist mit großartigen Aquarell-Illustrationen von Vera Csapody, einer ungarischen Botanikerin und Künstlerin, geschmückt. Ich bin davon völlig hingerissen. Stunde um Stunde blättere ich durch die Seiten, präge mir die hellen Farben der Blütenblätter ein, die dünnen Wurzelfäden, die oftmals aus runden Zwiebeln hervorsprießen, und die exakte Panaschierung und Prägung der Blätter.

Unser einziger Raum bietet sogar den Luxus einer Stromleitung. So haben wir hier immerhin elektrisches Licht und können Schallplatten oder Radio hören. Meine Eltern lieben Musik. Meine Mutter legt beim Kochen oder Backen oft eine Platte auf. Sie kann wirklich alles backen, und ihre Kuchen sind exquisit: saftig, köstlich und wunderschön dekoriert. Einer meiner Lieblingskuchen ist *lúdláb*, die Gänsefußtorte. Ein fantastischer Biskuit mit Cremefüllung und Rosinen unter einer Schokoladenglasur.

Zsóka ist in der Küche geschickter als ich. Als sie zehn Jahre alt ist, kann sie bereits ganze Kuchen backen. Ich stelle mich immer ein bisschen tollpatschig an und habe auch kein echtes Interesse daran. Wir teilen uns schon recht früh die Pflichten im Haushalt: Ich mache das Feuer, sie kocht, und ich mache danach den Abwasch.

Auch mein Vater liebt Musik, vor allem den Operntenor Imre Bojtor und eine bestimmte Form traditioneller ungarischer Lieder, die man *Magyar nóta* nennt. Mein Vater hat eine wunderbare Stimme und schnappt Melodien im Vorübergehen auf. Er ist ein großartiger Sänger und spielt außerdem noch Geige und Zither. So hat er immer ein Lied auf den Lippen.

Er versucht oft, sein Können an meine Schwester und mich weiterzugeben, aber wir haben einfach nicht das Ohr dafür. Musik hören wir allerdings beide gern. Wie alle Leute, die wir kennen, stehen wir auf eine Band namens Metró und ihren Leadsänger Zorán Sztevanovity, sozusagen der ungarische Roy Orbison. Aber selbst musizieren? Offensichtlich ein hoffnungsloses Vorhaben. Irgendwann gibt mein Vater auf und musiziert fortan ohne uns.

Aber er besitzt auch noch andere Gaben. Er kann zweistellige Zahlen im Kopf multiplizieren und präsentiert das Ergebnis wie aus der Pistole geschossen. Meine Schwester und ich stellen ihn in all den langen Jahren immer wieder auf die Probe, und er macht fast nie einen Fehler. Auch dies ist eine wichtige Lektion für mich, die über die bloße Mathematik hinausgeht: Intelligenz und Schulbildung sind nicht dasselbe. Ein Mensch mag kein großes Ansehen oder ein Diplom haben und kann trotzdem hochintelligent sein.

Lange Zeit halte ich das für eine Tatsache, die jedem bekannt und so offensichtlich ist, dass sie nicht betont werden muss. Erst später, als ich anfange, im Wissenschaftsbetrieb zu arbeiten, wird mir klar, dass dem nicht so ist – ganz und gar nicht.

Als ich neun Jahre alt bin, kaufen meine Eltern ein halb verfallenes, hundert Jahre altes Haus aus Lehmziegeln. Es ist zu baufällig, um es noch bewohnen zu können, aber man kann es auseinandernehmen und aus den Teilen ein neues Zuhause machen.

Und genau das ist es, was meine Schwester, mein Vater und ich einen ganzen Sommer lang tun. Wir sammeln die Nägel, mit denen die Schindeln an den Dachbalken befestigt sind. Diese alten Nägel sind noch aus Bronze und viel stabiler als die billigen Aluminiumnägel, die man im Laden kaufen kann. Meine Schwester und ich hämmern sie gerade, damit sie wiederverwendet werden können. Wir nehmen auch die Schieferschindeln vom Dach, reinigen sie und stapeln sie fein säuberlich für später. Wir schleifen alte Bretter und lagern auch diese. In einer großen Mulde vermischen wir Ton mit Stroh und Wasser. Damit wird mein Vater später die Wände verputzen. Weil ich die Kleinste bin, klettere ich aufs Dach und zwänge mich zu den Stellen durch, die am schwersten zu erreichen sind. Dort nagle ich Deckenbretter fest und schmiere Lehm darüber, den ich dann glatt streiche, wie mein Vater es mir gezeigt hat.

Als wir endlich einziehen, bin ich zehn und kenne jeden einzelnen Winkel des Hauses.

Aber ist das wirklich Arbeit? Oder einfach nur das Leben?

Natürlich haben wir Kinder viel Zeit zum Spielen. In unserer Schotterstraße gibt es viele Kinder unseres Alters. Im Sommer spielen wir Kaufladen. Da ich die Kleine bin, spiele ich meistens die Kundin, meine Schwester und die anderen Mädchen ihres Alters die Ladenbesitzerinnen. Oder wir spielen Schule, dann sind sie die Lehrerinnen und ich bin die Schülerin. Und ich erledige tatsächlich sorgfältig alle Hausaufgaben, die man mir aufgibt, so, als wären wir wirklich in der Schule.

Wenn es Winter wird, spielen wir im Schnee. Und wenn im Sommer der Regen fällt, planschen wir durch die Pfützen in unserer Straße.

Aber ich – und vermutlich jedes andere Kind in unserem Bekanntenkreis – könnte Ihnen nicht sagen, wo die Arbeit aufhört und das Spiel beginnt, wo Verantwortung und Vergnügen auseinanderfallen. Die Grenzen sind fließend und nicht exakt zu bestimmen. Wir ackern und wir haben Spaß. Wir tragen unseren Teil bei und bekommen doch so vieles geschenkt.

Von all den frühen Lektionen, die mich auf ein Leben als Wissenschaftlerin vorbereitet haben, ist dies vermutlich die wichtigste:

dass Arbeit und Spiel ineinander übergehen, sogar verschmelzen können, sodass allein die bloße Vorstellung eines Unterschieds bedeutungslos wird.

Stellen Sie sich die Auslage eines Ladens vor, in einer malerischen Stadt in Osteuropa. Ein Wintermorgen. Kinder haben sich davor versammelt und drücken sich die Nasen an der Scheibe platt. Was gibt es da nur Interessantes zu sehen?

Treten Sie näher, übers Kopfsteinpflaster, und sehen Sie selbst. Jemand hat eine Schneelandschaft geschaffen, ein bisschen wie ein Lebkuchenhaus. Aber nicht aus Backwerk und Zuckerguss, sondern aus Fleisch. Ein schneebedecktes Dach aus weißem Speck. Ein Zaun aus Knackwürsten. Eiszapfen aus Rindertalgtropfen.

Mein Vater, der Metzger, hat diese Szenerie zusammen mit dem Ladenbesitzer gestaltet.

Ich habe dieses Schaufenster nie selbst gesehen, aber als Kind habe ich es mir immer gern im Geist ausgemalt. Mein Vater hat es mir beschrieben und erzählt, wie alle Kinder aus Kisújszállás kamen, um es sich anzuschauen. Ich konnte mir die Szenerie wirklich vorstellen, als hätte auch ich mir die Nase an jenem Fenster platt gedrückt und mit meinem Atem kreisrunde Flecken aufs Glas gezeichnet.

Als ich dort lebte, gab es im Laden längst keine solchen Schaubilder mehr.

Mein Vater war gerade mal zwölf, als er anfing, das Metzgerhandwerk zu erlernen. Er besuchte eine Zeit lang die Schule und beendete 1932 das vorgeschriebene sechste Schuljahr. Danach ging er bei einem Metzger vor Ort in die Lehre und verließ später seine Heimatstadt, um sich in Budapest in seinem Beruf fortzubilden. »Wenn du weißt, wie du für die Leute Fleisch herrichten kannst«, hatte ihm seine Mutter gesagt, »dann wirst du nie Hunger leiden.«

Dieses Denken fußte weder auf Einbildung noch auf Paranoia. Jene Zeit war geprägt von den Nachwehen des Ersten Weltkriegs, und ganz Europa litt Hunger. Ungarn, das zu den Kriegsverlierern zählte, war so kaputt, wie ein Land nur sein kann. Die Kindheit meines Vaters war, wie die aller Kinder damals, von Hunger geprägt.

Mein Vater: János Karikó. Das war der Name, unter dem ich ihn kannte, obwohl er mit einem anderen Namen zur Welt gekommen war. Karikó lautete der Mädchenname seiner Mutter. Diese hatte einen Mann namens László Balogh geheiratet, der wie so viele Ungarn im Ersten Weltkrieg ins Feld zog. Er verließ Kisújszállás 1917 und kehrte nie zurück. Kurz nachdem er eingerückt war, trat meine Oma bei einer reichen Familie in Dienst. Diese Familie hatte Kinder, die fast schon erwachsen waren. Einer der Söhne war etwa so alt wie meine Großmutter.

1920 kam dann mein Vater zur Welt.

Ich rekapituliere: Ihr Ehemann zog 1917 in den Krieg, und ihr Kind wurde 1920 geboren. Sie können es sich also ausrechnen.

Die gesetzlichen Schwiegereltern meiner Großmutter, Familie Balogh, wollten mit diesem Skandalkind, das außerhalb eines ehelichen Bundes gezeugt worden war, nichts zu schaffen haben. Weder Mutter noch Kind verdienten ihrer Ansicht nach den Namen Balogh. Die *biologische* Familie meines Vaters – die Dienstherren meiner Großmutter – empfand genauso. Und so änderte meine Großmutter zehn Jahre nach der Geburt meines Vaters dessen Namen in Karikó.

Und dies ohne Rücksicht auf die Tatsache, dass er da schon zur Schule ging, dass seine Freunde und Lehrer ihn als Balogh kannten, und dass es der Name war, den zu tragen er gewohnt war. Künftig würde er eben Karikó heißen.

Das war eine Lektion, die mein Vater schon früh lernte: Dinge können sich ändern. Es ist wichtig, flexibel zu bleiben.

Als Teenager in Budapest lernte mein Vater viel über das Metzgerhandwerk. Mit achtzehn kehrte er voller Enthusiasmus zurück und nahm eine Stelle in einer Metzgerei an, die ihm ideal erschien, mitten in Kisújszállás.

Mein Vater war regelrecht verliebt in diesen Laden. Dem Besitzer war das Beste gerade gut genug für seine Kundschaft – nicht nur, was das Fleisch anging, sondern auch beim ganzen Drumherum. Bevor er seinen Laden eröffnet hatte, war er extra nach Italien gereist, um die schönsten handgemalten Kacheln zu kaufen, die er finden konnte. Damit flieste er dann die Wände seines Ladens. Er wusste, was Qualität war – und was mein Vater lieferte, war Qualitätsarbeit.

Zusammen bauten sie ein florierendes Geschäft auf. Sie wählten nur Fleisch von bester Qualität aus, schnitten es nach allen Regeln der Kunst zu und verpackten ihre Ware mit Sorgfalt. Sie waren freundlich zu den Kunden und bedienten sie gut, also blieben diese ihnen auch treu. So war das damals, meinte mein Vater: Die Leute waren stolz auf ihre Arbeit. Und ich konnte diesen Stolz *hören*, wenn er seine Geschichten erzählte. Aber ich hörte auch die Wehmut, die darin mitschwang.

Denn als mein Vater mir all diese Geschichten erzählte, hatte sich die Welt bereits gewandelt.

1940, kurz bevor sich der Zweite Weltkrieg von Polen auf Europa und die ganze Welt ausbreitete, musste sich mein Vater zur Königlich Ungarischen Armee melden. Als er später nach Kisújszállás zurückkehrte, war nichts mehr wie zuvor.

In den Jahren, die unmittelbar auf den Krieg folgten, versuchte man es in Ungarn ansatzweise mit demokratischen Experimenten. Aber 1947 übernahm die Kommunistische Partei dann ganz offen die Macht. Die Partei verstaatlichte Industrie, Bildung, Banken und Transportwesen. Landwirtschaftliche Betriebe wurden zu Kollektiven zusammengefasst. Die Partei beschlagnahmte Häuser, die angeblich zu groß waren, warf die Eigentümer hinaus und quartierte stattdessen mehrere Familien dort ein. Private Unternehmen wurden Gemeineigentum. So auch der Metzgerladen, in dem mein Vater so gerne gearbeitet hatte.

Die ganze Arbeit. Die ganze Mühe. All das hatte sich über Nacht in Luft aufgelöst.

In den ersten elf Jahren nach dem Krieg wurde Ungarn die meiste Zeit von Mátyás Rákosi geführt, einem totalitären, linientreuen Stalinisten. (Er bezeichnete sich stolz als »Stalins besten Schüler«.) Es waren finstere Zeiten. Rákosi schickte seine Geheimpolizisten in jedes Dorf. Er hielt die Bürger dazu an, ihre Nachbarn zu bespitzeln und eventuelle Vergehen gegen die Partei zu melden. Unter seiner Herrschaft wurden massenhaft Verhaftungen vorgenommen, Schauprozesse abgehalten und politische »Feinde« exekutiert. Etwa hunderttausend Bürger wurden ins Gefängnis gesteckt, noch mehr in Arbeitslager.

Oh, und noch etwas: Die Partei beschlagnahmte alle landwirtschaftlichen Nutztiere und verbot die Hausschlachtung von Schweinen oder Rindern. Selbst die Hausmästung wurde mit strengen Gefängnisstrafen belegt.

Fleisch – die Berufung meines Vaters – war nun Staatsmonopol.

Mein Vater, den man in der Gemeinde mittlerweile liebevoll »Onkel János« nannte, begann, in der Metzgerei des örtlichen Landwirtschaftskollektivs zu arbeiten. Es gab viele solcher Kollektive im Land. Jedes Kollektiv bündelte Land und Arbeit. Man baute Getreide wie Mais, Weizen oder Reis an oder zog Schlachtvieh. Ein Teil der kollektiven Erträge wurde an die Mitglieder verteilt, ein anderer gegen die Erzeugnisse (zum Beispiel Äpfel oder Zuckerrüben) anderer Kollektive eingetauscht.

Offiziell arbeitete mein Vater nur für das Kollektiv. De facto aber reichten die Erträge nie aus, um davon eine Familie zu ernähren. Es kam häufig zu Engpässen in der Versorgung. Vorschriften hin oder her, die Menschen mussten etwas zu essen haben.

Überall – nicht nur in Kisújszállás, sondern im ganzen Land – fütterten die Leute weiter ihre Tiere, nur eben heimlich. Und mein Vater ging sozusagen in den Untergrund. Er schlachtete immer noch privat, aber in den Jahren nach dem Krieg musste er das heimlich erledigen. Er arbeitete nur für Familien, denen er vertrauen konnte, und normalerweise nur nachts. Es war gefährlich. Man musste aufpassen. Schließlich wusste man nie, wer gerade zuschaute.

Zur Sicherheit standen die Kinder auf der Straße und passten auf. Kam jemand vorbei, liefen die Kinder ins Haus und warnten die Erwachsenen, damit sie notfalls alle verräterischen Spuren beseitigen konnten.

Mein Vater arbeitete also häufig nachts. Er fing an, wenn es am dunkelsten war, damit im ersten Licht des Morgens alles wieder aussah wie immer. Nach getaner Schwarzarbeit eilte er ins Kollektiv, um seiner *offiziellen* Betätigung nachzugehen.

Im Kollektiv lernte er meine Mutter kennen.

Meine Mutter war eine praktische Frau, völlig unsentimental, und das aus gutem Grund.

Eine der ersten einschneidenden Geschichten unserer Familienhistorie mütterlicherseits ereignete sich 1934: Die Urgroßeltern meiner Mutter wurden ermordet. Viel mehr weiß ich auch nicht. Ich weiß weder, wer die Tat beging, noch warum. Nur dass das Leben von Károly Szász und das seiner Frau ein abruptes und gewaltsames Ende fand. Und dass wir alle lernten, mit dieser Ungewissheit zu leben.

Überspringen wir also eine Generation. Ferenc Oros, der Großvater meiner Mutter (und Sohn des ermordeten Paares), kämpfte im Ersten Weltkrieg. 1916, kurz nachdem er an die Front geschickt worden war, erhielt seine Frau – meine Urgroßmutter – die Nachricht, dass er gefallen sei. Zutiefst erschüttert vom Tod ihres Mannes erschoss sie sich und ließ fünf Kinder zwischen acht und fünfzehn Jahren zurück. Eines dieser Kinder war die Mutter meiner Mutter. Sie war damals elf Jahre alt.

Sie können sich vorstellen, wie groß der Schock der Familie war, als nach dem Krieg plötzlich Ferenc Oros vor der Tür stand, so lebendig, wie man es nur sein konnte. Die Nachricht über seinen Tod war eine Falschmeldung gewesen.

Und wieder gehen wir über zur nächsten Generation. Zsuzsánna, meine Großmutter mütterlicherseits, die ich Nagymama nannte, heiratete meinen Großvater und ließ sich auf einem kleinen Bauernhof außerhalb von Kisújszállás nieder. Dort bauten sie Getreide an und zogen Gänse. Sie hatten drei Töchter: meine Tante Erzsébet, 1926 geboren; meine Mutter Zsuzsánna (ja, so heißen meine Mutter, meine Großmutter, meine Schwester und eine meiner Cousinen), die 1929 zur Welt kam; und die Kleinste, meine Tante Ilona, geboren 1938.

Aber offensichtlich wollte mein Großvater vor allem *Söhne.* Dieser Wunsch war so stark in ihm, dass er, als die kleine Ilona zur Welt kam, enttäuscht seine Sachen packte und verschwand. Meine Großmutter, die plötzlich allein mit drei Kindern dastand, schlug sich mit den Gänsen auf dem Hof mehr schlecht als recht durch. Sie schickte ihre Töchter in der Stadt zur Schule, die zu Fuß eine Stunde entfernt lag. Im Winter war dies nicht nur eine Qual, sondern häufig auch noch richtig gefährlich. Doch meine Mutter besuchte die Schule bis zur achten Klasse – für ein Mädchen in ihrer Situation eine echte Leistung. 1943, als sie vierzehn war, bekam meine Mutter Arbeit in der Stadt, in der Zöldy-Apotheke. Zu jener Zeit, als der Erste Weltkrieg gerade mal eine Generation zurücklag, tobte bereits der Zweite Weltkrieg.

Im Herbst 1943 verkaufte meine Großmutter ihre Gänse und zog mit der Familie in die Stadt. Sie ging wohl davon aus, dass es in Kriegszeiten dort sicherer war. Bald darauf überfielen die Deutschen Ungarn. Dann kamen die Russen, um gegen die Deutschen zu kämpfen. Da Kisújszállás an der Straße lag, die von Russland nach Budapest führte, kam es dort zu heftigen Kämpfen.

Während der schlimmsten Tage versteckte sich meine Mutter (die trotz allem immer noch in der Apotheke arbeitete) mit ihren Schwestern und meiner Nagymama im Keller eines Nachbarn. Als sie wieder herauskamen, stand das Haus, in das sie erst kürzlich eingezogen waren, in Flammen.

Nachdem das Feuer gelöscht war, blieb ihnen nur ein kleines, etwas abgelegenes Nebengebäude. Es war eigentlich ein Stall und entsprechend schmutzig. Aber dort zogen sie ein und bauten diesen, so gut sie konnten, zu einem Wohnhaus aus. Meine Großmutter lebte bis zu ihrem Tod darin.

Die meiste Zeit jedenfalls. Nicht lange nachdem ihr Haus abgebrannt war, teilten die russischen Soldaten meiner Großmutter mit, dass sie eine Köchin brauchten. Sie waren in einem großen Stadthaus untergebracht. Dort sollte sie auf deren Bitte einziehen und für die Offiziere kochen. Wenn ich sage »auf deren Bitte«, so ist das faktisch korrekt, was aber nicht bedeutet, dass meine Großmutter wirklich die Wahl gehabt hätte. Man sagte damals nicht Nein zur Roten Armee.

Doch wie sich herausstellte, behandelten die Russen sie gut. Sie sagte immer, die Soldaten seien sehr, sehr gut zu ihr gewesen, sehr respektvoll. Eine echte Erleichterung. Denn die Geschichte ist voll von Berichten, in denen ähnliche Situationen für die Betroffenen weniger gut ausgingen.

Jahre später erzählte meine Mutter mir von einem Erlebnis aus dieser Zeit. Sie war damals fünfzehn Jahre alt und ging wie jeden Tag zur Arbeit in der Apotheke. Auf ihrem Weg kam sie an einem russischen Panzer vorbei, der offensichtlich kaputt und zurückgelassen worden war. Daneben lag ein toter Soldat. Meine Mutter sah ihn an. Sie erkannte, dass er höchstens so alt war wie sie, vielleicht sogar jünger.

»Ein Junge«, sagte sie immer, der für eine Armee gestorben war, die ein unglaubliches Maß an Zerstörung hinterlassen hatte. »Er war doch noch ein Junge.«

Aber der Lauf der Geschichte nimmt natürlich auch auf Kinder keine Rücksicht.

All diese Dinge hatte sie schon hinter sich, als meine Mutter anfing, in dem landwirtschaftlichen Kollektiv zu arbeiten, wo sie meinen Vater kennenlernte. Sie arbeitete im Büro, führte die Bücher, machte Inventur und kalkulierte Überschüsse, Schulden sowie Tauschgeschäfte.

Meine Mutter mochte die Schule vielleicht nur bis zur achten Klasse besucht haben, doch sie war intelligent und schlagfertig. Sie hatte ein Auge für winzige Details, war ehrgeizig und fleißig. Sie las viel, und zwar alle möglichen Bücher. Ihr Leben lang konnte sie sich für Biografien und Sachbücher begeistern. Dank ihrer unglaublichen Neugier konnte sie selbst mit den massiven Umwälzungen umgehen, die sich auf dem Weg ins 21. Jahrhundert vollzogen. (Mit achtzig wurde sie zum Technikfreak. Sie konnte ihren Videorekorder programmieren, damit er ihre Lieblingssendungen aufnahm, während sie ein anderes Programm ansah. Es gab nichts, was sie im Internet nicht fand. Und sie rief mich täglich an, um mir zu erzählen, was sich in der Welt alles zutrug, während ich in meinem Labor arbeitete.)

Mein Vater nahm ihre Intelligenz und ihre Schönheit schnell

wahr. Er verliebte sich bis über beide Ohren in sie. Als romantische Geste, die seinem überbordenden Naturell entsprach, grub er einen riesigen Fliederstrauch aus, der hinter dem Haus seiner Familie wuchs, und stellte ihn vor die Tür des Hauses, in dem meine Mutter lebte. Weder meine Großmutter noch meine Mutter oder ihre Schwestern konnten mehr zur Tür hinaus oder hinein. Darüber lachten meine Eltern noch Jahre später.

Sie heirateten nur wenige Monate, nachdem sie sich kennengelernt hatten. Zu jener Zeit dauerte eine Brautwerbung noch nicht so lange. Ich kann mich gut erinnern, wie mein Vater immer erzählte, an ihrem Hochzeitstag hätten alle in der Kirche davon geschwärmt, wie gut der Bräutigam aussähe. Doch wenn ich mir das Foto anschaue, dann berührt es mich tief, wie schön meine Mutter war – sanft und stark zugleich. Sie würde diese Stärke brauchen, denn es lagen noch einige Herausforderungen vor ihr.

Mein Vater war kein ideologischer Mensch. Er neigte von Natur aus nicht zum Katzbuckeln. Er fand in jeder Situation etwas Humorvolles und brachte die Menschen zum Lachen, ganz egal, was in der Welt draußen vor sich ging.

Im Ungarn der Nachkriegszeit errichtete man überall Standbilder kommunistischer Führer. In der Metzgerei des Kollektivs zum Beispiel stand eine Statue von Rákosi. Der Mann hatte eine Glatze. (Tatsächlich nannten die Leute ihn bald den »kahlköpfigen Metzger«, womit sie allerdings nicht die Art von Schlachter meinten, die mein Vater war.) Da Rákosis Glatze Berühmtheit erlangt hatte und es in der Metzgerei immer kalt war, knotete mein Vater der Statue aus einem Tuch eine Kopfbedeckung, wie man es vielleicht bei einem Kind tun würde. Wenn ihn jemand fragte, warum die Statue das Ding auf dem Kopf habe, meinte er nur: »In der Metzgerei ist es immer kalt. Er braucht das, um sich warm zu halten.« Die Leute lachten, und wenn zu Anfang eine gewisse Spannung geherrscht hatte, so löste sich diese schnell auf.

Aber hinter seinem Witz stand, wie ich glaube, eine echte Sorge. Denn mit der Wirtschaft ging es unter der Herrschaft der Kommunisten steil bergab. Und dadurch auch mit dem Lebensstandard. Grundnahrungsmittel wie Mehl, Zucker, Brot und Fleisch mussten rationiert werden. Es kam häufig zu Engpässen. Ein hungriger Bauch war damals keine Seltenheit.

Meinem Vater missfiel auch, dass nach der kommunistischen Machtübernahme plötzlich alles funktionell, nützlich und billig sein musste. Er fand es nicht gut, dass die Partei ganz normalen Bürgern ihren Besitz wegnahm. Obwohl er nichts besaß, was man ihm hätte wegnehmen können, waren ihm doch »richtig« und »falsch« wichtig. Wenn er mit uns in der Stadt spazieren ging, dann blieb er manchmal vor einem schönen Haus stehen, dessen Erbauer ganze Arbeit geleistet hatte. Er erklärte uns die Einzelheiten der Konstruktion und welches Holz, welche Nägel, welche Verfugung und welche Stützbalken man verwendet hatte. »Dieses Haus«, so meinte er, »steht in vierhundert Jahren noch.« Dann schüttelte er den Kopf. »Und nun haben sie es sich einfach unter den Nagel gerissen. Sie haben den Mann hinausgeworfen, der es mit eigenen Händen erbaut hat, und lassen Fremde hier wohnen.«

Auch die Sitzungen des Kollektivs hasste er. Er hielt sie für blanke Zeitverschwendung. So legte man den Mitgliedern einmal nahe, das Loblied eines bestimmten Funktionärs zu singen (mitunter wortwörtlich). Und bei der nächsten Sitzung hieß es auf einmal, der Mann sei eine Schande für das Land.

Man kam kaum noch hinterher damit, wer gerade hoch im Kurs stand und wer nicht, wer gut war und wer schlecht. »Wir kennen diese Leute doch nicht mal«, sagte mein Vater immer. Hier in Kisújszállás mussten die Menschen sich mit ihrer Hände

Arbeit durchbringen. Sie hatten viele Mäuler zu füttern. Die Welt mochte sich in einem ideologischen Kampf aufreiben, aber für meinen Vater zählten nur die Menschen um ihn herum. Und er wusste, was wichtig war.

Er schüttelte manchmal einfach nur den Kopf. »Lasst uns nach Hause gehen«, sagte er häufig zu seinen Nachbarn. »Unsere Familien warten auf uns.«

Im Oktober 1956, ein Jahr nach meiner Geburt, geschah in Budapest etwas, das in die Geschichte eingehen sollte. Es begann mit kleinen Gruppen, meist Studenten, die vor dem Parlamentsgebäude aufmarschierten und gegen die Kommunistische Partei protestierten. Nach Jahren der Diktatur und der wirtschaftlichen Stagnation wollten diese Menschen Reformen sehen. Sie stellten eine Reihe von Forderungen auf, unter anderem, dass die Rote Armee sich aus Ungarn zurückziehen solle. Sie traten außerdem für eine demokratische Vielparteienlandschaft, eine freie Presse und eine komplette Neuausrichtung der ungarischen Wirtschaft ein.

Die Demonstranten hatten durchaus Grund zur Hoffnung. Stalin war wenige Jahre zuvor gestorben. Rákosi, sein »bester Schüler«, war abgesetzt worden und floh in die Sowjetunion. Die ungarischen Arbeitslager wurden dichtgemacht, politische Gefangene freigelassen, und der Chef der Geheimpolizei saß im Gefängnis. Die neue politische Führung in Ungarn schien tatsächlich den Lebensstandard der Menschen verbessern zu wollen. In Polen, einem weiteren Ostblockstaat, war eine reformorientierte Regierung gewählt worden. Dort hatte man bereits erfolgreich den Abzug der sowjetischen Armee verhandelt.

Es ging aufwärts.

Auf Filmaufnahmen aus dieser Zeit sieht man die Gesichter

der ungarischen Demonstranten. Sie sind jung, sie lächeln voller Selbstvertrauen. Ihr Optimismus war ansteckend. Bald schlossen sich Hunderttausende den Demonstrationen an. Kein anderes Land innerhalb der sowjetischen Einflusszone hatte sich je auf diese Weise gegen Moskau erhoben.

Dann jedoch fuhren die sowjetischen Panzer auf. Anfangs gab es nur kleine Scharmützel, doch bald eskalierte die Gewalt. Die Rote Armee eröffnete das Feuer auf die Demonstranten. Tausende wurden getötet oder verwundet. Im Anschluss an den Aufstand von 1956 wurden Zehntausende verhaftet. Zweiundzwanzigtausend Ungarn wurden verurteilt und ins Gefängnis gesteckt, Hunderte hingerichtet. Und Hunderttausende verließen das Land. Manche richtete man noch an der Grenze hin, die sie zu überschreiten versuchten. Hundertsiebzigtausend Menschen landeten in Flüchtlingslagern – meistens in Österreich. Am Ende aber flohen die Ungarinnen und Ungarn in alle Welt.

Der Aufstand wurde niedergeschlagen. Es sollte Jahrzehnte dauern, bis die Menschen wieder wagten, offen ihre Meinung zu sagen.

In gewisser Weise schien das, was in Budapest geschah, Millionen von Kilometern weit entfernt zu sein von Kisújszállás. Aber mein Vater hatte schon viel erlebt. Er wusste, wie schnell die Dinge sich ändern konnten – dass es manchmal wie aus heiterem Himmel zu Gewalttaten kommen konnte, selbst in so ruhigen Gemeinden wie der unseren. Also organisierte er eine Bürgerwache: Eine Gruppe von Nachbarn würde, natürlich gewaltfrei, den Ort kontrollieren, um gegenüber eventuellen Unruhestiftern Präsenz zu zeigen, die versuchten, aus der Situation Profit zu schlagen. Die Botschaft lautete: *Gewalt hat hier nichts verloren.* Außerdem sollte die Bürgerwache die Menschen in Kisújszállás vorwarnen, falls sich irgendwo Ärger ankündigte.

Mein Vater trug keine Waffen. Er äußerte sich nie dazu, in welche Richtung sich Konflikte entwickeln würden oder wer dahinterstecken könnte. Er erhob keine Forderungen und hielt keine Reden. Er hatte nicht die geringste Absicht, irgendjemanden abzusetzen. Er versuchte aber auch nicht, Leute im Amt zu halten. Es ging ihm nur um die Sicherheit im Ort. Doch in diesen schwierigen Zeiten galt es schon als versuchte Rebellion, sich bloß auf der Straße aufzuhalten.

Mein Vater wurde verhaftet und wegen aufrührerischer Agitation gegen die Kommunistische Partei angeklagt. Er wurde zu sieben Monaten Gefängnis auf Bewährung verurteilt. Und im Februar 1957, wenige Monate nachdem die Rote Armee den Aufstand in Ungarn niedergeschlagen hatte, erhielt mein Vater einen Brief:

LANDWIRTSCHAFTLICHE KOOPERATIVE VON KISÚJSZÁLLÁS
KISÚJSZÁLLÁS, 9. FEBRUAR 1957
KISÚJSZÁLLÁS, TELEFONANSCHLUSS 49
BETREFF: KÜNDIGUNG
FALLNUMMER: 17/1957

Karikó János
Kisújszállás
Nach Artikel 29, Absatz c des Ungarischen Arbeitsgesetzbuches wird Ihre Anstellung mit Wirkung zum 11. Februar 1957 aufgekündigt.
Begründung: Die Leitung der Landwirtschaftlichen Kooperative Kisújszállás hat diese Entscheidung bei ihrem Treffen vom 8. Februar 1957 getroffen, da die Landwirtschaftliche Kooperative beim Aufbau des Sozialismus auch organisatorische und erzieherische Leistungen zu erbringen hat. Alle Mitarbeiter sind diesem Ziel verpflichtet.

Da der Empfänger dieses Schreibens gezeigt hat, dass er für diese Aufgabe nicht geeignet ist und sogar gegen das System agitiert hat, musste ich diese Entscheidung treffen.

Elek Vigh
Dir. Pres.

Das bedeutete nicht nur, dass mein Vater *diese* Arbeit verlor. Von der Partei gekündigt zu werden hieß, dass kein Arbeitgeber ihn beschäftigen durfte. Mein Vater würde keinerlei reguläre Anstellung mehr finden. Die Partei statuierte ein Exempel an ihm und diffamierte ihn für etwas, was sie als Ungehorsam betrachtete. Mein Vater flehte die Leitung der Kooperative an, die Entscheidung noch einmal zu überdenken. Schließlich hatte er zwei kleine Kinder zu ernähren. Aber sie blieben völlig ungerührt.

Von nun an war mein Vater ein politischer Paria und verdingte sich als Tagelöhner. Im Winter wurde er weiterhin in private Haushalte gerufen, wo er Schweine schlachtete, Wurst machte und das Fleisch räucherte, damit es sich hielt. Im Sommer arbeitete er auf den Feldern oder auf dem Bau. Er arbeitete an dem neuen Schulgebäude mit, legte eine Lage Ziegel nach der anderen. Am Schluss verputzte er das Gebäude noch, weil er das außerordentlich gut konnte. Im Frühling verließ er uns oft für mehrere Wochen und zog als Schafscherer herum. Das alles waren nur kurzfristige Beschäftigungen, die uns keinerlei finanzielle Stabilität brachten. Aber dass die Menschen in Kisújszállás ihm immer noch Arbeit gaben, obwohl die Partei ihn so brutal abgestraft hatte, macht deutlich klar, dass mein Vater in der Gemeinde beliebt war.

In diesen Jahren zeigte sich auch, wie weise der Rat gewesen war, den seine Mutter ihm 1932 gegeben hatte: Als Metzger würde er nie Hunger leiden. Und wir hungerten tatsächlich nicht.

Die Zeit verging. Als mein Vater endlich wieder eine feste Anstellung bekam – in einem Wirtshaus –, schrieben wir das Jahr 1961. Unsere Familie begleitete ihn häufig zur Arbeit. Wenn er gerade mal wieder spät vom Schlachten nach Hause kam, machte meine Mutter an seiner Stelle das Wirtshaus auf. Zsóka und ich halfen, die Tische zu wischen, die Zigarettenvorräte aufzufüllen und die alten Flaschen zu recyceln. Mit Schläuchen füllten wir Mädchen den Wein aus großen Behältern in Ein-Liter-Flaschen. Manchmal mussten wir den Wein zuerst probieren, um zu prüfen, ob er nicht zu Essig geworden war. Heute würde das niemand mehr machen, aber ich schwöre: Damals war es völlig normal für ein Kind von sechs Jahren, Wein zu kosten!

Ja, es waren damals harte Zeiten. Aber es war für uns eben nicht *nur* hart, ja nicht einmal *die meiste Zeit* hart. Selbst in den magersten, schwierigsten Jahren gab es immer noch so viel Gutes in meinem Leben.

Mein eigener Namenstag, *Katalin*, fällt auf den 25. November. An jenem Tag war es immer schon frisch. Und es geht mir heute noch so, sogar in Amerika: Wenn ich merke, dass die Temperaturen zurückgehen, erinnere ich mich an die Vorfreude auf meinen Namenstag.

Eine Woche vor jedem familiären Namenstagfest marschierten wir alle ins Räucherhaus. Gemeinsam machten wir Wurst für alle. Nur mit einer Handvoll Zutaten: Knoblauch, Salz, Pfeffer und rotes Paprikapulver. Wir drehten das Schweinefleisch durch den Wolf, bliesen Luft in die Därme, die einmal die Haut der Wurst sein sollten, füllten sie mit Fleisch. Und dann wurde der gefüllte Strang abschnittweise um sich selbst gewirbelt, um Würstchen zu machen. Die wurden geräuchert und mussten anschließend noch eine Weile ruhen.

Am Tag des großen Ereignisses drängten sich bis zu zwanzig Angehörige in unserem einen Raum zusammen: meine Großmutter, Tanten, Onkel, Cousinen und Cousins. Während meine Mutter kochte, goss man den Erwachsenen einen Schnaps ein, üblicherweise Pálinka, einen traditionellen Obstbrand aus dem ländlichen Ungarn.

Wir hatten schon längst gelernt, dass es Dinge gab, über die man nur im privaten Kreis redete, und solche, die man auch öffentlich besprechen konnte. In der Öffentlichkeit konnte man sich ja nie sicher sein, wer gerade zuhörte und was diese Person mit dem Gehörten anstellen würde. Aber im Kreise der Familie redeten die Menschen ganz offen über alles, wirklich über *alles*, und das gab meist ein gewaltiges Gelächter. Während der Unterhaltung servierte meine Mutter die Würste. Wir schaufelten Unmengen Wurst auf die Teller und reichten eine große Schüssel mit geraspeltem Rettich herum, der in unserem Garten wuchs. Die Luft im Raum war vom Duft des Essens erfüllt. Wenn wir in die Würste bissen, spritzte der Fleischsaft nach allen Seiten und lief uns über die Finger. Nach der Wurst tischte meine Mutter noch allerhand Gebäck auf, und wir aßen noch mehr. Dann holte mein Vater seine Geige vom Schrank. Manchmal gab er sie auch jemandem aus der Familie, der sie ebenfalls spielen konnte. Und alle sangen.

Ich sah all diese Menschen, die so viel überstanden hatten. Ich hörte ihre Geschichten über Krieg und Hunger und schwarze Listen. Mich erfüllte das immer mit Ehrfurcht: Ich hatte Eltern. Ich hatte ein Dach über dem Kopf. Ich hatte Schuhe an den Füßen und Essen auf dem Tisch.

Nach dem Dessert standen wir Kinder auf und gingen nach draußen. Wir spielten Fangen im Hof. Unser Bauch war voll, die Luft wunderbar frisch. Wir atmeten den Geruch der Blätter und der Erde ein, spürten den kalten Wind im Gesicht. Aus dem Haus drang Musik. In solchen Momenten gab es einfach nichts, was ein Mensch sich sonst noch hätte wünschen oder brauchen können.

Wenn ich heute auf dieses Leben zurückblicke, dann erfüllt es mich mit Dankbarkeit. Ich bin froh, dass ich dort geboren wurde, wo ich zur Welt kam. Ich bin glücklich, dass dies mein Leben war. Ich kann mir vorstellen, dass meine Eltern sich manchmal etwas anderes wünschten, ein leichteres Leben vielleicht. Aber ich persönlich hatte alles, was ich brauchte. Und sogar noch mehr.

In der Schule war ich *kish Karikó*, die kleine Karikó. Ich war zwar ein großes Kind, immer größer als meine Altersgenossen, ja sogar größer als viele Kinder, die mehrere Jahrgangsstufen über mir waren. Aber in der Schule war ich Zsókas kleine Schwester, die überall in ihre Fußstapfen trat, manchmal ganz wörtlich.

Jeder kannte und liebte Zsóka, daher behandelten sie mich gut. Und es war von Anfang an klar, dass die Schule, diese Heimstatt des Lernens, auch mein Heim war.

In Kisújszállás gab es eine Eliteschule, die auf Musik spezialisiert war, und eine normale Schule. Meine Eltern hatten gehofft, dass ich auf die exklusive Schule gehen würde. Aber um dafür überhaupt infrage zu kommen, brauchte man – sogar schon in der Grundschule – musikalisches Talent. Man musste singen oder ein Instrument spielen können. Doch allen Bemühungen unseres Vaters zum Trotz bewiesen weder Zsóka noch ich ein entsprechendes Talent, daher mussten wir mit der normalen Schule vorliebnehmen. (Wenn ich mich recht erinnere, heißt das, dass ich die erste Aufnahmeprüfung meines Lebens schlicht nicht schaffte.)

Nichtsdestotrotz liebte ich die Schule – einfach alles daran – von Beginn an.

An jenem ersten Tag tänzelte ich zur Schule. Ich lief hinter

Zsóka und ihren Freunden her bis zu dem Gebäude in der Stadtmitte, in dem es nur zwei Zimmer gab. Die Schule war, wie unser Haus, weiß gestrichen. Das hatten die Eltern der Schüler gemacht. (Offensichtlich war dazu ein ganzes Dorf nötig.) Ich mochte dieses Gebäude und alles, was sich darin befand: die harten Holzbänke, die Tintenfässchen, in die wir unsere Federhalter tauchten. (Ich gab mir die größte Mühe, nicht zu klecksen, und wenn ich es doch tat, schrieb ich alles noch einmal.) Ich liebte die Bilder und Karten an den Wänden, die dunkelblauen Mäntel, die wir während des Unterrichts über unsere Straßensachen zogen – keine richtige Uniform, aber einer solchen doch recht ähnlich. Diese Mäntel waren ein Signal an die Welt und an uns: Lernen war ein ernsthaftes Geschäft.

Ganz vorne war eine Tafel, und im hinteren Teil des Raumes stand ein gewaltiger Kohleofen, der uns im Winter warm hielt. Auf der anderen Seite des Schulhofes waren die Außentoiletten. Sogar hier in der Schule gab es kein fließendes Wasser.

Draußen in der weiten Welt wurde ein ideologischer Kampf ausgetragen: der Kommunismus gegen den Westen. In allen Ostblockstaaten versuchten Länder wie meine Heimat, den Beweis zu erbringen, dass der Sozialismus dem Kapitalismus überlegen war. Ein probater Weg dorthin war die Erziehung von Kindern.

Eines kann ich Ihnen sagen: Ich hatte eine strenge Erziehung. Sehr streng.

Ganz einfach war das allerdings nicht. Zwischen 1940 und dem Beginn der 1950er-Jahre war die ungarische Bevölkerung deutlich geschrumpft. Fast eine Million Ungarn waren während des Kriegs ums Leben gekommen, und in den Jahren danach blieb das Bevölkerungswachstum verhalten. 1953 wurden dann – vermutlich als Reaktion darauf – Abtreibungen verboten und eine Reihe von

Maßnahmen ergriffen, die das Bevölkerungswachstum steigern sollten. Mitte der 1950er gingen die Zahlen dann allmählich nach oben, auch in Kisújszállás.

Und doch hatten Familien auch hier unter vielen Engpässen zu leiden. Wenn eine Frau damals ein Kind bekam, wurde die Feier der Geburt häufig von Sorgen überschattet: *Wie soll sie denn noch ein Maul stopfen? Woher soll sie die Kleidung, die Bücher, die Schuhe nehmen, all diese Ausgaben, alles, was ein Kind so braucht?*

Für die Schule stellte der plötzliche Babyboom ebenfalls ein Problem dar: Es gab einfach unglaublich *viele* Schüler. Da die Klassenräume nicht genug Platz boten, teilte man den Schulbetrieb in zwei Schichten auf: eine am Vormittag, eine am Nachmittag. Und sogar mit diesem System waren in meiner Klasse über fünfzig Kinder, die alle brav und ordentlich in Reihen saßen. Es gab so viele Schüler und Schülerinnen, dass die Regierung sogar Lehrer aus dem Ruhestand zurückholen musste. Und so kam es, dass meine Lehrerin in der zweiten Klasse, Margit Nagy, auch schon meine Mutter und meine Großmutter unterrichtet hatte.

Fünfzig Kinder in einem Klassenzimmer, das hört sich verrückt an. Wer konnte unter solchen Umständen lernen? Doch wir hielten den Mund und sparten unsere Energie für die Zeit auf, wenn wir in den Pausen und am Ende des Schultages aus dem Haus strömten.

Ein weiterer Weg, in Kinder zu investieren, ist eine gute gesundheitliche Versorgung.

Wir hatten gute Ärzte in der Stadt, und sie kamen häufig mit dem Motorrad zu Hausbesuchen. Wenn nötig, verteilten sie Antibiotika und Vitamine und überhaupt alles, was ein Kind braucht, damit es gesund heranwachsen kann. Manche Maßnahmen zur Gesundheitsvorsorge aber gingen darüber hinaus.

Ich war noch im Kindergarten, als die Erzieher die ganze Gruppe in einer Reihe aufstellten und mit uns geschlossen zu einer Arztpraxis in der Stadt marschierten. Da standen wir dann in einer langen Schlange, die Mädchen in Kleidern, die Jungs in kurzärmeligen Hemden. Einer nach dem anderen traten wir an das Behandlungsteam heran und bekamen einen Teelöffel Flüssigkeit verabreicht: eine Portion des Polioimpfstoffes von Albert Sabin.

Die Kinderlähmung (beziehungsweise Polio) wurde, wie jede Mutter zu jener Zeit wusste, durch ein grausames, hoch ansteckendes Virus verursacht – das vor allem Kinder gefährdete. Die Ausbrüche waren erschreckend und der Verlauf kaum vorhersagbar. Manche Kinder wiesen keinerlei Symptome auf oder nur solche, wie sie auch bei anderen Viren auftraten: Fieber, Kopfschmerzen, Abgeschlagenheit und ein verdorbener Magen. Manchmal aber schlich das Poliovirus sich ins Nervensystem und verursachte dann Lähmungen und Atemprobleme. In manchen Fällen konnte eine Infektion gar zum Tod führen.

Dieses Virus schien keiner wie auch immer gearteten Logik zu folgen. Warum zeigten einige Kinder keinerlei bleibende Schäden, während andere zeitlebens nicht mehr gehen konnten? Wieso hatten einige nur leichtes Fieber, während andere für immer gelähmt blieben?

Die Eltern damals kannten keine Welt ohne Angst vor Kinderlähmung. Als dann endlich ein Polioimpfstoff verfügbar war (zunächst das Vakzin von Jonas Salk, das gespritzt werden musste, dann das Sabin-Vakzin, das leichter zu verabreichen war), setzte die Partei sofort alle Hebel in Bewegung, damit die ungarischen Kinder ihn bekamen. Und ihre Anstrengungen waren in jeder Hinsicht bemerkenswert. Als ich 1969 vierzehn Jahre alt wurde, hatte das Land den letzten, durch ein Wildvirus verursachten,

Ausbruch von Kinderlähmung bereits einige Zeit hinter sich – zehn Jahre vor den Vereinigten Staaten und fünfzehn Jahre vor Großbritannien.

Für einige Familien in unserem Umfeld kam diese Hilfe trotzdem zu spät. Der jüngere Bruder eines Klassenkameraden erkrankte *tatsächlich* an Polio. Für den Rest seines Lebens konnte er nur unter enormen Schwierigkeiten gehen und musste ständig eine Beinschiene tragen. Auch meine Mutter wusste durch ihre Beschäftigung in der Apotheke, was die Kinderlähmung anrichten konnte. Sie erinnerte sich, wie Angehörige erkrankter Kinder kamen, um Medikamente für sie abzuholen. Kaum waren sie wieder zur Tür hinaus, ließ der Apotheker meine Mutter alles mit Bleiche schrubben, bis ihre Haut rissig wurde und ihre Knöchel bluteten. Weil seine Familie im selben Haus lebte, erklärte er ihr. Und er hatte einen kleinen Sohn. Den wollte er schützen.

Er hatte Angst. Wie wir alle.

Zu jener Zeit gab es unzählige Impfbemühungen. Ich weiß noch, dass ich in der Schule eine Impfung gegen Tuberkulose bekam. Dafür mussten wir zweimal antreten. Beim ersten Mal gab man uns die Injektion, beim zweiten Mal bekamen wir einen kleinen Schnitt in die Haut. Wenn dieser sich nicht rötete, brauchten wir noch eine Injektion. Wir standen nebeneinander und verglichen unsere Schnitte: »Ist deiner schon rot? Oje, schau nur, meiner ist gar nicht rot. Und bei dir?«

Wir bekamen nicht nur Impfstoffe verabreicht. Manchmal marschierte die ganze Schule oder ganze Klassen zum Zahnarzt oder zum Kinderarzt, wo man unsere Lungen röntgte, um herauszufinden, ob wir Tuberkulose hatten. Niemand wehrte sich dagegen, niemand protestierte, niemand meinte, dass Gesundheitsvorsorge und Erziehung nichts miteinander zu tun hätten oder dass Impfstoffe in der Schule nichts verloren hätten. Wir hatten vielmehr das Gefühl, dass uns das alle anging. So kümmerte man sich damals umeinander.

1963, als ich in der dritten Klasse war, erlebte Kisújszállás eine andere Viruserkrankung: die Maul- und Klauenseuche, die unser Vieh bedrohte. Menschen waren nicht gefährdet, aber sie konnten als Überträger fungieren. Wenn sich das Virus in der Stadt ausbreitete, war unser Vieh in Gefahr. Und wenn dieses starb, was sollten wir dann essen?

Daher nahmen wir dieses Virus genauso ernst wie diejenigen, die unsere eigene Gesundheit bedrohten. Damit es sich nicht weiter ausbreiten konnte, blieb die ganze Gemeinde mehrere Wochen lang zu Hause. Wer sich in der landwirtschaftlichen Kooperative vor den Toren der Stadt um das Vieh kümmerte, schlief am Arbeitsplatz. Diese Menschen durften ihre Familie nicht sehen, damit sie das Virus nicht in die Stadt einschleppten. Und das ging wochenlang so. Der totale Lockdown.

Selbst als das Leben langsam wieder in die Gänge kam, mussten wir höllisch vorsichtig sein. Lange Zeit desinfizierten wir unsere Schuhe, wenn wir die Schule oder einen Laden betraten. Zu diesem Zweck stiegen wir in ein Tablett mit Bleiche getränkten Sägespänen. Wir wuschen uns die Hände mit Desinfektionsmitteln, woraufhin unsere Finger tagelang nach Chlor rochen!

1968, als ich dreizehn war, kam es zu einer weltweiten Grippepandemie. Diese Pandemie – die, wie ich heute weiß, in Hongkong von einem H3N2-Stamm des Influenza-A-Virus ausgelöst wurde, weshalb man sie Hongkong-Grippe nannte – war nicht so schlimm wie die von 1918/19, an die manche Menschen sich damals noch gut erinnerten. Aber von einem milden Verlauf konnte auch hier nicht die Rede sein. Dieser Pandemie fielen weltweit zwischen einer und vier Millionen Menschen zum Opfer.

Wieder beschränkten wir unsere Bewegungen und unsere Kontakte zu anderen Menschen. Wir schrubbten. Wir desinfizierten. Ich nehme an, die Partei förderte das, aber niemand beschwerte sich darüber, dass die Regierung sich zu sehr einmischen würde. Es ging um ein Virus, das weder eine Ideologie noch irgendwelche politischen Ziele hatte. Wenn wir nicht aufpassten, würde sich das Virus weiterverbreiten. Und wir alle würden darunter leiden. Das waren einfach Tatsachen. So funktionieren Viren nun mal.

Auch die Erntezeit war eine Phase gemeinschaftlichen Handelns. Manchmal, wenn die Zahl der helfenden Hände zu klein war, rief das Landwirtschaftliche Kollektiv uns Schulkinder zu Hilfe. Dann wurde die ganze Schule per Bus oder auf mehreren Lastwagen aufs Land gefahren, wo wir beim Pflücken von Tomaten, Paprika oder Mais mithalfen. Oder wir gruben Kartoffeln und Zuckerrüben aus.

Es gab noch mehr Gründe, warum wir manchmal den Unterricht versäumten. Wenn nicht genug Kohle da war, bekamen wir eine Woche frei. Das war die »Kohlenpause«. Zur Schule ging es erst wieder, wenn das Gebäude geheizt werden konnte. Während der Kohlenpause erledigten wir unsere Aufgaben zu Hause und waren damit oft mehrere Stunden am Tag beschäftigt.

Ich selbst verpasste immer wieder den Unterricht, einfach weil ich krank war.

Ich war kein gesundes Kind. Ich war schwächlich, nur Haut und Knochen. Wann immer ich hinfiel, brach ich mir etwas.

Mit fünf Jahren brach ich mir das Schlüsselbein, mit acht und neun Jahren ein Paar Knochen in der Hand. Als die Hand endlich verheilt war, fiel ich wieder hin und brach mir dabei die andere Hand. Man nahm mir den Gips von einer Hand ab und legte ihn der anderen an.

Außerdem litt ich an Blutarmut, also bekam ich Eisentabletten.

Ich hatte keinen Appetit, also musste ich eine extrem bittere Flüssigkeit schlucken, die ich heute noch auf der Zunge schmecken kann.

Ich hatte Bauchschmerzen, also nahm man mir den Blinddarm heraus.

Ich hatte ständig Atemwegsprobleme, also entfernte man mir die Rachenmandeln.

Die Mandeloperation bescherte mir meinen ersten Krankenhausaufenthalt. Ich war acht Jahre alt, hatte Angst und vermisste meine Eltern. Das Krankenhaus war riesig und ich weit weg von zu Hause. Ich lag in einem Metallbett und beobachtete durch ein Glasfenster das medizinische Personal, ängstlich auf den Moment wartend, wenn man mir wieder Blut abnahm. Ein Moment, der sich zu meinem Entsetzen mehrfach wiederholte.

Ich hasste es, wenn man mir Blut abnahm. Ich hasste das Gefühl, ich hasste, wie es aussah, überhaupt die bloße Vorstellung. Die Krankenschwestern mussten mich festschnallen, um die Nadel in meinen Arm zu bekommen. Ich sah zu, wie das dunkle Blut durch die Nadel in die Spritze stieg, und hatte das Gefühl, in einem Albtraum gelandet zu sein. Noch viele Jahre danach fiel ich einfach in Ohnmacht, wenn ich zusehen musste, wie man jemand anderem Blut abnahm. (Ich könnte niemals Ärztin sein.)

Einige Jahre später wurde ich wieder ins Krankenhaus eingewiesen, dieses Mal wegen Hepatitis A. Ich erbrach mich und umklammerte meinen Leib mit den Armen. Meine Haut und meine Augen verfärbten sich allmählich gelb. Ich kam auf die Isolierstation. In den anderen Krankenzimmern lagen Erwachsene mit Ruhr oder weiteren ansteckenden Krankheiten. Manchmal stöhnten sie laut auf. Drei Wochen lang lag ich in diesem Zimmer und sehnte mich nach einem Menschen, der mich tröstete, der die Arme um mich legte und mir versicherte, dass ich ganz bestimmt wieder gesund werden würde. Das war alles, was ich mir wünschte, wenn ich krank war.

Meine Mutter machte sich Sorgen um mich. Das weiß ich. Sie liebte mich und wollte mich gesund sehen. Sie war jedes Mal zu Tode erschrocken, wenn mir etwas fehlte. Sie hatte in ihrem Leben so vieles mitgemacht und wusste, dass Gesundheit bei einem Kind keine Selbstverständlichkeit ist.

Wenn etwas Schlimmes passiert, versuchen die Leute immer, die Situation unter Kontrolle zu bekommen, alles *in Ordnung zu bringen*. Unglücklicherweise war das Einzige, was meine Mutter in solchen Situationen in Ordnung bringen, was sie kontrollieren konnte, *ich*. Und so richtete sie ihre ganzen Bemühungen auf mich.

Ich kann sie heute noch hören: *Das kommt alles nur daher, dass du beim Essen so eigenwillig bist. Nie isst du dein Gemüse gekocht, du willst es immer roh haben. Und weil du keine Mütze aufsetzt, wenn es kalt ist.* Es spielte keine Rolle, ob ich mich übergeben musste, Schmerzen hatte oder Fieber – auf jeden Fall hatte ich etwas falsch gemacht. Ich achtete nicht auf meine Gesundheit. Ich aß nicht richtig. Ich zog mich nicht warm genug an. Wenn meine Mutter mich nur dazu bringen könnte, alles so zu tun, wie es richtig war, dann hätte mein ganzes Elend schnell ein Ende … und natürlich auch ihre Ängste.

Auch wenn ich schließlich an Gewicht zulegte, hatte ich bereits als Sechzehnjährige mein ganzes Leben lang unter schlechter Gesundheit gelitten. Ich musste immer sehr auf mich aufpassen, Sport treiben und mich gesund ernähren. Doch als ich älter wurde, verschlechterte sich mein Gesundheitszustand sogar noch mehr. Meine Knie schmerzten, mein Rücken ebenfalls. Meine Gelenke schwollen an, ich hatte eine schmerzhafte Arthritis. Man operierte mir Knoten aus der Brust, später diagnostizierte man bei mir Krebs. Einen Tumor an der Ohrspeicheldrüse. Nachdem die Ärzte ihn herausgeholt hatten, wussten die umliegenden Nervenzellen nicht mehr, was sie tun mussten. Von da an war mein Gesicht immer in Schweiß gebadet, wenn ich aß.

Und stets erhob sich in all diesen Momenten im Hintergrund die Stimme meiner Mutter: *Das liegt nur daran, dass du nicht …*

Aber ich versuchte, auch aus solchen Misslichkeiten zu lernen, wie ich es bei allem tat, was mir widerfuhr.

Ich bin von Natur aus ein sachlich-nüchterner Mensch. Erst später, als ich selbst Mutter war und meine Tochter krank wurde, rief ich mir ins Gedächtnis zurück, wie ich mich in diesen lange zurückliegenden Momenten gefühlt hatte. Ich erinnerte mich, wie meine Mutter immer darauf bestanden hatte, dass *ich* das Problem war, dass ich etwas nicht richtig gemacht hatte, obwohl ich doch mein Bestes tat. Und so nahm ich meine Susan in den Arm und sagte ihr all das, was ich damals so gerne gehört hätte: *Soll ich dir einen Kuss aufdrücken, dort, wo es wehtut? Darf ich dich knuddeln? Hier, mein Liebes. Ich möchte dich trösten, ich möchte dir alles geben, was ich nicht hatte, als ich klein war.*

Manchmal denke ich, das ist das Beste, was wir tun können: von der Welt lernen, die wir empfangen haben, und versuchen, die Dinge für die nächste Generation besser zu machen.

In der Grundschule erhielt ich meine erste offizielle Einführung in die Wissenschaft. Ich schloss mich einem Chemieclub an, der von unserem Lehrer geleitet wurde. Wir formten chemische Elemente aus Plastilin und setzten sie mit Zahnstochern zu Molekülen zusammen. Wir setzten übersättigte Salzlösungen an, tauchten eine Schnur ein und beobachteten, wie sich Kristalle daran bildeten. (Jahre später entdeckte ich an der University of Pennsylvania in einer vergessenen Flasche Salzkristalle, die sich aus einer verdampften Salzlösung gebildet hatten, und musste sofort an den Chemieclub in Kisújszállás zurückdenken.)

Manchmal ging ein Biologielehrer mit uns auf Exkursion. Wir sahen uns Gärten und Bäume an, Sträucher und Kräuter und Blüten. Ich kann mich noch erinnern, wie wir an einem kleinen Teich voller Seerosen standen, wo der Lehrer uns erklärte, dass die Zellen der Blüten und Blätter mit Luft gefüllt waren und nur deshalb auf der Wasseroberfläche schwimmen konnten. Es war pure Magie, das Genie der Natur.

Obwohl die Ideologie des Sozialismus offiziell Teil des Lehrplans war – an vielen Schulen gab es Schilder, auf denen stand: *In dieser Schule bauen wir den Sozialismus auf* –, ist es nicht das, woran ich mich vor allem erinnere. Das mag daran liegen, dass die meisten meiner Lehrer im vorkommunistischen Ungarn ausgebildet worden waren. Sie interessierten sich nicht für politische Philosophie, sondern nur für ihr Fach. Von ihnen konnte ich unheimlich viel lernen, und das tat ich dann auch.

Wir bekamen Noten von Eins bis Fünf, wobei Fünf die Bestnote war. In meinen ersten Schuljahren bekam ich meist eine Vier, was für eine Arbeitertochter, deren Eltern nur sechs, beziehungsweise acht Jahre lang die Schule besucht hatten, nicht schlecht war. Aber ich war wirklich nie Klassenbeste.

Mir ging es gut. Das sagte ich zumindest immer: *Alles in Ordnung.*

Ich halte mich nicht für besonders klug. Im Lauf der Jahre habe ich einige Menschen kennengelernt, die offensichtlich ein fotografisches Gedächtnis haben und denen das Lernen daher leichtfällt. Eine meiner Klassenkameradinnen in der Grundschule musste etwas nur einmal sehen und konnte sich dann für immer daran erinnern. Auf mich traf das nicht zu, nie. Aber schon als jungem

Mädchen war mir etwas sehr Wichtiges klar: Was mir die Natur an Fähigkeiten nicht mitgegeben hatte, konnte ich durch Fleiß wettmachen. Ich konnte mich mehr anstrengen, länger lernen, mehr tun, und zwar mit Sorgfalt.

Ich lernte fleißig. Ich versuchte immer, alles korrekt zu machen. Wenn es nicht richtig war, fing ich noch einmal von vorne an.

Ich arbeitete.

Ich arbeitete.

Ich arbeitete.

Und es stellte sich schließlich heraus, dass das Gehirn formbar ist. Was wir einüben, verstärken wir. Ich übte, eine ausgezeichnete Schülerin zu werden – eine aktive Übung, so wie ein angehender Basketballer sich darin übt, Körbe zu werfen. Und wie ein Sportler wurde auch ich immer besser. Das Lernen ging mir langsam in Fleisch und Blut über. In der dritten Klasse ging ich so darin auf, dass ich eine Bestnote nach der anderen bekam. Und ich verschwendete auf die Zeit davor keinen Gedanken mehr.

Aber ich hörte auch nie auf zu üben.

In der Grundschule bekamen wir in Geschichte einmal die folgende Aufgabe: Wir sollten ein älteres Mitglied unserer Gemeinde interviewen, eine Art Lokalheld. Jeder von uns sollte Augenzeugenberichte von lebenden Menschen sammeln und dann aufgrund dieser Berichte eine Laudatio auf die Person verfassen. Ich sollte einen Veteranen interviewen, der etwa so alt war wie mein Vater.

Mein Vater wollte wissen, wen ich befragen würde. Als ich ihm den Namen nannte, huschte ein Schatten über sein Gesicht. »Das ist ein schlechter Mensch«, sagte er. Ich hatte meinen Vater noch nie so von jemandem reden hören. Hart. Voller Zorn.

»Dieser Mann war grausam«, fuhr mein Vater fort. »Er ist ein Arschloch, und das Interview ist Bockmist.«

Ich habe bis heute keine Ahnung, was mein Vater über diesen Mann wusste oder was er gesehen hatte. Aber ich nahm mir seine Worte zu Herzen. Dann tat ich, was man mir aufgegeben hatte. Ich notierte die Erinnerungen des Mannes und schrieb meinen lobhudelnden Aufsatz. Trotzdem habe ich dabei etwas gelernt: Manchmal ist es Bockmist, was man von uns verlangt. Und der Mann, um den sich mein Aufsatz drehte, war ein Arschloch. Manchmal werden Arschlöcher als Helden verehrt.

In der siebten Klasse begann ich, in Chemie, Biologie und Geografie an Wettbewerben teilzunehmen. Solche Wettbewerbe gab es auch in anderen Fächern. Ilona, ein Mädchen aus meiner Klasse, wurde Siegerin in einem wichtigen Geschichtswettbewerb. Wir beäugten uns manchmal aus der Distanz. Aber für mich waren es immer Chemie und Biologie. In der achten Klasse avancierte ich zur besten Biologieschülerin in Kisújszállás ... und dann zur besten im Bezirk. Mein Vater arbeitete damals im Gasthaus, und manchmal schauten meine Lehrer bei ihm vorbei, um etwas zu trinken. Sie erzählten ihm, was für eine gute Schülerin ich sei und dass diese Wettbewerbe wirklich wichtig seien. Und ich war glücklich, weil ich ihn mit Stolz erfüllen konnte.

Da ich Siegerin im Bezirkswettbewerb geworden war, lud man mich nach Budapest ein, um unseren Bezirk beim nationalen Biologiewettbewerb zu vertreten. Leider fiel dieser ausgerechnet in die Zeit, als unsere Familie eine ihrer seltenen Urlaubswochen bekam. Die Gewerkschaft hatte meiner Mutter eine Reise nach Harkányfürdő spendiert, wo es einen großen Wasserpark mit mehreren Schwimmbecken gab. Ich hatte mich so auf diese Ferien gefreut, aber natürlich stand es außer Frage, wo ich am Ende hinfahren würde.

Ich reiste also ohne meine Familie nach Budapest.

Es war aber nicht das erste Mal, dass ich allein verreiste. Wie alle jungen Leute in Ungarn war ich damals Mitglied bei den Jungen Pionieren, einer Organisation der Partei, die den Pfadfindern ähnelte. Einmal hatte ich ein Sommerferienlager der Pioniere besucht. Ich war allein mit dem Zug in die nächste Ortschaft gefahren und dann mehrere Kilometer über Land gewandert, bis ich endlich das Lager am Waldrand gefunden hatte.

Der Biologiewettbewerb fand nun allerdings keineswegs im Nirgendwo statt, sondern in Budapest, einer Großstadt. Mit fünf war ich schon mal dort gewesen. Nun war ich vierzehn und winkte meinem Vater durch das Zugfenster zu. Meine Eltern hatten mir versichert, dass ich am Zielbahnhof von Leuten abgeholt würde, die den Wettbewerb organisierten. Es gab damals noch keine Handys, ja noch nicht einmal überall Telefon. Vor meiner Rückkehr eine Woche später hatten meine Eltern also keine Möglichkeit zu erfahren, ob ich in Budapest angekommen war oder wie es mir dort erging.

An jenem Biologiewettbewerb nahmen Kinder aus allen Regionen des Landes teil. Insgesamt waren wir wohl zwischen fünfzig und sechzig. Wir schliefen im brandneuen Saal einer Blindenschule, deren Schüler in den Sommerferien waren. Es faszinierte mich, dass dort alles, wirklich alles in Blindenschrift ausgeschildert war. Ich weiß noch, wie ich meine Finger über die Erhebungen der Brailleschrift gleiten ließ und versuchte, diese geheimnisvolle Sprache zu entziffern – ein Alphabet für die Fingerspitzen. So etwas hatte ich noch nie gesehen.

Beim Wettbewerb wurden wir jeden Tag von den Prüfern auf unser Wissen getestet: wie viel Blut ein Mensch hatte, ob wir die Namen aller Knochen kannten oder wie viel wir über die Biologie der Pflanzen wussten. Eines Tages führte man uns auf eine Wiese in den Buda-Hügeln, wo wir alle Pflanzen sammeln sollten, deren Namen wir kannten. Jede gesammelte Pflanze bekam von uns einen Papierstreifen, auf den wir den Namen schrieben. Ich kannte so viele! Denn ich hatte von meinen Eltern nicht nur die Namen unserer Gartenpflanzen gelernt, sondern auch die der »Unkräuter«, die sich regelmäßig einschlichen. Und ich hatte jahrelang Blumen in Großmutters Garten geschnitten. Auch in den Ferienlagern der Pioniere, bei unseren Schulausflügen und in den endlosen Stunden, die ich mit den wunderschönen Aquarellen der Botanikerin Vera Csapody zubrachte, schnappte ich ständig neue Pflanzennamen auf.

An diesem Tag wurde ich die Siegerin und qualifizierte mich dadurch für die Endrunde. Schließlich schaffte ich den dritten Platz, was mich offiziell zur drittbesten Biologieschülerin im ganzen Land machte. Mich, die kleine Karikó! Die dünne Tochter des dünnen Metzgers aus dem kleinen Ort Kisújszállás.

Ich kann mich heute noch an die Teilnehmenden der Endrunde erinnern – an ihre Namen und sogar an die Preise, die sie gewonnen haben. Ein Mädchen namens Katalin Pénzes erreichte den ersten Platz und bekam eine einwöchige Reise in die Tschechoslowakei spendiert. András Berta, der Sohn eines Universitätsprofessors, landete auf dem zweiten Platz. Er bekam ein Transistorradio von SOKOL. Ich bekam für meinen dritten Platz einen SMENA-8-Fotoapparat. Damit dokumentierte ich künftig unser Leben, was ich auch heute noch gerne tue. Wir drei wurden sogar für das Radio-Kinderprogramm *Harsan a kürtszó* (*Das Signalhorn*) interviewt. Was ich wunderbar fand: Ich konnte mir die Aufzeichnung tatsächlich später in Kisújszállás anhören.

Und noch eine Tatsache ist mir im Gedächtnis geblieben: Die Familie eines Wettbewerbsteilnehmers hatte ein eigenes Auto. Ein eigenes Auto! Das schien uns absolut fantastisch. Damals wurde mir klar, dass Autos auch in Ungarn langsam ein geläufigerer Anblick wurden. Von meinen Kindertagen bis zu diesem Augenblick in Budapest hatte sich die Anzahl der Autobesitzer verzehnfacht. Die Zeiten änderten sich. Meine Eltern würden zwar nie ein eigenes Auto haben, ich irgendwann aber schon. Doch zur Zeit des Wettbewerbs war ein Familienfahrzeug einfach purer Luxus, beinahe unvorstellbar.

Zu jener Zeit lebten wir schon in unserem neuen Haus, das wir selbst renoviert hatten. Es war todschick und befand sich in bester Lage an einer gepflasterten Straße in der Nähe des Stadtzentrums. Endlich hatten wir fließendes Wasser und eine bessere Stromversorgung. Wir hatten sogar schon einen kleinen Fernseher. Das Bild fing immer wieder an zu flimmern, dann mussten wir die Antenne hierhin und dorthin drehen, um Empfang zu haben. Als wir den Fernseher bekamen, gab es nur ein einziges Programm. Als ich die Oberstufe absolviert hatte, waren es gerade mal zwei. Aber selbst das war unglaublich modern!

Ungarn wandelte sich. Und wie sich bald herausstellen sollte, galt das auch für mich.

DREI WICHTIGE EINFLÜSSE AUS MEINEN JAHREN IN DER SCHULE

Eins

»Was denkst du, Karikókati?« Der Lehrer, der vor mir steht und mir diese Frage stellt, hat ein ernstes Gesicht, aber seine Augen leuchten voller Neugier. Es ist Albert Tóth, mein Biologielehrer in der Oberstufe am Gymnasium. Wie immer untadelig gekleidet und mit farbenfrohem Pullover. Für Schüler und Schülerinnen wie mich veranstaltet er nach der Schule eigens einen Biologieclub.

Wir reden über Albert Szent-Györgyi, den ungarischen Wissenschaftler, der als Erster Vitamin C isoliert hat und dessen Arbeit das Fundament für den sogenannten Krebs-Zyklus lieferte, den man im Westen unter dem Namen »Zitronensäurezyklus« kennt. Er bekam 1937 den Nobelpreis für Physiologie und Medizin. Die Frage, die Herr Tóth mir stellt, bezieht sich auf ein Zitat von Szent-Györgyi: *Wenn du das Leben studierst, gehst du von den höheren Ebenen auf immer niedrigere über, bis auf diesem Weg das Leben irgendwann verblasst und dich mit leeren Händen zurücklässt.*

Wir haben über die Molekularbiologie gesprochen, über die Art und Weise, wie das Leben vom Genmaterial abhängt und von diesem weitergegeben wird. DNA und RNA sind die Bausteine des Lebens, absolut unabdingbar, aber trotzdem sind beide selbst nicht lebendig. Sie brechen zuerst in Moleküle auseinander, dann in Atome.

Wo also liegt die Grenze zwischen dem Leben und den unbelebten Bausteinen, die es ermöglichen?

Was denke ich?

Ich finde es super, dass Herr Tóth uns nicht nur Tatsachen vermittelt. Er versucht auch nicht, uns seine Meinung dazu beizubringen. Stattdessen will er wissen, was *wir*, seine Schülerinnen und Schüler, darüber denken.

Und noch wichtiger: Er möchte, dass *wir* wissen, was wir denken.

Wie alle meine Lehrer kennt Herr Tóth meine Familie. Er stand mal Schmiere, während mein Vater für ihn heimlich das Familienschwein schlachtete. Er weiß, dass mein Vater mittlerweile auf der schwarzen Liste der Partei steht und dass meine Familie aus sehr einfachen Verhältnissen kommt. Herr Tóth organisierte den

Biologieclub schon, als ich noch in der Grundschule war. Und als ich in die achte Klasse ging, stand er beim örtlichen Biologiewettbewerb der Schulen der Jury vor. In seinen Augen bin ich mehr als nur das Kind eines Metzgers, mehr als die *kleine Karikó*. Ich bin eine künftige Wissenschaftlerin. Ungeachtet dessen, dass ich keine echten Wissenschaftler kenne, glaubt Herr Tóth, dass ich fähig bin, selbst eine zu werden. Er glaubt, ich kann mir selbst überlegen, wie ich zu großen Ideen stehe.

Und bei Herrn Tóth geht es nur um große Ideen. In seinen Unterrichtsstunden und im Biologieclub stellt er uns nicht nur die Arbeit von Albert Szent-Györgyi vor, sondern auch den berühmten Kriminologen Cesare Lombroso, ungarische Biologen und Ökologen wie Pál Juhász-Nagy, Pál Jakucs, Bálint Zólyomi, Gábor Fekete und Elek Woynárovich, die für uns zu wahren Helden werden. In Herrn Tóths Unterricht wird von uns nicht nur erwartet, dass wir unsere Schulbücher kennen. Wir lesen auch Zeitschriften wie *Búvár* (*Taucher*) und *Természet Világa* (*Die Welt der Natur*). Und natürlich auch Bücher von aktuell tätigen Wissenschaftlern. Außerdem lesen wir diese Texte nicht nur, wir müssen ihren Inhalt anderen vortragen. Solche Referate vor versammelter Klasse zeigen, ob wir unser Thema so gut verstehen, dass wir es anderen erklären können.

Auch über angewandte Wissenschaft sprechen wir: globale Herausforderungen wie Naturkatastrophen und die Bevölkerungsexplosion, eine neue Theorie über Treibhausgase, die die Erdatmosphäre erwärmen, und die Bedeutung des Naturschutzes. Zu jener Zeit werden Ungarns erste Nationalparks gegründet, auch der nahe gelegene Nationalpark Hortobágyi. Natürlich machen wir einen Schulausflug dorthin. Unser Gymnasium hat sogar ein kleines naturwissenschaftliches Museum mit Artefakten wie einem 165 Jahre alten ausgestopften Nilkrokodil, einem Mammutzahn, einer Gesteinssammlung, einem versteinerten Holzstück und einer Rose von Jericho. Herr Tóth möchte uns beibringen, dass Biologie nichts ist, was sich auf Bücher beschränkt. Biologie ist überall, um uns herum und in uns. Sie zeigt uns, wie die ganze Welt funktioniert, und das ist faszinierend.

Was denke ich?

Ich kann mich nicht mehr erinnern, was ich auf diese Frage geantwortet habe. Welche Antwort wäre dem Geheimnis und dem Facettenreichtum tief im Herzen allen Lebens angemessen? An eines aber erinnere ich mich noch gut: Wie ich mich nach vorn gebeugt habe – ich saß ja immer in der ersten Bank, immer am Fenster und immer neben meiner Freundin Anikó – und dachte: *Eines Tages bin ich auch Wissenschaftlerin.*

Bevor dieses Schuljahr zu Ende geht, schreibt unsere Klasse einen Brief an Szent-Györgyi in Amerika. Natürlich kennen wir die Adresse des Wissenschaftlers nicht und haben keine Ahnung, wie wir sie herausfinden sollen. Also adressieren wir den Umschlag so:

ALBERT SZENT-GYÖRGYI
USA

Es ist ein Schuss ins Blaue, ein Glücksspiel. Ich weiß nicht, ob überhaupt irgendjemand von uns glaubt, dass dieser Brief ankommen wird. Aber tatsächlich erhalten wir einige Monate später eine Antwort. Einen Brief von Szent-Györgyi persönlich, zusammen mit einer Ausgabe seines Buches *The Living State*. Seine Widmung lautet: *Den begeisterten Förderern der Wissenschaft in Kisújszállás.*

Für mich gibt es danach keinen Zweifel mehr: Der große Wissenschaftler meint mich. *Förderin der Wissenschaft.* O ja. Genau das bin ich.

Zwei

Noch ein Buch, wieder eins, das Herr Tóth mir gezeigt hat. Dieses hier hat etwa 300 Seiten, und es fühlt sich so an, als sei es für mich geschrieben worden. Vielleicht sogar *nur* für mich – als hätte sein Autor es allein für eine Person verfasst, und diese Person war ich.

Der Autor ist Hans Selye, und das Buch heißt *The Stress of Life* (dt. *Stress beherrscht unser Leben*). Ich bin nur ein Teenager, und mein Leben wird sich erst noch entfalten, aber ich gebe Ihnen darauf Brief und Siegel: Kein Buch wird sich für mich persönlich je wieder als so bedeutsam erweisen wie dieses.

Darin geht der Endokrinologe Selye dem nach, was er als »Stress« bezeichnet.

Heute ist es für uns offensichtlich, dass Stress uns geistig und körperlich beeinflussen kann. Wir wissen, was Stress ist, wie er sich anfühlt und wie er sich in den verschiedenen Bereichen unseres Körpers äußert. Doch vor Selye kannte die Biologie noch nicht einmal den Begriff.

1925 war Selye Medizinstudent – gerade mal achtzehn Jahre alt, den Kopf voll mit Fakten über Anatomie und den Verlauf von Krankheiten. Schon in diesen jungen Jahren fiel ihm etwas auf, was heute wohl jedem Menschen auffallen würde, wenn er sich im Internet über Krankheitssymptome zu informieren versucht: Bestimmte Symptome treten bei vielen verschiedenen Krankheiten auf.

Schmerzen? Im Körper, in den Gelenken? Fieber? Magenprobleme? Kein Appetit? Ein dicker Belag auf der Zunge? Ein Gefühl der Abgeschlagenheit? Das kann natürlich alles Mögliche sein – ein aufgeschnapptes Virus, eine chronische oder sogar eine lebensbedrohliche Erkrankung.

Warum also, fragte sich Selye, hatte noch nie jemand untersucht, was er als »Syndrom des einfach Krankseins« bezeichnete? Was genau waren die Symptome, die sich bei einem breiten Spektrum von Krankheiten zeigten? Selye begann, methodisch nach einer Antwort zu suchen – und seine Forschungsarbeiten führten ihn schließlich zu dem, was wir heute als biologische Stressreaktion kennen.

Nie zuvor in meinem Leben habe ich ein Buch wie dieses gelesen.

Doch nicht nur, weil Selye darin erklärt, was ich selbst erlebt habe (mit all meinen Krankheiten, den allgemeinen Symptomen, dem Fehlen jeglicher klaren Diagnose). Natürlich ist auch das von Bedeutung, aber hier geht es um so viel *mehr*. Auch nicht darum, dass Selye ein Außenseiter war, als er mit seinen Forschungsarbeiten anfing: Er hatte keine Ahnung, wie man solche Fragestellungen normalerweise anging, hatte keinerlei vorgefasste Meinung. (Manchmal, so scheint er zu sagen, werden die entscheidenden Fragen eben von Außenseitern gestellt.)

Für mich steht über all dem: Selye scheint zu verstehen, *wie ich denken will*. Wie ich eine große Frage festlegen und mich ihr dann systematisch und logisch nähern will, um darauf eindeutige Antworten zu erhalten. Am Anfang des Buches schreibt er: »Denn die Natur – die Quelle allen Wissens – antwortet selten auf Fragen, wenn sie nicht in Form von Experimenten gestellt werden, auf die sie mit ›Ja‹ oder ›Nein‹ antworten kann.«[1] Ich lese diese Zeilen immer wieder: *Fragen … in Form von Experimenten … zu denen sie »Ja« oder »Nein« sagen kann*. Eine Frage nach der anderen. Mit vielen dieser Fragen und den entsprechenden Ja-Nein-Antworten ergibt das Mosaik dann einen Sinn.

---

1 Hans Selye, *Stress beherrscht unser Leben*, Düsseldorf 1957, S. 30.

Er schreibt weiter:

> *Nur jenen Menschen, die mit einem Naturverständnis begnadet sind, das aus einer tiefen und umfassenden Liebe zur Natur stammt, […] glückt es, einen Aufriss der vielen Fragen zu ersinnen, die gestellt werden müssen, um eine nur annähernde Antwort auf eine solche Frage zu bekommen. Nur jene Menschen, die eine verzehrende, unbezähmbare Neugier nach den Geheimnissen der Natur quält, werden fähig sein – weil sie nicht anders können –, ihr Leben lang geduldig Schritt für Schritt sich vorzuarbeiten, um die unzähligen Probleme zu bewältigen, von denen jedes zahllose Experimente erfordert.*[2]

Gesegnet oder gequält – ich bin sicher, dass ich zu den Menschen gehöre, die Selye beschreibt. Und ich weiß, dass ich mein Leben damit verbringen kann – ja, muss –, geduldig an technischen Problemen zu arbeiten und unzählige Experimente zu machen.

Wohlgemerkt, ich erwarte nicht, dass ich je etwas so Großes zustande bringen kann wie Selye. Aber vielleicht werde ich ja eines Tages dem Universum Fragen stellen können, Experimente ersinnen. Möglicherweise werde ich dann ein klares Ja oder Nein erhalten. Und auf diese Weise meinen kleinen Beitrag zum gewaltigen Mosaik des menschlichen Wissens leisten.

The Stress of Life ist auch noch aus einem anderen Grund für mich wichtig: Als ich Selyes Worte lese, begreife ich, dass Stress nicht unbedingt eine *negative* physiologische Erfahrung ist. Er kennt auch positive Formen – wie Erregung, Vorfreude und Motivation. Negativer Stress kann schädlich sein – tatsächlich kann

---

2 Selye, a. a. O., S. 31.

er Sie umbringen. Positiver Stress aber ist nötig für ein erfülltes Leben. Und mit der richtigen Haltung können wir negativen Stress in positiven umwandeln.

Wie? *Indem wir uns auf jene Dinge konzentrieren, die wir unter Kontrolle haben, statt nur auf die, die sich uns entziehen.*

So scheint Selye darauf hinzuweisen, dass wir die Reaktionen anderer Menschen eben nicht kontrollieren können, nur unsere eigenen. Wir sollten also nicht darauf hinarbeiten, anderen Menschen zu gefallen und uns ihre Anerkennung zu verdienen. Stattdessen müssen wir uns eigene Ziele setzen und versuchen, sie zu erreichen. Wenn wir Rück- oder Fehlschläge erleiden, sollten wir nicht anderen die Schuld dafür geben. Schuldzuweisungen zu erteilen hat allein den Effekt, dass wir unsere Aufmerksamkeit weiterhin nur auf das richten, was wir nicht im Griff haben. Eine bessere Reaktion auf Fehlschläge ist es, mehr zu lernen, seine Anstrengungen zu erhöhen und kreativer zu sein.

Stress ist vielleicht unvermeidlich, aber *The Stress of Life* hilft mir zu begreifen, dass Stress mir nützen oder schaden kann. Und dass dies letztlich davon abhängt, wie ich etwas wahrnehme und darauf reagiere.

Drei

Einmal die Woche schauen wir daheim *Columbo*. In dieser amerikanischen Krimiserie spielt Peter Falk einen scheinbar ganz gewöhnlichen Mordermittler in Los Angeles. Seine Markenzeichen sind die zusammengekniffenen Augen und der schäbige Trenchcoat. *Columbo* ist eine der wenigen amerikanischen Serien, die in Ungarn ausgestrahlt werden. Es handelt sich um unpolitische, harmlose Unterhaltung. Und dann gibt es da noch diese – meines Wissens unbestätigten – Gerüchte, dass Peter Falk mit Miksa Falk verwandt ist, einem ungarischen Politiker und Journalisten des 19. Jahrhunderts.

Columbo ist verknautscht, immer leicht vornübergebeugt und kramt in seinen Taschen ständig nach einem Stift. Er kaut auf seinen Zigarren herum, und seine Haartracht könnte einen Friseur gebrauchen. Seine Verdächtigen hingegen sind reich, gut frisiert und unglaublich gerissen. Jeder begeht einen scheinbar perfekten Mord – bei dem alle Einzelheiten genauestens durchdacht sind. Es ist kein Geheimnis, wer der Täter ist. Die Zuschauer werden ja bereits zu Beginn jeder Episode Zeugen des Mordes. Die Frage ist vielmehr, wie dieser schusselige Jedermann Schritt für Schritt der Wahrheit näherkommen soll, obwohl jeder Hinweis vom Mörder weg zeigt.

Die Antwort: Er macht das *großartig*.

Columbo spielt Katz und Maus mit seinen Verdächtigen. Dabei bewegt er sich immer in ihrem Revier: in den Herrenhäusern, auf den Jachten, im Rolls-Royce und in der Bibliothek. Er trinkt *ihren* Schnaps aus *ihren* Kristallgläsern an *ihrem* prasselnden Kaminfeuer.

Er stellt eine Reihe von Fragen und nickt dann zu den Lügen, die er zu hören bekommt. Er blinzelt ganz unschuldig. Seine Schusseligkeit wiegt sie in Sicherheit. Columbo gibt den Verdächtigen keinen Anlass, an ihren Gewissheiten – nämlich dass sie besser, klüger und cleverer sind als er – zu zweifeln.

Er dankt ihnen, steht auf und geht. Und in eben diesem Moment dreht er sich um, als sei ihm etwas gerade erst eingefallen: »Nur noch eine Sache …«, sagt er dann.

Wie sich herausstellt, ist Columbo klüger, als er aussieht.

Ich bin keineswegs die Einzige, die Columbo liebt. Jeder in Ungarn ist begeistert. (Heute steht eine Bronzestatue von Peter Falk als Columbo – in Lebensgröße – mitten in Budapest.) Columbo ist auch nicht die einzige Krimiserie, die ich je ansehen werde. Ich schaue mir die britische Thrillerserie *The Saint* (dt. *Simon Templar*) mit Roger Moore an, *Die Zwei* mit Moore und Tony Curtis, die französische Serie *Kommissar Maigret* und viele andere mehr. Ich verfolge auch viele True-Crime-Sendungen, aber *Columbo* ist die erste Krimiserie, die ich wirklich liebe.

Und das nicht nur, weil Columbo eine Sorte Mensch ist, zu der auch ich bald gehören werde – er bewegt sich auf fremdem Terrain und ist dabei von mächtigen Leuten umgeben. (Diese Leute werden einfach durch mich hindurchsehen. Wieder und wieder fällt ihnen nicht mal auf, dass mein Verstand alles registriert.) Sondern vor allem wegen dieses Satzes: »Nur noch eine Sache …«

Denn die Wahrheit ist: Wissenschaftliche Forschung kann ermüdend sein. Sie generiert eine Menge Daten, und häufig ist es so, dass der Großteil dieser Daten in eine bestimmte Richtung zeigt. Es ist eine große Versuchung, nach Daten zu suchen, die zur vorgefassten These passen. Und hat man sie dann gefunden – was unweigerlich der Fall sein wird –, hat man das Gefühl, seine Aufgabe erledigt zu haben.

Aber Sie müssen Ihre Experimente korrekt durchführen.

Sie stellen Frage um Frage. Dann ändern Sie nur eine einzige Variable und fragen nochmals. Im nächsten Schritt ändern Sie wieder eine Variable. Und dann wieder. *Nur noch eine Sache …* Es gibt fast immer noch eine Sache.

Sie müssen geduldig bleiben, alles genau prüfen, jedes noch so kleine Detail. Sie müssen den Berg an Informationen beiseiteschieben, die Ihre Erwartungen zu bestätigen scheinen, und exakt das eine Puzzlestück suchen, das eben nicht passt. Denn dieses eine – dieses winzige Stück, das aus irgendeinem Grund nicht passt und Ihnen keine Ruhe lässt – kann Sie, wenn Sie wachsam bleiben, in die richtige Richtung lenken.

In der Oberstufe war ich immer von Mädchen umgeben. Unsere Klassen waren zwar alle gemischt, aber in meinem Jahrgang gab es doppelt so viele Mädchen als Jungen. Lehrende und Schulverwaltung waren nun der Ansicht, in der Unterzahl zu sein, wäre nicht gut für die Jungs. Also wurden die Klassen nach Geschlecht aufgeteilt. Anfangs waren genug Mädchen da, um zwei Klassen zu machen, während es nur eine Jungenklasse gab. Aber nach zwei Jahren hatten so viele Mädchen die Schule aufgegeben, dass wir alle zusammen in einem Klassenzimmer Platz hatten.

Die meisten Mädchen hatten nur Kleider und Frisuren im Sinn. Damals war alles, was es bei uns zu kaufen gab, langweilig und uninteressant. Die Mädchen verstanden es aber, selbst daraus schicke Outfits zu nähen. Ich nicht. Klamotten waren mir völlig egal – daran hat sich bis heute nichts geändert. (Damals strickte meine Mutter mir viele modische Sachen. Einige davon habe ich heute noch und ziehe sie manchmal an, wenn mich die Wehmut packt. Heute sucht Zsóka meine Kleidung aus.) Was immer ich auch in der Oberstufe zum Anziehen hatte, ich war jedes Mal froh, dass ich den dunkelblauen Schulkittel darüberziehen konnte.

Einige der Mädchen in meiner Klasse experimentierten mit neuen Haarschnitten oder -farben, was die Lehrer und Lehrerinnen immer zu spöttischen Bemerkungen veranlasste. Meine Freundin Ilona (die zu der Zeit, als ich am Biologiewettbewerb teilnahm, zum Geschichtswettbewerb eingeladen war) kam eines Tages mit einer Haarfarbe in die Schule, die um zwei Schattierungen heller war als am Vortag. »Was ist denn mit dir passiert?«, fragte der Lehrer. »Bist du in eine Wanne mit Wasserstoffperoxid gefallen?« Ich ließ mein Haar, wie es immer schon gewesen war: braun, kurz und ein bisschen fransig.

Ich hatte auch kein Interesse an den kichernden Unterhaltungen über Jungs oder an Verabredungen mit ihnen. Manchmal, wenn ich ins Kino ging (Ungarn produzierte seine eigenen Western, die meist im nahe gelegenen Hortobágy gedreht wurden), sah ich Klassenkameradinnen, die ein Rendezvous hatten. Und selbst wenn ich mich mit einem Jungen hätte verabreden wollen, bin ich nicht sicher, ob das geklappt hätte. Ich denke, die Jungs hielten mich für zu groß, zu dünn und nicht besonders attraktiv. Wie auch immer: Mich fragte nie ein Junge, und mir war das ganz recht.

In meiner Klasse gab es nur eine Schülerin, die es in Mathematik mit mir aufnehmen konnte. Mari war ein sanftes Geschöpf, eine dieser stillen, aber brillanten Schülerinnen. Manchmal stellte uns der Mathematiklehrer eine Aufgabe, die er an die Tafel schrieb. Dann hatten wir ein paar Minuten Zeit, um sie zu lösen. Ich schaffte das immer, und Mari auch. Das Interessante daran: Wenn wir hinterher erklären sollten, wie wir zu unserer Lösung gelangt waren, hatten Mari und ich fast immer eine andere Methode gewählt. Dann diskutierten wir darüber, welche Methode die richtige war. Mari war üblicherweise nicht auf Wettbewerb aus, verteidigte ihre Ansätze aber hartnäckig. Genau wie ich. Dem Lehrer gefiel das, also ermutigte er uns zu Diskussionen. Es vergingen immer fünf oder zehn Minuten, in denen die Einwände nur so hin- und herflogen, während jede von uns ihren Lösungsweg verteidigte. Unsere Klassenkameradinnen kapierten schnell: Wenn Kati und Mari auf verschiedenen Wegen zur gleichen Lösung gelangt waren, hatten alle anderen ein paar Minuten Pause. Dann konnte man kritzeln, tagträumen und kleine Briefchen unter der Bank austauschen, während die beiden Mädchen vorne sich über methodische Fragen ausließen.

Wie bei vielen meiner Freunde stand auch neben meinem Namen der Buchstabe F. Wenn in der Oberstufe irgendwo mein Name erschien, dann in folgender Gestalt: *Katalin Karikó: F.*

Das F bedeutete keineswegs »Mangelhaft« wie in den USA. Es stand vielmehr für *fizikai*, ungarisch für »physisch«. Das F sagte jedem, der mein Zeugnis sah (zum Beispiel den Mitarbeitern von Universitäten), dass ich das Kind von Leuten war, die von ihrer Hände Arbeit lebten – im Gegensatz zu Kindern, deren Eltern Ärzte oder Lehrer waren. (Meine Mutter war zwar in der Verwaltung und in der Apotheke tätig, aber da sie die Schule nur bis zur achten Klasse besucht hatte, galt auch sie als Fizikai-Arbeiterin.)

Im kommunistischen Ungarn bedeutete dies, dass die Lehrer mich besonders im Blick behielten. Die Partei wollte Menschen aus dem Arbeiterstand fördern, damit sie die gleichen Möglichkeiten bekämen, die den Kindern der Elite ganz selbstverständlich offenstanden. Diese Gelegenheiten wurden einem jedoch nicht geschenkt. Um daraus Vorteil zu ziehen, musste man ehrgeizig sein und Leistung zeigen. Für mich traf beides zu, und das F neben meinem Namen stellte sicher, dass das auch bemerkt wurde. Mein Fizikai-Status machte es möglich, dass ich noch in der Oberstufe die Chance bekam, Sommerkurse an Universitäten zu belegen. Und ich packte diese Gelegenheit beim Schopf.

Das ungarische Hochschulsystem ist ganz anders strukturiert als das in Amerika. In den Vereinigten Staaten gibt es Tausende Colleges und Universitäten. Natürlich herrscht ein starker Konkurrenzkampf, um an den Elite-Universitäten wie denen der Ivy League angenommen zu werden. Aber selbst wenn ein Studierender es nicht an eine dieser Universitäten schafft, hat er oder sie immer noch unzählige andere Möglichkeiten. Amerikanische Studierende, die ans College wollen, finden also *irgendwo* immer einen Platz. Im Ungarn der 1970er gab es da schon weit weniger Auswahl.

Die Sommerkurse halfen mir, mich auf das strenge Auswahlverfahren vorzubereiten. Aber selbst ohne diesen Vorteil hätte ich daran teilgenommen.

Denn zu jener Zeit war ich bereits Biologin aus Leidenschaft.

Die Stadt Szeged liegt etwa 145 Kilometer von Kisújszállás entfernt an der Südgrenze Ungarns. Es ist ein zauberhafter Ort voller schöner Cafés und Restaurants, Parks und Straßenmusikern. Man kann dort wunderschöne Spaziergänge machen und wird unweigerlich den Sonnenschein genießen. Im Sommer füllen sich die sandigen Ufer der Tisza mit Menschen, bis fast kein Fleckchen mehr frei ist. Man hätte in Szeged einen herrlichen, langen Sommer verleben können. Nur war ich eben aus anderen Gründen dort.

Im Sommer 1972 besuchte ich mit nur siebzehn Jahren die Universität der Stadt und fühlte mich zutiefst geehrt. Ich ging an die Uni, wo Albert Szent-Györgyi das Vitamin C entdeckt hatte. Hier hatte er die Grundlagen der Zellatmung im Muskelgewebe entdeckt und damit unser Verständnis der Zelle revolutioniert. Auf der anderen Seite der Tisza, die mitten durch die Stadt fließt, lag das neue Biologische Forschungszentrum der Ungarischen Akademie der Wissenschaften, wo die angesehensten Biologen des Landes arbeiteten.

Mein Programm im Sommerkurs war allerdings eine echte Herausforderung:

Um fünf Uhr morgens aufstehen.
Hausaufgaben machen.
Vom Morgen bis zum Abend Kurse besuchen.
Mehr Hausaufgaben machen.
Schlafen, aber nur kurz.
Um fünf Uhr morgens aufstehen und loslegen wie zuvor.

Ich las, bis die Wörter vor meinen Augen verschwammen. Hals und Schultern schmerzten, weil ich ständig über irgendwelche Bücher gebeugt war. Ich aß gerade genug, um durchzuhalten. Ich ruhte mich nur so lange aus, dass ich das Programm am nächsten Tag wieder absolvieren konnte. Ich sog alles in mich auf, was ich von den Professorinnen und Professoren lernen konnte, jedes Detail, jeden wissenschaftlichen Begriff. Andere Studierende mochten dabei gelegentlich innerlich abschalten, aber ich nicht. Niemals. Ich wollte alles lernen, jedes bisschen, und je mehr ich lernte, desto komplexer und faszinierender wurde diese Welt. Dahinter steckte auch eine gewisse Angst: War ich gut genug für die Universität? Würde ich die Aufnahmeprüfung bestehen? Und wenn ja, konnte ich an der Universität Erfolg haben?

Einige Monate später wurde meine Sekundarschule an einem warmen, schönen Tag zur Maisernte bei Kisújszállás abgestellt. Jede Schülergruppe bekam eine Reihe Mais zum Abernten. Ich arbeitete mit einem Mädchen namens Mária Friedl zusammen. Mária gehörte zu ein paar Kindern, die von Kenderes zu uns pendelten, einer kleinen ländlichen Gemeinde ohne eigene Sekundarschule. (Die Schüler und Schülerinnen aus Kenderes marschierten morgens bei jedem Wetter zum Bahnhof, nahmen den Zug nach Kisújszállás und legten dann noch einmal einen zwanzigminütigen Fußweg zur Schule zurück.) Mária hatte Mumm. Sie war eine gute Sportlerin, geradeheraus und entschlossen. Und sie war fleißig.

Natürlich hatte auch meine Familie Maisfelder, genau wie meine Großmutter. Meine Hände kannten diese Arbeit also in- und auswendig. Mária und ich waren schnell und effizient. So hatten wir unsere Reihe vor allen anderen abgeerntet. Unsere Klassenkameradinnen waren einfach langsamer, wohl weil sie nicht unsere Erfahrung besaßen. Andere Mädchen hatten lange Fingernägel, die sie sich auf keinen Fall abbrechen wollten. Und sicher wollten die Mädchen auch einfach den Tag genießen. Sie hörten Radio und plauderten während der Arbeit. Es war ja weiter nicht von Belang. Schließlich ging es hier nicht um einen Wettbewerb. Jede Gruppe hatte ihre Reihe, und irgendwann wären wir alle fertig. Ich war nur froh, dass Mária und ich unsere Arbeit so schnell erledigt hatten und uns daher noch ein bisschen freie Zeit blieb.

Wir setzten uns an den Feldrand, tranken ein wenig Wasser und hielten die Gesichter in die Sonne. Ich schloss die Augen und spürte der Wärme nach, während das Geplauder der Mitschülerinnen an mein Ohr drang. Dann fühlte ich plötzlich, wie sich ein Schatten über mein Gesicht legte – irgendetwas Großes und Dunkles hatte sich zwischen mich und die Sonne geschoben.

Ich öffnete die Augen. Über uns stand der Russischlehrer und runzelte die Stirn.

»Katalin«, fauchte er. Aus irgendeinem Grund redete er nur mit mir, nicht mit Mária. »Steh auf. Geh wieder an die Arbeit.«

Ich kannte diesen Lehrer schon lange. Früher hatte unsere Familie in der gleichen Straße gewohnt wie er. Seine Frau hatte mich in der Grundschule unterrichtet, und ich hatte mit seinem Sohn gespielt, als wir noch klein waren. Ich war oft in seinem Haus gewesen. Doch als ich jetzt den Blick auf ihn richtete, wurde mir eines klar: Ich konnte diesen Mann nicht leiden. Er war ein wütender Mann, ein Kettenraucher, der immer so aussah, als hätte er Magenprobleme.

»Ich bin mit meiner Arbeit fertig«, erklärte ich.

»Steh auf«, schnauzte er noch lauter als vorher. Nein, ich mochte ihn ganz und gar nicht. Er war verbittert, böse und feindselig.

»Die anderen Schülerinnen arbeiten auch noch«, sagte er. Wieder richtete er das Wort nur an mich, als würde Mária nicht auch in der Sonne liegen. Lag das vielleicht daran, dass Mária immer sehr direkt zu anderen Menschen war, auch zu Lehrern? Weil sie zu den Leuten gehörte, die sich nichts gefallen ließen? Oder weil sie mit Lernen und Universitäten nichts am Hut hatte, im Gegensatz zu mir? Sie hatte also weniger zu verlieren. Ich weiß es nicht. Aber der Kerl bestand darauf: »Steh auf und hilf den anderen. Sofort.«

Ich dachte nach. Natürlich arbeiteten die anderen noch, aber das lag einzig und allein daran, dass sie während der Arbeit getanzt oder sich im Feld auf den Boden gesetzt und geplaudert hatten, während Mária und ich einfach nur ernteten. Warum also sollte ich mit Mehrarbeit bestraft werden? Das war nicht richtig. Es gibt einfach Dinge, die nicht richtig sind.

Irgendwie hatte ich schon immer etwas Störrisches an mir, vor allem, wenn jemand versucht, mich zu etwas zu zwingen. Dann wehre ich mich und verteidige meinen Standpunkt.

»Nein«, sagte ich schließlich. »Das werde ich nicht tun. Ich bin müde. Ich habe meine Arbeit getan. Und deshalb bleibe ich hier.« Der Mann vor mir starrte mich an, machte den Mund auf und wieder zu. Sein Unterkiefer trat hervor.

Dann machte er auf dem Absatz kehrt und ging weg. Aber ich wusste, dass es ein Nachspiel haben würde.

Als wir ins Klassenzimmer zurückkamen, hatte der Bitterling bereits einen Bericht geschrieben, in dem ich als ungehorsam bezeichnet wurde. Ich sei eine Delinquentin, hätte die Regeln und die Werte der Gemeinschaft verletzt. Er gab mir das Blatt Papier, und alle sahen zu. Ich ließ meinen Blick über den Zettel wandern, als Mária plötzlich aufstand.

In Ungarn haben wir eine Redensart: *Ich trage mein Herz auf der Zunge.* So ein Mensch war Mária. Sie sagte immer, was sie dachte. »Nun, dann will ich auch bestraft werden«, verlangte sie jetzt.

Der Bitterling sah Mária erstaunt an. Er schien sie völlig vergessen zu haben.

»Ich war mit Kati zusammen«, fuhr Mária fort. Ihre Augen blitzten herausfordernd. »Ich habe mich ebenfalls hingesetzt, nachdem wir mit unserer Reihe fertig waren. Also verdiene auch ich es, bestraft zu werden.« Ich musste mich zusammenreißen, um nicht zu lächeln. Es war einfach wunderbar, eine Freundin wie Mária zu haben, so mutig und unerschrocken. Für mich war es eine unendliche Erleichterung, dass jemand zu mir stand, als ich von einem Menschen bedroht wurde, der mächtiger war als ich.

Und Mária war nicht die Einzige, die zu mir hielt. Der Bitterling schimpfte im Lehrerzimmer über mich und verlangte, die Schule solle Disziplinarmaßnahmen ergreifen. Das würde in meinem Zeugnis vermerkt werden, was hieß, dass auch die Universität davon erfahren würde. So etwas konnte einem ehrgeizigen Mädchen den Weg verbauen.

Glücklicherweise weigerten sich die anderen Lehrerinnen und Lehrer, gegen mich vorzugehen. Ich weiß bis heute nicht, warum eigentlich. Vielleicht mochten sie diesen unangenehmen Mann ja auch nicht. Wie auch immer: Sie entschieden sich für die Schülerin und nicht für ihren Kollegen. Dafür werde ich ihnen ewig dankbar sein.

Der Bitterling allerdings ließ sich von all dem nicht beirren. Am Ende der Oberstufe hielt er mich in einem der Flure an. Ich hatte gerade meine mündliche Abschlussprüfung abgelegt, für die ich ununterbrochen gelernt hatte. Ich war erschöpft, erleichtert und angespannt zugleich, denn schließlich wartete jetzt die Aufnahmeprüfung an der Universität von Szeged auf mich. Plötzlich also stand der Bitterling vor mir und wollte ganz offensichtlich etwas loswerden. »Weißt du, Kati«, fing er an, als würde er einfach nur laut denken und das, was er zu sagen hatte, sei ihm gerade erst eingefallen. Aber seine Stimme klang kalt und grausam. »Ich kenne ein paar Leute an der Uni von Szeged. Ich glaube, ich rufe sie mal an und sorge dafür, dass du nicht angenommen wirst.«

Vielleicht war es mein jugendliches Alter. Oder ein gewisses Maß an Selbstüberschätzung. Vielleicht auch Naivität, Sturheit oder schlichtweg Torheit. Aber ich schaute dem Bitterling einfach in die Augen, merkte, dass er mir wehtun wollte, und ließ ihn schlicht stehen. Mitten im Flur.

Hätte er mir den Zugang zur Universität wirklich verbauen können? Die Wahrheit ist: Ich konnte das damals nicht wissen. Aber ich wollte ihm nicht die Genugtuung geben, mich aus der Fassung zu bringen. Dessen war ich mir ganz sicher.

Ich habe keine Ahnung, wie viele Studierende sich damals an der Universität Szeged beworben hatten. Aber ich war eine von ihnen. Von den Bewerbern wurden mehr als 200 Schüler und Schülerinnen zur Teilnahme an den schriftlichen Aufnahmeprüfungen für das Studium der Biologie eingeladen. Ich war eine von ihnen. Von diesen wiederum erhielten dreißig bis vierzig eine Einladung zu den mündlichen Prüfungen. Davon wiederum schafften es fünfzehn bis zwanzig, tatsächlich zum Studium zugelassen zu werden.

Ich war eine von ihnen.

Als ich meine Zusage erhielt, musste ich an den Bitterling denken. Er hatte versucht, mich am Studieren zu hindern, nur weil ich an einem Herbstnachmittag nach getaner Arbeit im Gras gesessen hatte. Rückblickend erkenne ich heute, dass er im Grunde versucht hat, mir all das zu nehmen, was nach dem Studium kam – mein ganzes Leben. Er wollte mir all das rauben, was ich später zuwege bringen würde. Und nicht nur mir, sondern auch allen Menschen, die je von meiner Arbeit profitieren sollten. Und das aus einem durch und durch kleinlichen Grund.

Damit war er gescheitert. Aber diese Begegnung hatte mir etwas Wichtiges gezeigt: Nicht jeder Mensch steht auf meiner Seite. Nicht jeder Mensch will nur das Beste für mich. Nicht jeder Mensch will meinen Beitrag. Manche Menschen werden mich auch einfach hassen.

Okay. Verstanden.

Das Studium in Ungarn dauert fünf Jahre. Vom ersten Tag an lernen Biologiestudenten sowohl in Vorlesungen als auch im Labor. Im Laufe der Zeit wird die Arbeit im Labor immer wichtiger. Nach fünf Jahren Studium ist man dann Biologe oder Biologin.

In fünf Jahren würde *ich* Biologin sein.

Aber ich wusste bereits, dass ich danach weitermachen wollte, nach Möglichkeit promovieren. Während der Arbeit an der Promotion würde ich noch einige Jahre gezielt forschen und schließlich eine Doktorarbeit abliefern sowie einige Prüfungen zu bestehen haben.

Im Sommer 1973 schien mir all das wie ein enorm hoher Berg, den ich erklimmen musste. Andererseits konnte ich es kaum erwarten, damit loszulegen.

Man verbringt seine ganze Kindheit gewöhnlich an einem Ort. Den kennt man gut. Und mehr auch nicht. Man hält all das für selbstverständlich: die bestickten Dekokissen, all diese wunderschönen Blumen, die übers Sofa verstreut liegen. Das Licht, das durch die Gardine mit der Lochstickerei zu einer bestimmten Zeit am Morgen ins Zimmer fällt. Der abgewetzte Massivholztisch, an dem man Tausende Male gegessen oder Hausaufgaben gemacht hat. Die tiefe und warme Stimme des Vaters, der morgens bei der Hausarbeit singt. Den köstlichen Duft vom Paprikasch der Mutter, Zwiebeln und Paprika und Sauerrahm in einem Verhältnis, das nur sie kennt. Und der Duft, der so einzigartig ist wie ein Fingerabdruck.

Das ist eben das Leben, denkt man.

Und dann packt man eines Tages die Koffer. Man hat auch vorher schon das Haus verlassen, aber an diesem Tag ist alles anders. Denn nun geht man nicht für eine Woche oder für den Sommer weg. An diesem Tag fängt etwas Neues an, ein neues Leben. Du weißt das, auch wenn du noch nicht ganz verstehst, was das heißt.

Du siehst dich um, erinnerst dich an all die Monate, die du an der Seite deines Vaters verbracht hast, als du gemeinsam mit ihm, Balken für Balken, dieses Haus aufgebaut hast. Du denkst an all die Tage und Nächte, die du hier verbracht hast. An die Zehntausende Male, die dein Blick diese Wände gestreift hat, diesen Tisch, diese Tür, auf die du jetzt zugehst, um sie ein letztes Mal zu öffnen, bevor du an die Universität gehst.

Und du siehst die lange Straße, die sich vor dir erstreckt. An diesem Punkt beginnt der Weg, den du allein gehst.

TEIL 2

—

Ein sehr kurzes wissenschaftliches Intermezzo

Etwa zu der Zeit, als ich mit meinen Kindergartenkameraden eine Schlange bildete, um gegen Polio geimpft zu werden, machten Wissenschaftler in aller Welt eine Entdeckung, die meinem fünfjährigen Ich zwar unbekannt war, die aber trotzdem mein Leben verändern würde.

Die Biologen wussten an diesem Punkt schon ziemlich viel über Genetik. Sie wussten, dass Gene winzige Schnipsel DNA sind, die im Zellkern in Chromosomen verpackt sind. Sie wussten, dass die DNA die genetische Information des ganzen Organismus enthält – eine Blaupause nicht nur für den Aufbau des Körpers, sondern auch für all das, was er tun muss, um am Leben zu bleiben. Sie wussten, dass die DNA aus vier grundlegenden Buchstaben »geschrieben« wird, den Nukleosiden: Adenosin (A), Thymin (T), Guanosin (G) und Cytidin (C). So wie die sechsundzwanzig Buchstaben des lateinischen Alphabets zu einer endlosen Kette von Bedeutungen verknüpft werden können, so bestimmt die Anordnung dieser vier Nukleosid-»Basen« die Funktion des Gens.

Die Biologen wussten auch, dass jedes Gen für ein spezifisches Protein kodiert und dass die Proteine, sobald sie hergestellt sind, die Arbeit im Körper erledigen. Der Begriff Gen*expression* – der Prozess, bei dem eine Zelle die genetische Information nutzt, um *etwas zu tun* – bezeichnet letztlich die Herstellung des entsprechenden Proteins. Und sie wussten, dass Proteine in einem Organell mit dem Namen »Ribosom« hergestellt werden, das zum Zytoplasma der Zelle gehört.

Sie wussten also, was passiert. Aber nicht, wie!

Wie veranlasst die Information in der DNA, die dicht gepackt im Zellkern liegt, die Herstellung eines Proteins *außerhalb* des Zellkerns? Wie kann eine inaktive Blaupause, die den Zellkern niemals verlässt, etwas in einem ganz anderen Teil der Zelle bewirken? Als ich geboren wurde, war das noch ein absolutes Rätsel.

In den späten 1950ern arbeiteten die Forscher und Forscherinnen am Institut Pasteur in Frankreich an einer Hypothese: Vielleicht gab es da ja einen physischen Mittler, einen kurzlebigen »zytoplasmatischen Boten« (den manche Wissenschaftler einfach als »X« bezeichneten)? Und vielleicht kopierte dieser Mittler einzelne Abschnitte des DNA-Codes – all diese As und Ts und Gs und Cs –, um diese Information dann aus dem Zellkern herauszutragen zu den Arbeitseinheiten der Zelle? Manche Wissenschaftler lachten nur über diese Vorstellung. François Jacob, einer der Wissenschaftler, dem man später den Durchbruch verdankte, erinnerte sich, dass die anderen Forscher bei dieser Vorstellung nur die Augen verdrehten, ihn sogar beinahe ausbuhten.

Die Geschichte der Wissenschaft ist – wie sich immer wieder herausstellt – voll von Geschichten, in denen unglaublich intelligente Menschen gute Ideen verlachen.

Aber 1960, nach einer Reihe von Fehlschlägen, bestätigten zwei voneinander unabhängige Experimente, dass die Forscher am Institut Pasteur richtiglagen: Es gibt tatsächlich einen kurzlebigen Boten, der genetische Information von der DNA zu den Ribosomen trägt, wo sie in Proteine übersetzt werden. Der Bote verschwindet danach.

Heute nennen wir diese winzige Substanz nicht X, sondern

Boten-RNA beziehungsweise Messenger-RNA oder schlicht *mRNA*.

Die Messenger-RNA ist nicht der einzige RNA-Typus. Aber für meine Geschichte der weitaus wichtigste.

RNA oder Ribonukleinsäure ist ein Strang genetisches Material, dessen Sprache wie bei der DNA aus Nukleosiden besteht. (Bei der RNA sprechen wir von *Ribonukleosiden*, bei der DNA von *Desoxyribonukleosiden*.) Aber während die DNA quasi ewig hält, sind die RNA-Stränge kurzlebig. Sie dienen einem bestimmten Zweck und werden dann von der Zelle wieder abgebaut.

Diese Vergänglichkeit wirkt sich auf die Struktur der RNA aus. Die DNA liegt in einer Doppelhelix vor. (Das müssen Sie sich vorstellen wie eine in sich verdrehte Leiter. Die »Holme« werden von Zucker-Phosphaten gebildet, die »Sprossen« von je zwei Basen, die verbunden sind.) Die meisten RNA-Moleküle aber bestehen aus Einzelsträngen. Das ist wie eine Leiter, die mittig von einer Kettensäge geteilt wurde, sodass jede Sprosse nur noch aus einer Base besteht. Die Zuckermoleküle an den Holmen der RNA haben freie Hydroxylgruppen, die mit den Phosphatgruppen interagieren können, welche die Nukleoside verbinden. Diese Interaktionen brechen die langen RNA-Ketten auf.

Und dann gibt es da noch einen winzigen Unterschied, was das Basen-Alphabet angeht. Die RNA hat auch vier verschiedene Basen. Drei davon – A, C und G – sind identisch mit den DNA-Basen. Aber während die DNA Thymin enthält, hat die RNA eine Base namens *Uracil*. Wenn Uracil mit einem Zuckermolekül verbunden ist, nennt man es Uridin. Die Sprache der RNA besteht also aus den Buchstaben: A, C, G und U.

DNA zu mRNA zu Protein. Dieser Prozess findet in zwei Teilen statt: Transkription und Translation.

Transkription: Die Sequenz des Gens – die Anordnung der Basen – wird zu RNA kopiert.

Im Zellkern bewegt sich ein Enzym (eine Art Protein, das biochemische Reaktionen einleitet) am Gen entlang. Schritt für Schritt geht die DNA dieses Gens auf wie ein Reißverschluss und legt damit die einzigartige Anordnung von As, Cs, Gs und Ts frei. Das Enzym macht aus der Information einen komplementären Strang, den man mRNA nennt. Wenn das Enzym sich am Gen weiterbewegt, schließen die DNA-Stränge sich wieder zusammen.

Ist die Transkription vollständig, dann verlässt die mRNA den Zellkern und wandert ins Zytoplasma (Zellplasma) zu den Ribosomen, die, den Anweisungen in der Basenfolge entsprechend, das passende Protein zusammenbauen.

Translation: Der genetische Code wird in ein Protein übersetzt.

Das Ribosom liest die mRNA und stellt ein Protein her. (So wie die DNA aus Ketten von Basen besteht, bestehen Proteine aus Ketten kleinerer Einheiten, die man Aminosäuren nennt. Es gibt zwanzig verschiedene Aminosäuren, und ihre Anordnung im Protein wird bestimmt von der Abfolge der Basen in der mRNA.) Sobald die Kette der Aminosäuren vollständig ist, faltet sie sich wie eine Origami-Figur zu einer präzisen und komplexen dreidimensionalen Struktur – exakt die Form, die das Protein braucht, um seine Aufgabe zu erledigen.

Sobald es fertig ist, fängt das Protein an zu arbeiten. Und das hält Sie am Leben.

Was passiert nun mit dem mRNA-Molekül, das die Anweisungen dazu enthielt? Es wird noch in andere Proteine übersetzt, dann verschwindet es. Enzyme brechen die mRNA in ihre Bestandteile auf – Basen, Zucker, Phosphate. Der Großteil des Materials wird vom Körper recycelt, einiges wird ausgeschieden. Und wenn die Proteine ihre Aufgabe erledigt haben, werden auch sie abgebaut.

Der Prozess läuft ständig ab, in jeder Minute jedes einzelnen Tages: Ihre Zellen stellen mRNA her, den einst so geheimnisvollen Mittler zwischen Information und Aktion. Die mRNA geht vom Zellkern ins Zytoplasma über, wo sie die Herstellung von Proteinen steuert. *DNA zu mRNA zu Protein* – und alle Informationen, die in der DNA oder RNA enthalten sind, werden durch die Anordnung der Nukleosid-Basen vermittelt, den winzigen Buchstaben in der Sprache des Lebens. Ein Prozess, der sich permanent wiederholt – überall in Ihrem Körper, ununterbrochen, auch jetzt, in diesem Moment.

Natürlich vereinfache ich hier massiv. Und die Wahrheit ist: Solche Vereinfachungen fallen mir schwer (wie vermutlich den meisten Wissenschaftlern). Denn die wissenschaftliche Sprache ist wunderbar präzise – sie hat eine Genauigkeit und Stringenz, welche die Alltagssprache nicht bieten kann. Außerdem bin ich eine extrem logische, konkrete Denkerin, die nicht zu Metaphern oder überflüssigen Erklärungen neigt. Andererseits ist mir klar, dass sich wohl die wenigsten Menschen vier Jahrzehnte lang mit nichts anderem als Molekularbiologie oder Biochemie beschäftigt haben. Begriffe, die für Wissenschaftler sonnenklar sind, haben für viele Leser keinerlei Bedeutung. Vielleicht haben einige Leserinnen und Leser auch wichtige Schlüsselbegriffe, die für mein Lebenswerk zentral sind, einfach vergessen (oder gar nicht erst gelernt). Daher habe ich auf diesen Seiten mein Bestes getan, um komplexe Ideen so zu beschreiben, dass auch Nicht-Wissenschaftler verstehen, was ich all diese Jahre gemacht habe und warum das so ungeheuer wichtig war.

Aber damit sind wir schon ein paar Schritte vorausgeeilt. Für den Augenblick möchte ich zurückkehren ins Ungarn der 1970er-Jahre, wo ein neugieriges und ehrgeiziges Mädchen gerade ihr Studium an der Universität von Szeged beginnt.

TEIL 3

—

Ein Gefühl der Erfüllung

Wir waren achtzehn Studierende. Und alles, was wir machten, machten wir in der Gruppe.

Die jungen Leute, die im Herbst 1973 das Biologiestudium an der Universität Szeged aufgenommen hatten, waren Tag für Tag zusammen. Der Lehrplan war verbindlich für alle. Es gab keine Kurse, die man sich aussuchen konnte. Wir besuchten jede Vorlesung, jedes Seminar zusammen, und das in jedem Semester. Zwischen den Seminaren aßen wir miteinander. Abends machten wir in der Gruppe unsere Hausaufgaben. Die meisten lebten im selben Wohnheim. Wir waren eine Einheit – soweit das achtzehn Individuen sein konnten.

Damit will ich nicht sagen, dass wir alle gleich waren. Wir kamen von überall her und aus den unterschiedlichsten Schichten. Manche waren Professorenkinder, andere waren auf dem Bauernhof aufgewachsen. Einige kamen aus kleinen Käffern, andere stammten aus Budapest oder aus den exklusiven Badeorten am Plattensee. Meine Freundin Zsuzsa Kálmán war das Kind eines Komponisten und Musikers, der an einem Institut zur Lehrerausbildung unterrichtete. Sie wusste einfach alles, was es über Musik zu wissen gab. Zsuzsa hatte bereits einen richtigen Freund, Csaba, der im Biologiestudium ein Jahr weiter war als wir. Die beiden gingen miteinander, seit Zsuzsa fünfzehn war. Weil sie schon so lange eine ernsthafte Beziehung hatte – was mir im Leben nicht eingefallen wäre –, schien sie so unglaublich welterfahren!

Außerdem nahmen einige ausländische Studierende an unserem Biologieprogramm teil. Ungarn war ein beliebtes Studienland, nicht nur für Leute aus dem Ostblock, sondern auch aus prokommunistischen Ländern wie Kuba und dem Libanon. Wir hatten auch zwei ungarischstämmige Studierende aus Jugoslawien und zwei Mädchen aus Vietnam.

Eines möchte ich an dieser Stelle hervorheben: Die Hälfte der ungarischen Studierenden in meinem Jahrgang trugen das F für »Arbeiter- oder Bauernkind« neben ihrem Namen. Waren andere Länder ebenso willens und imstande, armen Kindern oder Kindern aus Arbeiterfamilien eine Ausbildung zu ermöglichen, die weltweit als erstklassig galt? Nach Jahrzehnten, die ich an amerikanischen Universitäten verbracht habe, frage ich mich immer noch: Was wäre nötig, um das zuwege zu bringen?

Genetik interessierte mich kein bisschen. Jedenfalls nicht zu Anfang.

Irgendwann zu Beginn des Studiums fragte unser wichtigster Lehrer, ein Professor, nach unseren Interessen. Und er notierte sich die Antworten. Ich sagte: »Ich mag Pflanzen.« Mein Leben lang hatte ich mich mit Pflanzen beschäftigt. Ich liebte ihre Physiologie, die Tatsache, dass jede Pflanze besondere Eigenschaften hatte, die ihr einen Platz im großen Ganzen eines Ökosystems verschafften. Ich fand es faszinierend, dass alles, was für unser Leben wichtig war – Luft, Nahrung, Wasser, Schönheit – von Pflanzen kam. Es begeisterte mich, dass Pflanzen genau wie Tiere aus kleineren Einheiten bestanden, den Zellen. Und in Pflanzenzellen war ganz schön was los – Atmung, Nährstoffverwertung, Proteinbildung und Transport von Molekülen von einem Ort zum anderen.

Aber als ich meinen Mitstudierenden von all dem vorschwärmte, sahen sie mich nur verdutzt an. Erst gut zwei Jahrzehnte zuvor hatten James Watson und Francis Crick die Doppelhelix-Struktur der DNA beschrieben (eine Leistung, die auf der Arbeit der Biochemikerin Rosalind Franklin basierte). Seitdem hatte die Wissenschaft unglaubliche Fortschritte gemacht. Man verstand mittlerweile die Grundlagen der genetischen Sequenzierung, der Replikation und ihrer Funktionen. Man hatte sogar den raffinierten kleinen Boten entdeckt, die Messenger-RNA oder mRNA, welche die Proteinherstellung steuerte. Die Wissenschaft der Genetik war schön, elegant und der absolute Hammer. Viele meiner Klassenkameraden fanden, dass es die Genetik war, wo die Post abging.

Möglicherweise würde mich das Ganze bald ebenso überzeugen.

Unser Wohnheim lag gleich neben einem wunderschönen Park, nicht weit vom Fluss Tisza. Auf dem Weg zum Unterricht oder in die Cafeteria überquerten wir täglich die Belvárosi-Brücke. Das Herman-Ottó-Studierendenwohnheim war erst wenige Monate vor dem Beginn unseres Studiums errichtet worden, ein Bau aus Backstein und Glas, zehn Stockwerke hoch. Alles dort war brandneu.

Ich schwöre: Alles in diesem Jahr fühlte sich brandneu an.

Jedes Erstsemester kam in ein Zimmer mit zwei älteren Studierenden. Auf diese Weise konnten wir uns besser in die Gemeinschaft integrieren. Darin standen drei Betten sowie einige Tische und Stühle, an denen wir lernen konnten. Außerdem hatte jedes Zimmer ein Waschbecken. Und es gab eine Wand, die ganz aus Glas bestand. Es war unglaublich hell und wirkte sehr modern. Es war toll, dort sein zu dürfen. Ich genoss es, in diesen Räumen zu lernen.

In dem Wohnheim lebten etwa 300 Studierende. Irgendetwas war hier immer los. Entweder hörte man Gelächter und Gesprächsfetzen vom Gang, oder aus einem der Zimmer kam Musik. Die Beatles und die Rolling Stones wurden ständig irgendwo gespielt. Und fast immer ging jemand aus – ins Konzert, zum Basketball oder gemeinsam mit Kommilitonen in die Bibliothek.

Jeder von uns hatte einen Ort, an dem er sein musste, einen Weg, der vor uns lag. Wir alle verspürten dieses Gefühl der Erfüllung.

Natürlich stand unser Land immer noch unter dem Einfluss der Sowjetunion. Ich hörte Gerüchte, dass einige der Studierenden für die Geheimpolizei spitzelten. Und vermutlich stimmte das auch. Die Geheimpolizei war in diesen Tagen nie weit weg, vor allem in Szeged nicht.

Szeged liegt etwa fünfzehn Kilometer von der Grenze zum damaligen Jugoslawien (heute Serbien) entfernt und ungefähr dreißig Kilometer von der Grenze zu Rumänien. In Jugoslawien gab es weniger Reisebeschränkungen als in Ungarn, was bedeutete, dass man dort viele westliche Waren bekommen konnte. Gerade Studierende fuhren oft über die Grenze, um sich Bluejeans und dergleichen zu besorgen. Ich hatte eine Freundin gebeten, mir eine solche Hose mitzubringen. Damit fühlte ich mich unglaublich stylish und modern. Aber aufgrund der weniger scharfen Reisebeschränkungen wurde Jugoslawien auch zum Ausfalltor für all jene, die Ungarn illegal verlassen wollten. Geheimpolizisten in Zügen oder auf den Straßen waren keine Seltenheit. Meist waren das vierschrötige Männer mit strengen Mienen, deren Augen alles und jeden genauestens musterten.

Und doch hatte sich seit meiner Kindheit einiges verändert. Die Partei hatte zwar immer noch das Sagen, aber Ungarn experimentierte mittlerweile mit etwas, das man später als »Gulaschkommunismus« bezeichnen sollte – eine etwas liberalere und entspanntere Form des Sozialismus, als man sie früher praktiziert hatte. Auch wenn manche unserer Kommilitonen als Informanten für die Geheimpolizei tätig waren, so hatte eine Denunziation nur in den seltensten Fällen Verhaftungen oder gar Hinrichtungen zur Folge, wie das früher der Fall gewesen war. Die Partei strich als Strafmaßnahme vielleicht mal einen Vortrag an der Uni oder ein Konzert, statt die Studierenden selbst unter Druck zu setzen.

Manchmal wurde auch eine studentische Organisation aufgelöst. Und wenn man tatsächlich vorhatte, ins Ausland zu gehen, konnte einem der Reisepass verwehrt werden. Wir genossen zwar keine vollständige Freiheit oder Freizügigkeit, aber wir mussten auch nicht in Angst und Schrecken leben. Ungarn war, wie die Leute ständig witzelten, damals die »lustigste Baracke im kommunistischen Lager«. Und das zeigte sich auch an meinen Kommilitonen. Die Ungarn lachten und scherzten miteinander, wobei häufig versteckte Seitenhiebe auf Politik oder Ideologie fielen. Meine vietnamesischen Kommilitoninnen aber hielten immer den Mund. So nahe wir alle uns auch standen, die beiden sagten nie etwas, das sie vielleicht hätte in Schwierigkeiten bringen können.

Ich kam mir nicht besonders klug vor. Nicht hier. In Kisújszállás war ich zunächst eine recht durchschnittliche Schülerin gewesen. Ich hatte nur einfach mehr gelernt als meine Mitschüler, bis ich schließlich besser wurde. An der Universität war es dasselbe. Die anderen Studierenden in meinem Jahrgang schienen sich mit dem Lernen viel leichter zu tun als ich. Einmal mehr musste ich mir alles mühselig erarbeiten.

Wir belegten Seminare in Evolutionsbiologie, organischer Chemie, analytischer Chemie, physikalischer Chemie, Physik und Mathematik. Einige von uns – die bisher kein Englisch gelernt hatten, was auf die meisten Studierenden aus kleinen Orten zutraf – belegten auch Englischkurse. Ich hatte keine Ahnung von der Sprache, und ganz ehrlich: In diesen Kursen litt ich ganz erheblich. Nach dem dritten Jahr an der Uni lernte ich einen ganzen Sommer lang nur Englisch. Ich bestand die Prüfung, aber die Sprache fühlte sich für mich nie natürlich an. Ich würde mein Leben lang, selbst nach Jahrzehnten in Amerika, immer mit einem starken ungarischen Akzent sprechen. Ich bildete die Vergangenheitsform falsch. (Ich sagte: »He didn't jumped« statt »He didn't jump.«) Manchmal sah ich, wie Muttersprachler sich fragende Blicke zuwarfen, wenn ich etwas sagte. Offensichtlich hatten sie meine Äußerungen nicht verstanden. Das galt sogar für Kollegen und Kolleginnen, die mich schon lange kannten.

Ich hatte auch mit anderen Problemen zu kämpfen. So besaß ich keinerlei Erfahrung, was die Laborarbeit anging. Kommilitonen, die schon in der Oberstufe Unterricht im Labor gehabt hatten, bewegten sich ganz selbstverständlich durch den Raum und konnten mit Reagenzgläsern, Messbechern, Pipetten und Büretten hantieren. Sie nahmen mit der Pipette Lösungen auf und wussten, wie man eine Waage korrekt kalibriert. Ich dagegen stellte mich sehr ungeschickt an. Diese Arbeit war mir eben nicht in Fleisch und Blut übergegangen, sodass ich sie intuitiv hätte angehen können. Und die Laborarbeit, die wir leisteten, war mitunter eine ziemliche Herausforderung.

In analytischer Chemie zum Beispiel gab uns der Professor irgendwelche geheimnisvollen Lösungen, ohne uns irgendetwas darüber zu verraten. Dann mussten wir durch eine Reihe von Tests herausfinden, woraus die Lösung bestand. Wir gingen systematisch vor, Schritt für Schritt. Wir ließen ein paar Tropfen in eine Flamme fallen. Flackerte sie orange auf, wusste man, dass Natrium enthalten war. (Mir macht es bis heute Spaß, am Gasherd ein paar Körner Salz in die blaue Flamme zu streuen, um zu sehen, wie sich die Farbe ändert.) Wurde die Flamme hingegen blau, hieß das, dass Kupfer enthalten war. Zunächst waren die Aufgaben noch einfach, aber das änderte sich mit der Zeit. Manchmal mussten wir drei Stunden lang herumprobieren, bis wir herausgefunden hatten, woraus unsere Lösung bestand. Und manchmal kam ich überhaupt nicht dahinter. In diesen Momenten fühlte ich mich völlig fehl am Platz, vor allem zu Beginn des Studiums. Aber ich sagte mir: War das nicht genau die Arbeit, die Hans Selye beschrieben hatte, die Ja-oder-Nein-Fragen an das Universum? (Ist die Lösung sauer? Das Lackmuspapier wird rot, also ja. Ist es blau geworden? Dann nein.)

War es nicht genau das, was auch Columbo tat?

Nur noch eine Sache. So wurde ich allmählich besser: nur noch eine Frage, einen Test, eine Idee, eine Aufgabe, der ich mich widmen konnte. Ich konnte lesen und wieder lesen und noch mal anfangen. Ich konnte mir Dinge merken und mich selbst überprüfen, ob ich sie tatsächlich verstanden hatte. Und dann lernte ich noch ein bisschen, nur um ganz sicherzugehen. Wieder und wieder und wieder: nur noch eine Sache.

Wenn ich eine Superkraft habe, dann ist es die Bereitschaft, zäh und methodisch zu arbeiten und niemals aufzugeben.

Wir bekamen viele Hausaufgaben, und ich machte sie alle. Es war schwierig, sich die vielen Informationen zu merken. Manchmal schien es so, als würde mein Gehirn bestimmte Dinge ausblenden, um Platz für Neues zu schaffen. Oft war ich bis zwei Uhr morgens wach. Ich schlief nur drei oder vier Stunden, bevor ich aufstand, um vor dem Unterricht noch ein wenig Hausaufgaben zu machen. Wenn ich müde wurde, öffnete ich das Fenster. Aber eigentlich war ich immer müde, das Fenster war also immer offen, selbst wenn es schneite. (Ich mache das immer noch, sogar im Winter, um mich wach zu halten.)

Jeden Tag überquerte ich die Brücke, um zum Unterricht zu gehen, während der Verkehr an mir vorbeibrauste. Ich hatte zwar ein Fahrrad, aber das wurde mir bald gestohlen. Ich besorgte mir kein neues. In der Mensa aß ich, was man mir vorsetzte. Das Wohnheim hatte eine Küche, wo die anderen Studierenden sich ihr Essen zubereiteten. Ich machte das nie. Ich war nicht wählerisch. Das Essen war gut. Und wer hatte schon Zeit fürs Kochen?

Nicht jeder Mensch handhabt das Thema Schule und Lernen so, wie ich das tat. Die meisten Menschen, glaube ich, gehen das Ganze entspannter an. Einige aus meinem Jahrgang verschoben den Großteil des Lernens auf die letzten Semesterwochen. Sie paukten für die Abschlussprüfungen und sogen wie Schwämme in letzter Minute Hunderte Seiten aus Büchern und Mitschriften auf. Dann schrieben sie die Prüfung und gingen anschließend in die Kneipe auf ein Bier. Ob sie sich auch nach den Prüfungen noch an den Stoff erinnerten, kann ich nicht sagen. Ich weiß nur, dass diese Methode für mich nicht funktionierte und nie hätte funktionieren können.

Andere, wie mein Freund László Szabados zum Beispiel, gingen das Lernen eklektischer an. Sie wollten einfach alles verstehen – nicht nur die Wissenschaft, sondern auch Literatur und Jazz und Folklore. Lászlós Vater arbeitete bei der Eisenbahn. Er konnte also viel reisen, was er auch tat. Häufig schlief er dann im Bahnhof, um die Kosten für seine Abenteuer gering zu halten. Dann kam er wieder nach Hause, mit diesem speziellen Lächeln und unzähligen Geschichten, den Kopf voller neuer Ideen. Erst danach widmete er sich wieder seinem Studium.

Und ich? Ich sah nur, dass es immer noch mehr zu lernen gab. Und solange das so war, musste ich es versuchen. Ich konnte einfach nicht anders.

Doch das ist nicht die ganze Wahrheit. Zu jener Zeit wurden Discos gerade populär, also ging ich manchmal am Wochenende mit meinen Freunden Dampf ablassen, indem wir bis spät in die Nacht hinein tanzten.

Oder ich besuchte Konzerte. Damals gab es einen höchst interessanten Trend: Junge Leute entdeckten die Volksmusik. Manche Künstler reisten durch ganz Ungarn, lernten in den Dörfern traditionelle Musik und Tänze und brachten sie mit in die Städte. Sogar an der Universität gab es eine Volkstanzgruppe. Ich kann mich noch gut erinnern, wie wir deren Veranstaltungen besuchten und ich zusah, wie meine Kommilitonen auf diese althergebrachte Weise tanzten.

Außerdem spielte ich Basketball. Wenn ich das heute so erzähle – *ich habe an der Uni Basketball gespielt* –, dann klingt das erst mal beeindruckend. Aber das war nicht der Fall. Das Team war klein und nicht eben von Siegeswillen erfüllt. Manchmal bekamen wir nicht mal genug Spielerinnen für eine Partie zusammen. Andererseits strengten wir uns schon an, wenn wir zwischen den Körben hin- und herliefen, uns den Ball zupassten und unsere Sachen durchschwitzten, während unsere Sportschuhe auf dem Boden der Turnhalle quietschten.

Während dieser Partien oder anschließend auf dem Heimweg, manchmal sogar Stunden später, wenn ich in meinem Zimmer am offenen Fenster saß, fiel es mir wie Schuppen von den Augen: *Ich hatte so viel Glück.* Es kam mir unfassbar vor, dass ich hier studieren konnte.

Glauben Sie nur nicht, dass harte Arbeit und Glücklichsein einander ausschließen. Man muss nicht viel Freizeit haben, um Freude zu erleben. Diese Jahre in Szeged gehörten zu den glücklichsten meines Lebens.

Arbeitseinsätze während der Erntezeit blieben uns dennoch nicht erspart, auch wenn wir mittlerweile an der Uni waren. Schließlich lebten wir im kommunistischen Ungarn, und die Arbeit musste erledigt werden. Die vielen Sonnenstunden machen Szeged zu einem idealen Ort für den Weinbau. Und wer könnte die Weinlese besser erledigen als Studierende, die gerade in ihr neues akademisches Jahr starten und vielleicht ein wenig Abwechslung vom Lernen brauchen?

Wie schon damals in der Oberstufe gab es auch hier Studierende, die eifriger bei der Sache waren als andere. Ich erinnere mich noch, es muss irgendwann zu Beginn meines Studiums gewesen sein, dass es einige kalte und regnerische Tage gegeben hatte. Es war schrecklich, bei diesem Wetter draußen zu sein. Alle waren übellaunig und langsam. Also stellte uns die landwirtschaftliche Kooperative, für die wir arbeiteten, eine Prämie in Aussicht. Die Gruppe, die am schnellsten war, würde ein wenig Geld erhalten.

Einige meiner Kommilitoninnen und Kommilitonen zuckten nur müde mit den Schultern. Ich nicht. Ich war erst kürzlich zur Jugendleiterin unserer Gruppe ernannt worden, und ich hatte für uns Großes im Sinn. Aber für diese Pläne brauchten wir Geld. Geld, das wir mit dem Wettbewerb verdienen konnten. Also trommelte ich unsere Gruppe zusammen. »Können wir das jetzt bitte mal ernst nehmen?«, fragte ich. Ich ließ meinen Blick herumwandern. Meine Freundin Zsuzsa schaute an mir vorbei und blinzelte skeptisch zu dem dunkelgrauen Himmel hinauf. »Seht es doch mal so«, sagte ich. »Wir müssen doch sowieso hier sein, Kälte und Regen hin oder her, oder etwa nicht? Warum sollten wir also nicht das Beste daraus machen?« Ich erklärte, dass wir mit dem verdienten Geld Ausflüge machen und unsere Familien besuchen könnten. Das würde doch sicher Spaß machen? Von einem Ort zum anderen zu reisen und zu sehen, wo jeder und jede von uns herkam?

Wieder sah ich Zsuzsa an. Dieses Mal drehte sie den Kopf nicht weg, und ein Lächeln huschte über ihr Gesicht.

Also machten wir uns an die Arbeit, und wir gewannen. So ging es los mit unseren Ausflügen.

Vielleicht können Sie sich das ja vorstellen: etwa ein Dutzend Studierende in Bluejeans und mit langen Haaren, die sich für ein Wochenende von der Universität verabschiedeten und schnatternd und plappernd durchs Land reisten. Der ganze Trupp stieg aus dem Zug und machte sich lachend auf zu dem Haus, wo eine von uns ihre Kindheit verbracht hatte.

Es war total spannend, zu sehen, wie unterschiedlich die Menschen lebten. Obwohl im Ungarn jener Tage die wirtschaftliche Ungleichheit lange nicht so ausgeprägt war, wie man es heute von vielen Ländern kennt, gab es dennoch Unterschiede. Im Sommer besuchten wir bei einer solchen Exkursion das Zuhause einer Kommilitonin am kristallklaren Plattensee. Ihr Vater war Finanzvorstand für eine örtliche Organisation, und die Eltern besaßen tatsächlich ein Haus mit zwei Stockwerken. Ich hatte bis dahin noch keinen Menschen gekannt, der in einem zweistöckigen Haus wohnte! Und doch war es andererseits höchst merkwürdig. Ihre Eltern, die so viel mehr besaßen als alle anderen Menschen, die ich kannte, erlaubten uns nicht, im Haus zu übernachten. Sie quartierten uns in der Garage ein. Man bot uns auch keine Mahlzeit an. Wir mussten zum nächsten Laden gehen und unser Geld zusammenlegen, um etwas zu essen zu kaufen: eigentlich nur Brot und Speck.

Am Folgetag fuhren wir zur Heimat eines anderen Kommilitonen, dessen Familie vergleichsweise wenig besaß – sehr viel weniger jedenfalls als meine Familie. Aber wir wurden mit der größten Gastfreundschaft aufgenommen. Im Hof kochten sie in einem Kessel Eintopf für uns, mit Schweinefüßen (das billigste

Fleisch überhaupt), doch Kräuter und Gewürze sorgten dafür, dass er köstlich schmeckte. Man bewirtete uns sehr großzügig damit. Die herzhaften Speisen wärmten uns den Bauch. Die Familie hatte nur einen Raum zur Verfügung, doch in dem wurden wir untergebracht, während sie selbst bei Verwandten übernachtete – nur damit wir Studierenden es bequem hatten.

Diese Großzügigkeit blieb mir im Gedächtnis. Ich hatte etwas Neues über die Welt gelernt: Gerade Menschen, die wenig haben, sind häufig am großzügigsten.

Natürlich konnten wir nicht alle Familien zu Hause besuchen. Huong, ein Mädchen aus Vietnam, bereitete daher im Haus einer Kommilitonin für uns ein vietnamesisches Gericht zu. Ich fand das Essen köstlich. Vor allem freute ich mich über Huongs Begeisterung, dass sie uns ein wenig von ihrer Kultur nahebringen konnte.

Als ich an die Reihe kam, war ich natürlich sehr aufgeregt. Wir plapperten und kicherten auf der ganzen Zugfahrt nach Kisújszállás. Vom Bahnhof marschierten wir zum Haus meiner Eltern. Es war Herbst. Sie begrüßten uns vor dem Gebäude – mein Vater, der donnernd lachte, und meine Mutter, die mit einem amüsierten Lächeln immer wieder den Kopf schüttelte.

Drinnen ließen meine Kommilitonen sich auf dem Boden nieder, hörten Musik und lachten viel. Meine Eltern freuten sich, dass sie endlich die Gesichter zu den Namen sehen konnten, die sie so oft von mir gehört hatten. Mein Vater redete mit allen und stellte Fragen über Fragen. »Woher kommt ihr alle? Was macht deine Familie? Und was hast du vor, wenn du mit dem Studium fertig bist?« Währenddessen wuselte meine Mutter durch die Küche. Zum Frühstück gab es ein Omelett aus dreißig Eiern von unseren Hühnern, die wir durch den Hof scheuchten. Zum Abendessen bereitete mein Vater Lammragout zu, und meine Mutter servierte uns ihren Gänsefußkuchen. Meine Freunde ließen nicht einen Krümel davon übrig. (Eine meiner Kommilitoninnen bat meine Mutter um das Rezept, und seitdem macht sie den Kuchen jedes Jahr zu Weihnachten, genau nach der Anleitung meiner Mutter.) Nachmittags spazierten wir durch die Stadt, und ich zeigte meinen Freunden, wo ich zur Schule gegangen war und auch das kleine Biologiemuseum.

Ich hatte viel Freude daran, dass diese beiden so unterschiedlichen Welten hier zusammenfanden – die Menschen, die ich seit jeher kannte, und die, die ich für immer kennen würde.

»Das sind meine Freunde und Freundinnen«, sagte ich zu allen Bekannten, die mir begegneten. Ich hätte das ewig vor mich hinsagen können: *Das sind meine Kommilitonen, die mit mir Biologie studieren. Die Welt ist so groß, und es gibt so viel zu lernen, und wir dürfen das machen. Wir kommen von überall her. Bis vor Kurzem hatten wir noch nichts gemeinsam, aber schaut uns jetzt an. Wir sind ein echtes Team geworden.*

Eine weitere Ernte, ein weiterer Weinberg. Es war der Herbst vor meinem fünften Jahr an der Universität. September 1977. An jenem Tag war es warm und hell. Die Felder leuchteten golden und grün.

Die Mädchen pflückten die Trauben und legten sie in Eimer, während die Jungs große Holzbehälter namens *puttony* auf dem Rücken trugen wie Rucksäcke. Wenn unser Eimer voll war, riefen wir die Jungen und schütteten die Trauben in die *puttonyos*. Und wenn diese voll waren, wurden die Trauben in einen großen Anhänger befördert.

Die Sonne wärmte unsere Haut, während wir ernteten. Die Professoren und Professorinnen arbeiteten Seite an Seite mit uns und mischten sich gelegentlich ins Gespräch ein. Nichts an jenem

Tag fühlte sich wie eine Ablenkung von unserem Studienziel an. Einmal mehr breitete sich das Gefühl aus, dass wir ein Team waren und eine gemeinsame Bestimmung hatten.

Ein junger Mann, der merkte, dass mein Eimer fast voll war, kam mit seinem *puttony* auf mich zu. Er stellte sich als János Ludwig vor und erzählte mir, dass er Chemie studiere. Dann wollte er mit überraschend ernstem Tonfall von mir wissen, was ich von den Voyager-Missionen hielte, etwa von der Tatsache, dass *Voyager 2* vier Jahre lang unterwegs sein würde, ehe die Sonde den Saturn erreichte.

Ich gestand, dass ich von all diesen Dingen noch nie etwas gehört hatte.

Er runzelte die Stirn, dann erklärte er: Zwei Raumsonden – *Voyager 1* und *Voyager 2* – hatten kürzlich die Erde verlassen und waren nun auf dem Weg durchs Sonnensystem. Sie würden an Planeten vorbeifliegen, die wir noch nie zuvor aus der Nähe gesehen hatten. *Voyager 2* würde in zwei Jahren den Jupiter erreichen, den Saturn in vier und dann weiterfliegen zum Uranus (neun Jahre) und zum Neptun (zwölf Jahre)! Schließlich – etwa vierzig Jahre nach ihrem Start – würden die beiden Sonden den interstellaren Raum erreichen und immer weiter und weiter fliegen.

Das Einzige, was mich beschäftigte, waren all diese Zahlen. *Zwei Jahre … vier … zwölf … vierzig.* Wie würde mein Leben dann jeweils aussehen? Ich konnte es mir nicht vorstellen.

»Du willst doch Wissenschaftlerin werden«, sagte János und unterbrach meine Gedankengänge. »Dann solltest du verstehen, was andere Wissenschaftler tun, damit du etwas dazu sagen kannst.«

János Ludwig würde später ein Kollege von mir werden. Meine erste Begegnung mit ihm zeigte mir gleich sehr schön, wie er tickte. János war unverblümt. Direkt. Small Talk oder Umgangsformen interessierten ihn nicht. Er war ein Mann, der wirklich niemals versuchte, einfach nett zu sein. Er war auf der Welt, um zu mehr Wissen beizutragen. Darum forderte er regelmäßig andere Wissenschaftler heraus – und dazu gehörte es auch, mich auf Trab zu halten.

Nach unserer ersten Begegnung im Weinberg marschierte ich direkt in die Bibliothek und schlug alles nach, was ich über das Voyager-Programm herausfinden konnte. Dafür liebte ich János: Von Anfang an brachte er mich dazu, mehr zu lernen, als ich es ohne ihn getan hätte. Er machte mich besser. Ich kenne und schätze ihn bis heute.

Aber zuerst musste ich mein Studium abschließen.

All die Plackerei zahlte sich aus. Ich bekam schon in den ersten beiden Studienjahren Bestnoten. Im dritten Jahr schlug man mich für den Studienpreis der Ungarischen Volksrepublik vor, die renommierteste Auszeichnung, die ein Studierender zu jener Zeit erlangen konnte. Außerdem waren damit ganz konkrete Vorteile verbunden. Man musste im Wohnheim keine Miete mehr bezahlen und erhielt ein kleines Stipendium. Meine Professoren schickten die Liste der Studierenden, die sie für den Preis vorschlugen, ans Ministerium – insgesamt fünfzehn Namen. Darunter auch meiner: Katalin Karikó, Biologiestudentin.

Doch als die Liste zurückkam, enthielt sie nur noch vierzehn Namen. Meiner fehlte.

Das war kein Fehler: Jemand hatte diesen Namen entfernt.

Nun, das ist merkwürdig, dachte ich.

Vielleicht aber auch nicht. Schließlich war ich immer noch die Tochter eines Mannes, den man 1957 wegen Vergehens gegen die Kommunistische Partei angeklagt hatte. Offensichtlich hatte die Verhaftung meines Vaters gut eineinhalb Jahrzehnte später immer noch Auswirkungen.

Ich weiß nicht, ob es an der Universität Diskussionen über die Entfernung meines Namens gab. Doch dass er nicht mehr auf der Liste stand, hatte keine praktischen Auswirkungen auf mein Leben. Denn ich erhielt den Preis trotzdem. Erst vierzig Jahre später, als alle Welt meinen Namen kannte, wurde die Auslassung des Ministeriums bemerkt. Die Universität fing an, sich mit meiner Vergangenheit zu beschäftigen, und da war plötzlich diese Diskrepanz in den Aufzeichnungen. Jeder Mensch, auch ich, hatte behauptet, dass ich den Studienpreis der Ungarischen Volksrepublik erhalten hatte. Nur dass das niemand bestätigen konnte. Mein Name fand sich nirgendwo in den offiziellen Papieren.

»Haben Sie diesen Preis wirklich gewonnen?«, wollten die Journalisten wissen. Und sie fragten immer wieder, nur zur Sicherheit. Täuschte ich mich etwa? Oder log ich gar?

Ja, ich habe diesen Preis gewonnen. Selbst wenn die Partei sich damals weigerte, dies anzuerkennen.

Vor meinem fünften und letzten Jahr an der Universität bekam ich einen Sommerjob am Research Institute for Fisheries (Forschungsanstalt für Fischereiwesen) in Szarvas.

Szarvas ist eine ruhige kleine Stadt an einem See, der vom Körösfluss gespeist wird. Meine Aufgabe war es, die Fettzusammensetzung der Zuchtfische zu untersuchen. Wir wollten herausfinden, ob mit Mais gefütterte Fische ungesättigte Fettsäuren enthielten.

Diese Arbeit hatte eine enorme praktische Bedeutung. Wir wissen heute alle, dass manche Fette gesünder sind als andere. Mein Vater und alle Metzger mögen mir verzeihen, aber die Fette in einem Stück Schweine- oder Rindfleisch – gesättigte Fettsäuren – sind nicht annähernd so gesund wie die meisten pflanzlichen Fette. Eine gute Faustregel für die Bestimmung der gesundheitlichen Wirkung eines Fettes ist: Je niedriger die Temperatur, bei der ein Fett vom flüssigen in den festen Zustand übergeht, desto gesünder ist es. Speck zum Beispiel ist schon bei Zimmertemperatur fest. Nicht gesund. Im Gegensatz dazu ist Olivenöl bei Raumtemperatur flüssig. Es wird erst im Kühlschrank fest, also ist es gesünder als die Fette im Speck.

Manche Öle aber – wie Sesam- und Fischöl – bleiben sogar im Kühlschrank flüssig. Wenig überraschend kommen die gesündesten Fischöle, jene also, die nur bei allerniedrigsten Temperaturen fest werden, von Fischen, die in den kalten Nordmeeren leben. Herauszufinden, wie sich die unterschiedlichen Fettsäuren bilden und wie die Temperaturen die gesundheitliche Wirkung von Fisch beeinflussen, ist für die Aquakultur enorm wichtig.

An dem Tag, als ich in der Forschungsanstalt ankam, ging mein Supervisor in die Ferien. Während der nächsten beiden Wochen würde ich also allein im Labor arbeiten. Da war ich nun, in einer fremden Stadt, mit einem Job, der ganz offensichtlich sehr schwierig war. Ich beschloss, sofort anzufangen.

Eine meiner Aufgaben bestand darin, Lipide von den Fischen zu isolieren und zu analysieren. Dafür wurde eine Technik namens Dünnschichtchromatografie eingesetzt. Aber dazu brauchte ich verschiedene Lösungsmittel, unter anderem Ethylacetat. Ich machte mich auf die Suche und fand schließlich eine Kollegin, die aussah, als wüsste sie, was sie tut.

»Entschuldigung«, sagte ich, »wo bewahren Sie denn das Ethylacetat auf?«

Die Frau schüttelte den Kopf. »Tut mir leid, wir haben kein Ethylacetat.«

Kein Ethylacetat. Nun, das würde meine Aufgabe zur echten Herausforderung machen. Ich schlug in Büchern nach, wie man Ethylacetat herstellt. Es dauerte einige Zeit, aber irgendwann hatte ich ein Rezept gefunden. Ich brauchte Ethanol, Schwefelsäure und Eisessig. (Letzteres ist eine Art hochkonzentrierter Essig, so sauer, dass er auf der Haut brennt.)

Also wieder zurück zu besagter Kollegin. »Wenn Sie kein Ethylacetat haben, haben Sie dann vielleicht Ethanol, Schwefelsäure und Eisessig?«, wollte ich wissen.

Sie sah mich einen Moment lang an, dann kratzte sie sich am Kopf. »Nun, wir haben keinen Eisessig. Aber vielleicht bekommen Sie im Institut für Reisforschung etwas?«

Super. Ich würde zu Fuß zu diesem Institut gehen. Also fragte ich nach dem Weg.

»Es ist ein gutes Stück weit entfernt«, meinte sie skeptisch. Dann seufzte sie. »Vielleicht radeln Sie ja besser hin?«, meinte sie und lieh mir ihr Fahrrad. Eine halbe Stunde später kam ich mit einer Flasche Eisessig zurück.

Ich fand die nötigen Gerätschaften zum Destillieren und machte mich an die Arbeit. Es dauerte einen Tag, aber dann hatte ich mein Ethylacetat. Was hieß, dass ich endlich mit meiner eigentlichen Aufgabe anfangen konnte.

Ich hätte mir natürlich auch eine Ausrede zurechtlegen können. Ja, ich hätte gleich mehrere parat gehabt.

Mein Supervisor ist nicht da.

Ich habe die Lösung nicht, die ich bräuchte, um selbstständig zu arbeiten.

Ich weiß nicht, wie man diese Lösung herstellt.

Und selbst wenn ich es wüsste, würden mir die nötigen Zutaten fehlen.

Nicht eine Person in der Forschungsanstalt für Fischereiwesen besitzt diese Stoffe.

Aber eine Ausrede sucht man halt nur, wenn man etwas nicht machen will. Doch wenn man etwas unbedingt will, dann findet man einen Weg. Man setzt sich hin, fängt an zu arbeiten, lernt, wie man das, was man hat, in das verwandelt, was man braucht. Ich wollte diesen Weg finden.

In Szarvas führte ich noch eine weitere Studie durch. Ich untersuchte, wie winzige Insekten als Reaktion auf sinkende Temperaturen ungesättigte Fette produzieren. Diese Studie lieferte die Grundlage für meine erste wissenschaftliche Publikation überhaupt. Es würde noch Jahre dauern, bis der Aufsatz offiziell veröffentlicht wurde (in der Juni-Ausgabe 1981 der Zeitschrift *Lipids*), aber mir bedeutete das sehr viel.

Nicht-Wissenschaftlern zu erklären, was es bedeutet, in einer wissenschaftlichen Fachzeitschrift veröffentlicht zu werden, ist schwierig. Natürlich ist so etwas wichtig für die berufliche Karriere. Nicht umsonst heißt es ja: *Publish or perish.* Veröffentlichen oder untergehen. Die Wissenschaft ist, wie so viele andere Bereiche auch, hierarchisch organisiert. Forschende, die ihre Resultate in wissenschaftlichen Zeitschriften publizieren, erfreuen sich in der Hierarchie eines höheren Ansehens. Werden ihre Veröffentlichungen von anderen Wissenschaftlern dann auch noch häufig zitiert, umso besser. Je mehr Veröffentlichungen und Zitate eine Wissenschaftlerin aufweisen kann, desto eher hat sie Zugang zu Beförderungen, Stipendien, Preisen und Vortragsreisen. Dieser Teil ist leicht zu verstehen.

Aber es geht dabei noch um mehr.

Die Wissenschaft dient im Grunde der Vermehrung menschlichen Wissens: Es geht um Entdeckungen, die die Welt beschreiben, wie sie ist. In der Biologie versuchen wir, das Leben zu verstehen – was in den Zellen der unterschiedlichsten Organismen im Einzelnen passiert. Jedes neue Resultat liefert nicht nur eine Antwort … sondern auch brandneue Fragen, die bisher noch niemand gestellt hat. Wissenschaft ist ein ewiges Puzzlespiel, an dem Menschen in aller Welt beteiligt sind. Als Forschender können Sie Jahre damit verbringen, ein Puzzleteil zu suchen, das an einer bestimmten Stelle passt. Und wenn es dann endlich so weit ist (*Aha, so funktioniert es!*), dann stellen Sie damit nicht nur einen Teil des Puzzles fertig. Sie sorgen auch dafür, dass es sich in völlig neue Richtungen ausbreitet.

Zur Vorgehensweise wissenschaftlicher Fachzeitschriften gehört außerdem das Peer-Review-Verfahren: Andere Wissenschaftler nehmen Ihre Arbeit genauestens unter die Lupe. Sie überprüfen Ihre Resultate und suchen gezielt nach Mängeln, die Ihnen vielleicht entgangen sind.

Ihre Arbeit wird also von vielen Menschen genauestens durchleuchtet, von den Besten in Ihrem Fachbereich, um eventuelle Fehler aufzudecken. Das zerrt an den Nerven, ist aber unabdingbar. Solch eine Peer-Review ist der beste Weg, um Fakten von Mythen zu trennen, um die nur allzu menschliche Neigung zum motivierten Denken (zu sehen, was wir sehen *wollen*) und zum Bestätigungsfehler (zu sehen, was wir *erwarten*) einzudämmen.

In einer wissenschaftlichen Fachzeitschrift veröffentlicht zu werden, ist ein Beleg, dass Sie in puncto intellektueller Redlichkeit alles in Ihrer Macht Stehende getan haben. Dass Sie wissenschaftlich korrekt gearbeitet haben.

Aus diesem Grund war diese erste Veröffentlichung für mich so wichtig. Und sie ist es heute noch.

Der Sommer in Szarvas war schön, und das lag nicht nur an meiner Arbeit.

Während des akademischen Jahres gab es in Szarvas zwei Hochschulen. Die eine war die Landwirtschaftliche Universität, die vorzugsweise von Männern besucht wurde. Aber es gab auch eine Hochschule für Kindergärtner, hauptsächlich besucht von Frauen. Während der Sommerferien fuhren die künftigen Kindergärtnerinnen nach Hause.

Ich hatte ein Zimmer im Studierendenwohnheim, in dem außerdem gut 200 Männer wohnten. Unter ihnen auch ein früherer Kommilitone, der das Biologiestudium in Szeged aufgegeben hatte. Er hieß mich in der Gemeinschaft willkommen, als wäre ich einer der Jungs. In jenem Sommer war ich stets von Männern umgeben. Wenn ich ins Kino ging, war ich vielleicht die einzige Frau unter zwanzig Männern. In der Disco war es genauso, nur mit anderen Männern. Auf jeder Kanufahrt, jedem Spaziergang, wurde ich von Männern umringt.

Und die sahen mitunter *unglaublich* gut aus.

Im Biologiestudium in Szeged hatten sich mittlerweile Paare gebildet. Meine Freundin Zsuzsa war sogar schon mit ihrem alten Schulfreund verheiratet. Ich aber hatte noch nie einen Freund gehabt – oder war zu einem Date eingeladen worden. Ich war ein großes dünnes Mädchen mit kurzen Haaren. Außerdem war ich ein direkter und praktischer Mensch. Und plötzlich war ich die Schönheit von Szarvas. Ich ging mit keinem der Männer aus, aber ich genoss es, in ihrer Begleitung zu sein. Die Wahrheit ist: In meinem ganzen Leben hatte ich noch nie so viel Aufmerksamkeit von jungen Männern bekommen!

Und wie sich bald herausstellen sollte, wartete auch schon mein erstes Rendezvous auf mich.

Jedes Jahr im Dezember organisierten die Biologiestudierenden ein Ferientreffen, aus dem regelmäßig eine Riesenparty wurde. Die Absolventen früherer Jahre kehrten zurück, Studierende führten Sketche vor und nahmen die Professorinnen und Professoren auf den Arm. Die Menschen prosteten sich zu, jubelten, aßen, tanzten und feierten den Abschluss eines weiteren arbeitsintensiven Semesters.

Im Dezember 1977 fand die Party in der Cafeteria einer Textilfabrik auf der anderen Seite von Szeged statt. Es waren unglaublich große Räume, sodass wir nach dem Essen sogar eine Disco veranstalten konnten. Dabei fiel mir ein gut aussehender junger Mann auf. Er war schlank und hatte ein markantes Gesicht. Und er strahlte eine unglaublich lässige Energie aus. Außerdem war er ziemlich groß – einige Zentimeter größer als ich, was ja eher selten vorkam. Unsere Blicke trafen sich, und wir sahen gleich wieder weg. Als ich erneut zu ihm hinüberschielte, hielt er meinem Blick stand und kam schließlich auf mich zu. »Möchtest du tanzen?«, fragte er. Seine Augen funkelten. Ich lächelte, fast gegen meinen Willen.

Wir steuerten auf die Tanzfläche zu, wo die Musik so laut war, dass man sich nicht unterhalten konnte. Sein Name war Béla. Er war ein guter Tänzer, versiert und ein wenig albern zugleich. Ich hatte Spaß mit ihm. Als es auf der Tanzfläche zu voll wurde, legten wir eine Pause ein und traten auf den vergleichsweise ruhigen Flur hinaus.

»Was hältst du von einer Cola?«, fragte Béla. Das weiß ich heute noch: Er bot mir eine Cola an, kein Bier. Seine Stirn war schweißnass, und er lächelte mich an. Béla gehörte zu den Menschen, die mit dem ganzen Körper zu lächeln schienen. Als ich nickte, sagte er: »Geh nicht weg.«

Die Bar war direkt vor uns aufgebaut, aber Béla ging woanders hin. Er kehrte in den Raum mit der Tanzfläche zurück. Als er wieder auftauchte, hatte er mehrere leere Flaschen bei sich. In Ungarn konnte man leere Flaschen gegen Bargeld eintauschen. (Auch damals schon haben wir nichts verkommen lassen.) Ich sah, wie er die Flaschen zur Bar schleppte und sie gegen eine Cola eintauschte, die er mir dann gab.

In dem Moment wurde mir klar: Der Knabe hatte keinen Cent in der Tasche.

Béla und ich unterhielten uns eine Zeit lang. Er erzählte, dass er in Szeged lebte. Er stammte aus Kistelek, ging aber in Szeged zur Schule. »An die Uni?«, fragte ich.

»Nein.« Er nannte den Namen einer Schule, wo einige meiner Kommilitonen unterrichteten. Es handelte sich um eine Technikerschule, die ihre Studierenden mit einem Berufsabschluss in die Welt entließ.

Es war tatsächlich eine *Schule*. Ich war damals zweiundzwanzig Jahre alt und mit dem Studium fast fertig. »Wie alt bist du denn?«, fragte ich skeptisch.

Er war siebzehn. Er und einige seiner Freunde hatten sich aus dem Wohnheim schleichen können, weil sie dem Wachmann, der so etwas normalerweise hätte melden müssen, eine halbe Flasche Wein versprochen hatten.

Aber ich mochte sein Lächeln und die Art, wie er mich zum Lachen brachte. Und außerdem: War das denn nicht nur irgendein Typ, den ich gegen Ende des Abends kennengelernt und der mich auf eine Cola eingeladen hatte? Ich nippte weiter an dem Getränk. Wir unterhielten uns, tanzten wieder und lachten unter der großen Discokugel. Und bevor wir uns versahen, war der Tanzabend vorbei. Er bot mir an, mich zu meinem Wohnheim zu begleiten, und natürlich sagte ich Ja. Warum auch nicht? Er brachte mich eben nach Hause. Das hatte nichts zu bedeuten.

Doch es waren fünf Kilometer bis zum Wohnheim und der Marsch dauerte gut eine Stunde. Es war Winter und kalt, und selbst mit Mantel und Handschuhen musste ich die Finger aneinander reiben, um sie warm zu halten. Béla, der sich aus seinem Wohnheim herausgeschlichen hatte, war nicht annähernd warm genug angezogen, aber das schien ihn nicht zu stören.

Er erzählte mir von seiner Schule – ein staatliches Internat, mit etwa 200 Jungen und nur vier Mädchen. Er schüttelte den Kopf. »Ich musste mich einfach rausschleichen«, sagte er. »Das Verhältnis ist doch verrückt!« Er erzählte mir, dass er mit vierzehn von zu Hause weggegangen war, um diese Schule zu besuchen, und was er nach dem Abschluss alles machen konnte. Er lernte, wie man Werkzeugmaschinen bediente. Außerdem Metallbau, aber auch die Herstellung von Schmiedeeisen. Und er war gut in seinem Metier, sagte er. Richtig gut. Im Frühjahr würde er die Schule beenden und dann sofort zu arbeiten anfangen.

Dieser Béla hatte irgendetwas, das mich faszinierte. Er war entspannt und ein wenig selbstironisch. Ich fühlte mich wohl bei ihm. Und er war neugierig. Er stellte mir unzählige Fragen über mich – wo ich herkam, was ich studierte, was mir an der Biologie gefiel und was ich alles gelernt hatte. Meine Antworten schienen ihn wirklich zu interessieren. Unter unseren Füßen floss der kraftvoll und lebendig riechende Fluss.

Als wir die Brücke beinahe überquert hatten, kamen wir an einem Kinoplakat vorbei. Béla deutete darauf und meinte: »Weißt du, der Film soll wirklich gut sein.« Er schaute sich wieder das Plakat an, dann wanderte sein Blick zu mir. Seine Mundwinkel kräuselten sich. »Vielleicht sollten wir ihn gemeinsam anschauen.«

Ich lachte. Das würde doch nie im Leben passieren.

Es war zwei Uhr morgens, als wir vor meinem Wohnheim standen. Ich sah Béla an und dankte ihm für den Begleitschutz. Und das meinte ich vollkommen ernst: Um zu seinem Wohnheim zurückzukommen, musste er wieder über die Brücke zurück zur Disco und dann noch ein gutes Stück weiter gehen. Es würde Stunden dauern, bis er endlich ins Bett kam.

»Also, sehen wir uns den Film an?«, fragte er.

Ich sagte ihm, was ich für die absolute Wahrheit hielt: »Ich werde dich doch nie wiedersehen.«

Am nächsten Morgen ging ich wieder an die Arbeit.

In der Woche darauf saß ich in meinem Zimmer und lernte, als eine Freundin an meine Tür klopfte. »Ähm … Da ist jemand für dich.« Sie hielt kurz inne. »Ein Typ.«

Ich ging runter, und da stand er: der siebzehnjährige Junge, der mich vom Tanzen nach Hause begleitet hatte. »Wir sollten uns diesen Film wirklich anschauen«, meinte Béla.

Vielleicht hätte ich ja Nein gesagt, wenn ich nicht so überrascht gewesen wäre. Stattdessen hatte ich mein erstes Date.

Am Abend unserer Verabredung wartete ich so lange vor dem Kino, dass ich schon dachte, Béla hätte sich mit mir einen Spaß erlaubt. Als er endlich auftauchte, brachte er eine hanebüchene Entschuldigung hervor. »Ich hatte Nasenbluten«, sagte er.

Ich nickte, akzeptierte die Lüge und marschierte schnurstracks ins Kino. Nach dem Film traten wir wieder hinaus auf die Straße. Béla fuhr sich mit den Fingern durch das kurze Haar. »Möchtest du etwas essen gehen?«, fragte er. Das Restaurant neben dem Kino machte äußerlich nicht viel her, aber es roch dort köstlich. Und ich war mittlerweile hungrig – genauer gesagt, sehr hungrig.

Das Essen war wunderbar: frittierte Pfannkuchen mit Fleisch. Es schmeckte saftig, aromatisch und herzhaft. Béla brachte mich während des Essens immer wieder zum Lachen. Er erzählte mir mehr von seiner Familie. Sein Vater war Schreiner und machte gern Möbel, meist aber musste er andere Dinge tun: auf dem Bau arbeiten und Balken zusägen. Er konnte buchstäblich alles reparieren, Nähmaschinen, Automotoren, was auch immer.

»Und du?«, fragte ich. »Kannst du das auch?«

Er lehnte sich in seinem Stuhl zurück. Was für ein selbstsicheres Lächeln er doch hatte. »Selbstverständlich.«

Seine Familie besaß ein kleines Stück Land im Süden von Ungarn. Dort hatte er auf dem Feld gearbeitet, wie ich. Seiner Familie gehörten einige Bienenstöcke, und manchmal fuhr er dorthin, um sich um die Bienen zu kümmern. Als Junge hatte er Obst und Gemüse auf dem Markt verkauft.

Tatsächlich hatten wir vieles gemeinsam.

Dann plötzlich stand Béla abrupt auf. Er meinte, er müsse auf die Toilette, und weg war er. Ich aß zu Ende. Er kam nicht wieder. Ich wartete, aber keine Spur von ihm. Nach einer Weile fing ich an, unruhig auf meinem Stuhl hin und her zu rutschen. Ich fragte mich, ob er mich dieses Mal wirklich versetzt hatte. Ich zahlte die Rechnung und wartete noch ein bisschen. Dann stand ich auf.

Ich stand schon an der Tür, als ein Fremder auf mich zukam. »Bist du Kati?«, fragte der Mann. »Deine Verabredung ist auf der Toilette. Er hat Nasenbluten. Wirklich schlimm. Ich dachte ehrlich gesagt, dass jemand ihn verprügelt hätte.«

Ich fing an zu lachen. Bélas hanebüchene Entschuldigung entsprach also der Wahrheit. Er war kein Lügner, und er wollte mich nicht versetzen. Er war ein Junge voller guter Absichten, der hin und wieder Nasenbluten bekam.

Wieder gingen wir gemeinsam nach Hause. Béla hatte den Kopf in den Nacken gelegt und presste das Taschentuch des Fremden an seine Nase.

Béla und ich feierten zusammen Silvester. Im Januar kam er dann zu meiner Geburtstagsfeier. Er brachte sogar ein Geschenk mit: eine Halskette mit winzigen Perlen. Sie war nicht teuer, aber sie sah gut aus. Und ich freute mich sehr darüber.

Es dauerte nicht lange, bis er fest zu unserem Biologenzirkel gehörte. Und er passte viel besser zu uns, als man es von einem Schüler der Technikerschule erwarten konnte. Er begleitete uns sogar, wenn wir wieder mal unsere Heimatorte besuchten. Er war zwar immer noch witzig und kam gut mit allen Menschen aus, aber in der Gruppe war er ruhiger, fast ein bisschen schüchtern. Auch das gefiel mir.

Meine Freunde mochten Béla. Sie halfen ihm manchmal sogar bei den Hausaufgaben.

Gut, ich gestehe: Manchmal, wenn er und ich ausgingen, dann machten meine Freunde die Hausaufgaben *für* ihn.

In den folgenden Monaten bestach Béla den Wachmann immer wieder und besuchte mich. Dabei trug er stets den Schlüssel zu seinem Wohnheim in der Tasche. Dieser Schlüssel gehörte zu einer massiven Holztür, gut hundert Jahre alt. Er war riesengroß und sah aus, als stamme er aus einer mittelalterlichen Burg.

Ich mochte Béla, und ich mochte seine Besuche. Aber er lenkte mich ab, und ich musste meine Arbeit erledigen. Also versuchte ich, die Beziehung zu beenden – mehrmals. Aber Béla weigerte sich einfach, in die Wüste geschickt zu werden. Er kam eben immer wieder.

Im Frühling, genauer zu Ostern, besuchte er uns in Kisújszállás. Während ich mit meiner Schwester und meinen Eltern auf seine Ankunft wartete, hatte ich einen Knoten in der Magengegend. Als Béla schließlich ankam, hatte er einen riesigen Blumenstrauß in der Hand, den er meiner Mutter gab. Dann hielt ich es einfach nicht mehr aus. Ich machte auf dem Absatz kehrt und rannte aus dem Haus, mit einem letzten Blick auf Bélas verwirrten und panischen Gesichtsausdruck.

Ich saß draußen und hörte zu, wie sich alle etwas verlegen begrüßten. Ich verstand zwar nicht, was geredet wurde, aber ich merkte, dass die Unterhaltung allmählich ein wenig entspannter verlief. Erst dann ging ich wieder hinein.

»Was war das denn?«, flüsterte Béla mir zu, als wir einen Augenblick für uns hatten.

»Ich war einfach zu nervös«, sagte ich.

Doch das war gar nicht nötig gewesen. Béla war charmant – freundlich und offen und an allem interessiert, was meine Familie anging. Genau wie mein Vater machte er gern Witze, und bevor wir uns versahen, lachten die zwei nur noch. Als der erste Tag zu Ende ging, nahm meine Mutter mich beiseite und sagte: »Weißt du, ich fände es schön, wenn ich einen Sohn wie Béla hätte.«

Ein vielversprechender Anfang, aber sie war noch nicht fertig.

»Aber er passt nicht zu dir.« Sie meinte, Béla und ich seien zu verschieden. Ich sei zu akademisch für ihn und zu alt. Es würde nie gut gehen. Genau das sagte sie: *Es wird nie gut gehen.*

Es war dasselbe, was auch ich Béla schon mehrfach gesagt hatte. *Es wird nie gut gehen.* Aber so bin ich nun mal: Wenn jemand mir versichert, die Dinge müssten auf eine bestimmte Art laufen, dann bin ich automatisch vom Gegenteil überzeugt.

Ich stritt mich nicht mit meiner Mutter. Aber ich sah zu Béla hinüber und dachte: *Vielleicht wird es ja doch was.*

Man kann fast nicht beschreiben, wie dramatisch und schnell sich die Genforschung damals entwickelte. Ich kann mich noch gut an mein letztes Jahr an der Universität erinnern, als einer der Professoren mehrere Vorlesungen über die Biochemie der Nukleinsäuren hielt. In der einen Woche erklärte er uns, dass es zwischen der

DNA und der zugehörigen mRNA einen direkten und linearen Zusammenhang gäbe – jeder Base des Gens entspräche eine in der mRNA. Das war seit vielen Jahren wissenschaftlicher Konsens.

In der Woche darauf stand er vor uns und erzählte, dass die Wissenschaft soeben eine höchst bemerkenswerte Entdeckung gemacht hätte: Diese Eins-zu-eins-Beziehung existiert gar nicht! Viele menschliche Gene weisen DNA-Sequenzen auf, die man »Intron« nennt. Die Introns aber spiegeln sich nicht in der korrespondierenden mRNA wider. Diese Entdeckung stellte unsere Vorstellung vom menschlichen Genom auf den Kopf.

Das war ein revolutionärer Moment in der Geschichte der Biologie. Und auch ich würde bald ein Teil davon sein.

Ich bekam ein Forschungsstipendium von der Ungarischen Akademie der Wissenschaften. Zwei Jahre lang würde ich nun überall arbeiten können, wo die Akademie Forschungszentren unterhielt. Ich wusste auch schon ganz genau, wohin ich wollte: an das Biological Research Center (BRC) in Szeged, gleich die Straße runter. Ich nahm meine Forschungen schon auf, noch ehe ich mein Studium abgeschlossen hatte.

Das BRC war der Ort, an dem die Post abging – nicht nur in Ungarn, sondern in ganz Osteuropa. Es war erst wenige Jahre zuvor gegründet worden, und zwar mit Unterstützung der UNESCO. Deren United Nations Development Program (UNDP) gab 1,2 Millionen Dollar dazu. Das BRC war mit Gerätschaften und Anlagen ausgestattet, die mit den hohen Standards im Westen durchaus konkurrieren konnten. Top-Wissenschaftler aus aller Welt fungierten als wissenschaftliche Berater. Außerdem ermöglichte die UNESCO-UNDP-Finanzierung es ungarischen Wissenschaftlern, ins Ausland zu reisen und Wissen zu erwerben, das sie dann nach Hause brachten. Das BRC war ein Schmelztiegel der besten wissenschaftlichen Ideen aus Ungarn und weit darüber hinaus.

Meine erste Aufgabe erwartete mich im Lipidlabor, wo ich unter der Ägide von Tibor Farkas arbeitete, dem Biochemiker, der mich an das Fisheries Research Institute geschickt hatte. Unser Team führte gemeinsame Forschungsvorhaben mit anderen Wissenschaftlern durch. Die für mich wichtigste derartige Kooperation war die mit Éva Kondorosi und Ernő Duda. Tibor, Éva und Ernő waren ganz wunderbare Wissenschaftler – brillant, sorgfältig, bescheiden und gerne bereit, ihr Wissen zu teilen. Die Zusammenarbeit mit ihnen gestaltete sich unglaublich leicht. Die drei verkörperten die Ideale des BRC: vorwärtszudenken, und das nicht nur wissenschaftlich, sondern auch kulturell.

Die ungarische Sprache kennt – wie die romanischen Sprachen – eine formelle und eine vertrauliche Ansprache. Welche man verwendet, hängt in nahezu jeder Gesprächssituation davon ab, in welchem Verhältnis die Sprecherin zu ihrem Gegenüber steht. Die informelle Ansprache (*te*) ist für gute Freunde oder Kinder reserviert. Ältere Menschen, Lehrer, Professoren und Chefs hingegen werden mit dem formellen *ön* oder *maga* angeredet. Im BRC aber galt überall das Du. Und das war nicht nur eine rein sprachliche Entscheidung. Es spiegelte vielmehr eine grundlegende Veränderung in der Natur unserer Beziehungen wider.

Am BRC waren wir Wissenschaftler, jeder von uns. Ob wir nun den Doktortitel schon hatten oder nicht, ob wir jahrzehntelange Erfahrung mitbrachten oder erst am Anfang standen, wir alle trugen unseren Teil zum Wissen der Welt bei. Jeder einzelne von uns wurde ernst genommen.

Kurz nachdem ich ans BRC kam, erzählte ich Tibor, dass mein Vater Metzger gewesen war. Er lächelte. »Ach, ich wollte auch Metzger werden, als ich noch jung war!«

Ich wusste sofort, dass ich mich hier am richtigen Platz befand.

Für das Projekt, an dem ich mit Éva und Ernő arbeitete, erforschten wir die Entwicklung von *Liposomen*, kleinen Säckchen aus dem Material, aus dem auch die Zellmembran besteht.

Die Zellmembran ist die äußere Hülle der Zelle, die Struktur, die sie vom Rest der Welt trennt. Aber diese Barriere ist keineswegs undurchlässig. Wäre sie das, dann hätten Nährstoffe, Energie oder Signale von anderen Zellen keine Möglichkeit, ins Zellinnere vorzudringen. Und die Abfallstoffe der Zelle, aber auch Hormone und Signale kämen nicht hinaus. Aber diese Membran zu durchdringen ist nicht einfach.

Sie hat etwas von der Mauer einer mittelalterlichen Festung: Man kann zwar rein oder raus, aber dabei muss man an mehreren Wachen vorbei. (In diesem Fall sind das Proteine, die man Rezeptoren nennt.) Und selbst dann braucht man möglicherweise noch offiziellen Begleitschutz (ein Transportprotein), um in die Festung zu gelangen.

In unserem Lipidlabor wollten wir Liposomen entwickeln, die genetisches Material von außerhalb in eine Zelle hineinschleusen konnten. Das würde uns ermöglichen, fremde DNA in eine Zelle zu bringen, was für die Gentherapie von Nutzen wäre und vielleicht Leben retten könnte. Die Liposomen würden nicht nur wichtige Medikamente in die Zelle transportieren. Sie würden diese auch vor Enzymen schützen, die den Wirkstoff normalerweise sofort wieder abbauen würden.

Das war Spitzenforschung auf dem aktuellsten Stand – schließlich waren die Liposomen erst 1965 überhaupt entdeckt worden.

Aber um Liposomen im Labor herzustellen, brauchten wir sogenannte *Phospholipide*, eine natürlich vorkommende Gruppe von Lipiden. Diese konnte man in einigen Teilen der Welt einfach kaufen, jedoch nicht hinter dem Eisernen Vorhang.

Ernő aber fand eine Lösung: Er ging zum nächsten Schlachthof und fragte, ob er ein Kuhgehirn haben könnte. Wieder im Labor legte er es auf den Arbeitstisch. Die Gehirnwindungen glänzten im hellen Licht. Eine Woche lang waren wir damit beschäftigt, mithilfe organischer Lösungsmittel wie Aceton, Alkohol, Chloroform und Ether alle Phospholipide zu extrahieren, die wir brauchten.

So war das eben damals. Bestimmte Dinge gab es nicht zu kaufen? Nun, dann stellte man sie eben selbst her, auch wenn das hieß, dass man sich im Schlachthof ein Gehirn beschaffen und es ins Labor bringen musste.

Sobald wir unsere Liposomen hatten, füllten wir sie mit ein wenig Plasmid-DNA – einem kleinen Stück ringförmiger Doppelstrang-DNA aus dem Zytoplasma eines Bakteriums – und führten das Ganze in Säugetierzellen ein. Wir machten das *in vitro*, in einer Zellkultur, nicht am lebenden Tier.

Nachdem die Liposomen in der Zelle waren, warteten wir ab, was nun passieren würde. Würde die DNA überhaupt in die Zelle hineingelangen? Würde sie es bis zum Zellkern schaffen? Und wenn ja, würde sie auch transkribiert und translatiert werden? Würde die Zelle dann Proteine herstellen, die von dieser DNA kodiert wurden?

Zu unserer Überraschung und Freude funktionierte es. Die Liposomen lagerten sich an der Oberfläche der Kulturzellen an. So konnte die DNA in die Zelle gebracht werden, wo sie zum Zellkern wanderte und transkribiert (abgelesen) wurde. Nach der Transkription *verließ* die mRNA den Zellkern, um in die entsprechenden Proteine translatiert (übersetzt) zu werden. Ein paar Tage später sahen wir, dass unsere Säugetierzellen *tatsächlich die fremden Gene exprimierten.*

Das war absolut bemerkenswert.

Obwohl ich meinen Abschluss an der Uni noch gar nicht gemacht hatte, war ich bereits an einem Punkt angekommen, an dem ich meinen Eltern nicht mehr erklären konnte, woran genau ich arbeitete. Sie hatten von Zellbiologie oder Biochemie noch nie etwas gehört. Sie wussten nichts von Zellmembranen oder Zytoplasma oder Plasmiden oder Phospholipiden. Sie hatten keinerlei Bezugsrahmen, in den sie Gene, die in RNA transkribiert und dann in Proteine übersetzt werden, hätten einordnen können.

Tatsächlich ist es heutzutage für die meisten Menschen – selbst solche mit einer grundlegenden naturwissenschaftlichen Bildung – schwierig zu verstehen, wie die Medikamente funktionieren, auf die sie immer häufiger angewiesen sind. Wie viele Diabetiker wissen schon, dass das Insulin, das sie am Leben erhält, entsteht, indem man einem Bakterium ein menschliches Gen einpflanzt? Wie viele Leukämiepatienten ahnen, dass ein Grundpfeiler ihrer Therapie aus Nukleosid-Analoga besteht, welche die Replikation sich schnell teilender Krebszellen hemmen?

Unsere Welt ist unglaublich komplex. Kein Mensch begreift wirklich das große Ganze. Und es ist immer faszinierend zu sehen, wie die Leute reagieren, wenn die Komplexität ihr Begriffsvermögen übersteigt. Manchmal reagieren sie dann wütend. Ich habe oft erlebt, dass Leute zornig werden, einfach weil sie etwas nicht verstehen. Dann wird Komplexität zum Teil einer Verschwörungserzählung über finstere Pläne, die ihnen schaden sollen. (Diese Wut hat auch eine Schutzfunktion, nämlich gegenüber der Angst, die durch Ungewissheit ausgelöst wird.)

Meine Eltern allerdings haben nicht so reagiert. Mein Vater ließ sich immer alles erklären. Dann tätschelte er meinen Arm und sagte: »Kati, du bist eine *kutató.*« Eine Sucherin. »Früher hast du in meinen Taschen immer nach Geld gesucht. Aber jetzt suchst du nach wichtigeren Dingen.«

Kutató. Er meinte, dass ich nach Antworten für Probleme suchte, deren Lösung noch nicht bekannt war. Dass ich nach der Wahrheit suchte, zumindest nach dem Quantum Wahrheit, das ein Mensch im Laufe eines Lebens finden kann. Er sagte mir damit, dass *die Suche an sich* das Wichtigste für mich war. Damit lag er nicht falsch. Es ist das Wesen der Grundlagenforschung – und mit dieser habe ich mich die meiste Zeit meines Lebens hauptsächlich beschäftigt –, dass man immer etwas macht, was vor einem noch kein anderer gemacht hat. Es gibt keine Standardverfahren, denen man folgen könnte. Das bedeutet, dass man meistens nicht weiß, wonach genau man sucht oder wie man es finden könnte. Ebenso wenig weiß man, ob man es überhaupt finden wird, und ob man das eventuell Gefundene vielleicht sogar anwenden könnte. Trotzdem forscht man immer weiter.

Du bist eine Sucherin. Selbst heute muss ich unwillkürlich lächeln, wenn ich an seine Worte denke. Manchmal muss man gar nicht jedes Detail verstehen, um das Herzstück des Ganzen zu erfassen.

Als mein Vater hörte, dass Tibor – dieser großartige Wissenschaftler und Mitglied der Ungarischen Akademie der Wissenschaften – früher mal Metzger werden wollte, war er begeistert. Also machte er anlässlich meiner Abschlussfeier Räucherwurst, die unser Lipid-Forscherteam im Labor zubereitete. Über dem Bunsenbrenner erhitzten wir sie in einem Vier-Liter-Glasgefäß im Wasser, während die Luft sich mit köstlichen Düften füllte. Die fertigen Würste verzehrten wir dann genüsslich in unserem Büro. Jedes Mal, wenn wir in eine Wurst bissen, spritzte der Saft nach allen Seiten, wie es sein muss. Hinterher waren unsere Laborkittel und der Boden übersät von Flecken. Das Fleisch war köstlich – einfach perfekt. Es schmeckte nach Heimat. Noch Jahrzehnte später erinnerten sich die Mitglieder des Laborteams an diese saftige Wurst, die wir im Becherglas zubereitet hatten.

Nachdem ich meinen Abschluss gemacht hatte, zog ich vom Wohnheim in eine kleine Wohnung, die ich mir mit einer Kollegin teilte. Anna war ein ruhiger Mensch. Genau wie ich arbeitete sie die meiste Zeit, was hieß, dass wir uns nur selten über den Weg liefen. Für uns war das in Ordnung.

Béla machte ebenfalls den Abschluss. Auf seiner Abschlussfeier lernte ich auch seine Eltern kennen. Wenn sie mit dieser älteren Biologin, die mit ihrem Sohn ging, nicht einverstanden waren, dann verbargen sie das gut. Béla kehrte nach der Ausbildung wieder nach Hause zurück, nach Kistelek, das ungefähr dreißig Kilometer von Szeged entfernt lag. Er nahm einen Job in einer Fabrik in Szeged an, die Telefonkabel herstellte. Er arbeitete in drei Schichten. Manchmal besuchte er mich, und ich war immer gerne mit ihm zusammen.

Damals hatte er viel zu tun, genau wie ich. Das war mir gerade recht.

Um meinen Doktortitel zu bekommen, musste ich noch mehrere Jahre in einem Labor arbeiten. Tibor Farkas stellte mich einem Chemiker vor, der am BRC das Labor für Nukleotidchemie leitete. Jenő Tomasz war von einem Pharma-Unternehmen zum BRC gekommen. In seinem Labor arbeitete außerdem ein Doktorand, den ich bereits kannte: János Ludwig, der junge Mann, der mir vor so langer Zeit im Weinberg meine Unwissenheit über das Voyager-Programm vorgehalten hatte. *Du willst doch Wissenschaftlerin werden. Dann solltest du verstehen, was andere Wissenschaftler tun, damit du etwas dazu sagen kannst.*

Gemeinsam würden wir nun an etwas forschen, das sich *Interferon-System* nennt.

Ihre Zellen haben ein paar wirklich geniale Tricks auf Lager, um Sie vor Virusinfektionen zu schützen. Einige dieser Schutzmechanismen machen sich deutlich bemerkbar – Fieber zum Beispiel. Andere laufen eher im Verborgenen ab. Wenn Ihre Zellen doppelsträngige RNA entdecken, die bei Virusinfektionen immer anzutreffen ist, dann setzen sie eine Gruppe von Proteinen frei, die man Interferone nennt.

Interferone – sie wurden 1957 entdeckt – erfüllen mehrere Funktionen. Ihr Name leitet sich vom lateinischen *interfere*, »eingreifen«, ab. Und genau das machen sie bei Virusinfektionen. 1978, als ich mich dem organisch-chemischen RNA-Labor anschloss, fing man gerade erst an, die molekularen Mechanismen der Interferone zu verstehen. Eine der größten Entdeckungen diesbezüglich wurde von einem Londoner Wissenschaftler namens Ian Kerr gemacht. Er fand heraus, dass ein sehr kurzes Molekül namens 2'–5' Oligoadenylat (Wir werden es hier bei seinem Spitznamen nennen: 2–5A) für die antiviralen Effekte des Interferons verantwortlich war.

Und das funktioniert so: Wenn eine Zelle erkennt, dass sich virale RNA eingeschlichen hat, dann wirft sie ein System an, bei dem ATP (ein Molekül, das Energie in unsere Zellen befördert) zu einem extrem kurzen RNA-Molekül umgewandelt wird, das nur drei oder vier Basen lang ist. Dieses kurze Molekül ist 2–5A. Sobald es hergestellt wird, bindet 2–5A an ein Enzym namens RNase L. Letzteres wiederum baut die virale RNA ab. Und genau dieser Prozess ist der antivirale Effekt des Interferons.

Es ist nur ein sehr kleines System, unsichtbar und obskur. Aber wie alles, was in den Zellen abläuft, ist es absolut beeindruckend – unglaublich komplex, verblüffend präzise und dann doch wieder vollkommen normal. Dieses System schaltet sich immer ein, wenn Ihr Körper eine Erkältung, eine Grippe oder eine andere virale Erkrankung abwehrt.

Und jetzt stellen Sie sich vor, wie es wäre, wenn man 2–5A im

Labor herstellen könnte. Wenn man es in die Zelle einbringen könnte – zum Beispiel mit einem Liposom. Dann hätte man ein hochwirksames antivirales Medikament.

RNA könnte als Heilmittel verwendet werden. Diese Idee begeisterte mich.

Damals begannen mehrere Wissenschaftler, im Labor einfache RNA-Moleküle herzustellen. Und weil 2–5A kürzer ist als die meisten RNA-Moleküle, sah es so aus, als hätten wir eine reelle Chance. Mit den Fortschritten, die mittlerweile mit den Liposomen gemacht wurden, würden wir es vielleicht sogar in die Zellen hineinbekommen.

Bis zu diesem Zeitpunkt, den späten Siebzigerjahren, wäre ein solches Vorhaben nicht realisierbar gewesen. Nirgendwo. Von niemandem. Es gab weder das Know-how noch die Materialien. Jetzt aber war es so weit.

Allerdings fehlten uns im Vorfeld noch ein paar wichtige Kleinigkeiten.

Zunächst einmal brauchten wir Forschungsgelder. Jenő nutzte seine Kontakte zur Industrie und sprach ein ungarisches Pharmaunternehmen namens Reanal an. Dort war man begeistert von der Idee, möglicherweise ein neues antivirales Medikament herzustellen. Denn die Welt konnte so etwas wirklich gebrauchen. Also stimmte man zu, unsere Arbeit im Labor zu finanzieren.

Aber natürlich brauchten wir auch genau *das*: ein Labor, das mit seiner Ausstattung geeignet war, unsere Vision zum Leben zu erwecken. Alle meine Kollegen kamen aus der organischen Chemie, nicht aus der Biologie. Also musste ich mir erst mal Gedanken machen, wie wir ein Labor für antivirale Forschung aufbauen konnten. Das war eine echte Herausforderung!

Heute kann man bestimmte Produkte einfach irgendwo bestellen. Ein reines, einsatzfertiges Kulturmedium zu besorgen, das genau die biochemischen Eigenschaften aufweist, die Sie für Ihre Experimente benötigen, ist so simpel wie ein Telefongespräch zu führen oder ins Internet zu gehen. Sie können alles Mögliche bestellen: endlose Variationen von RNA-modifizierenden Reagenzien, Pufferlösungen, Inkubatoren, radioaktives Material, eine sterile Abdeckhaube, was immer Sie eben brauchen.

Es gibt außerdem jede Menge Experten, an die Sie sich wenden können. Heute stehen die Labore mit Laborplanern und -managern, Ingenieuren und Architekten in Verbindung. Eine ganze Branche hat sich darauf spezialisiert, schlüsselfertige Laborlösungen für jeden Zweck zu liefern. Es gibt Checklisten, Tipps, welche Art von Mitarbeitern sie für welche Ausrüstung brauchen, entsprechende Schulungsprogramme und zahllose weitere Ressourcen.

1978 gab es dergleichen noch nicht. Ich musste alles selbst planen und konzipieren.

Zuallererst fragte ich in den verschiedenen Abteilungen des BRC herum, ob jemand mir helfen könne. Ich beobachtete andere Biologen bei ihren Experimenten, machte mir Notizen und erstellte Listen. Ich fragte den Leuten Löcher in den Bauch und hörte auch dann nicht auf, wenn man mir signalisierte, dass es jetzt genug war. So erfuhr ich, was man alles brauchte, um Gewebekulturräume einzurichten, Kulturmedien herzustellen und sterile Filtersysteme aufzubauen. Ich lernte die subtilen Unterschiede bei den einzelnen Glasbehältern ebenso kennen wie deren Reinigungstechnik. Und ich eignete mir Methoden an, wie wir mit einer sterilen Abzugshaube unsere Experimente gegen Verunreinigung schützen könnten. Außerdem lernte ich, Testverfahren zu entwickeln, die uns Aufschluss darüber geben würden, ob und wie gut das 2–5A die virale Replikation verhinderte.

Das ganze Projekt war eine unschätzbare Chance für eine Doktorandin. Dass ich alles von Grund auf neu lernen musste, verschaffte mir tiefe Einblicke in das gesamte Forschungsgebiet der Biologie – wer woran arbeitete und welche großen Fragen die Forscher wie zu beantworten versuchten. Ich besuchte ein Genetiklabor, in dem ich lernte, wie man Zellkulturen anlegt. Dort verwendete man unter anderem die *Giemsa-Färbung*. Sie ermöglichte es, zu beobachten, wie die Chromosomen sich innerhalb einer Zelle verhielten. Das hatte ich noch nie gesehen! Ich kehrte auch kurz in das Lipidlabor zurück, wo ich mit Éva und Ernő zusammengearbeitet hatte. Dort experimentierte man mittlerweile mit Methoden, Zellen einzufrieren und aufzutauen, ohne dass sich Eiskristalle bildeten, welche die strukturelle Integrität der Zelle zerstört hätten.

Und natürlich las ich nonstop.

Heute, da ich diese Zeilen niederschreibe, habe ich insgesamt etwa 9000 wissenschaftliche Aufsätze gelesen, die mir wichtig genug schienen, um sie auf dem Radar zu behalten. (Natürlich habe ich noch viel mehr gelesen, doch nicht alle waren für mich von Bedeutung.) Wenn ich einen wissenschaftlichen Artikel lese, dann lese ich ihn von vorn bis hinten durch – also nicht nur das Abstract (die vorangestellte Zusammenfassung) und die Schlussfolgerungen. Nein, ich sehe mir vielmehr den argumentativen Hintergrund an, die experimentellen Methoden und studiere jede Grafik und jede Zahl. Ich lese auch die Literaturangaben, denn sie enthalten häufig Verweise auf Aufsätze, die ich sinnvollerweise ebenfalls lesen sollte. Und so schreitet mein Leben voran, Zeitschrift um Zeitschrift, Tag um Tag, Woche um Woche, Jahr um Jahr, Jahrzehnt um Jahrzehnt. Und dieses unglaublich lange Lektüreleben fing damals im BRC an.

Vieles schnappte ich auch ganz nebenbei auf. Am BRC waren

ungefähr hundert Forscher und noch einige Nachwuchsforscher tätig, die wie ich gerade an ihrer Doktorarbeit saßen. Manche von uns besuchten zudem den Englischunterricht, bevor der Arbeitstag begann. Stets erkundigte ich mich bei meinen Kollegen, wie ihre Forschungsarbeiten vorangingen. In der Mittagszeit saß man mit anderen Wissenschaftlern zusammen, und ich versuchte immer, mir einen Reim auf ihre Arbeit zu machen. Im Gegenzug musste auch ich ihre Fragen beantworten. Es gab niemanden, der sein Wissen eifersüchtig gehütet hätte. Das Wissen gehörte allen. Und wir teilten es gerne mit den Kollegen. Wir rangen mit Ideen und redeten über Aufsätze, die wir gelesen hatten. Es war *Wissenschaft, Wissenschaft, Wissenschaft, Wissenschaft,* nichts als Wissenschaft.

Für mich fühlte sich all das lebenswichtig an. Alles schien irgendwie relevant zu sein. Wenn vielleicht nicht jetzt, so vielleicht später einmal. Ich wollte einfach nichts verpassen.

Da ich in einem Virenlabor arbeiten würde, lernte ich alles über Viren, was mir irgendwie zugänglich war. In diesem Jahr veröffentlichte ein Biologe und Nobelpreisträger namens David Baltimore mit seinen Kollegen ein bahnbrechendes Lehrbuch über Viren. Es war in Englisch verfasst, und ich verschlang Seite um Seite.

Viren sind faszinierend – unvorstellbar klein und täuschend einfach. Und doch können sie Organismen vernichten, die Millionen Mal größer sind als sie.

Sie sind *winzig*. Tatsächlich ist an so einem Virus nicht viel dran. Ein Virus ist ein Strang genetisches Material (gewöhnlich ein einzelner RNA-Strang, wobei es auch DNA-Viren gibt und Viren mit einem doppelten RNA-Strang), der von einer Schutzschicht umgeben wird. Proteine auf deren Oberfläche haben sich darauf spezialisiert, an Rezeptoren anzudocken, wie sie die Zellen in ihrem Wirtsorganismus aufweisen. So kommt das Virus in das Innere der Wirtszelle.

Und genau dort muss es auch hin.

Außerhalb einer lebenden Zelle schläft das Virus. Es ist träge und kann gar nichts, nicht einmal sich replizieren. Sobald das Virus aber in die Wirtszelle eingedrungen ist, ändert sich das Drehbuch komplett. Denn im Innern der Zelle kapert das Virus deren Maschinerie und funktioniert diese zu einer Virenfabrik um. Die Zelle tut nicht mehr, was sie eigentlich sollte. Stattdessen produziert sie Kopie um Kopie des viralen Genmaterials und neue virale Proteine. Diese wiederum werden zu neuen Viren zusammengebaut. Bis die Wirtszelle derart mit Viren vollgestopft ist, dass sie platzt. Das tötet nicht nur *diese* eine Zelle, sondern setzt auch all die neuen Viren frei, die wiederum neue Zellen infizieren.

Dieser Zyklus läuft so lange ab, und zwar exponentiell, bis irgendetwas ihn stoppt.

Als ich David Baltimores Buch las, war ich hin und weg. Viren kamen mir so hinterhältig und so *rührig* vor. Mit ihrer genialen Funktionsweise schienen sie bei Weitem alles zu übertreffen, was ein menschliches Gehirn je hätte ersinnen können.

Und doch nahmen wir Menschen den Kampf auf. Nur ein Jahr, bevor Baltimores Buch erschien, hatte die Menschheit zum ersten Mal in ihrer Geschichte erfolgreich ein Virus bekämpft. Das Pockenvirus war uralt, hochgradig ansteckend, gnadenlos und tödlich. Es machte dreißig Prozent aller Infizierten den Garaus. Allein im 20. Jahrhundert hatte das Pockenvirus zwischen 300 und 500 Millionen Menschen das Leben gekostet. Als ich noch ganz klein war, initiierte die Weltgesundheitsorganisation (WHO) ein weltweites Programm, um dieses Virus ein für alle Mal auszurotten. Während meiner Kinder- und Jugendjahre gab es eine weltweite Kooperation, um so viele Menschen wie nur möglich zu impfen.

Das Programm funktionierte. Und da stand ich nun, eine junge Frau am Beginn ihrer beruflichen Laufbahn, und der letzte Pockenfall wurde registriert. Innerhalb von zwei Jahren würde die WHO den gesamten Globus zur pockenfreien Zone erklären. Das war eine unglaubliche Leistung. Menschen in allen Teilen der Welt konnten nun einen kollektiven Seufzer der Erleichterung ausstoßen.

Damals arbeitete ich natürlich noch nicht an einem Impfstoff gegen eine Viruserkrankung – das kam erst viel später. Aber wenn wir bei unserer Suche nach einer antiviralen Therapie Erfolg haben sollten, dann wäre dies ein weiteres wichtiges Instrument im Kampf der Menschheit gegen die Viren.

Bald gab es für uns ein Labor, das ich von Grund auf eingerichtet hatte. Und wir hatten eine Aufgabe: die Umwandlung von 2–5A, einer RNA, in ein Medikament. Wir hatten sogar die nötigen Forschungsgelder zusammen.

Hier wollte ich für immer bleiben.

Eines Abends, es war kurz nachdem ich meine Arbeit aufgenommen hatte, saß ich allein in meiner Wohnung, als ich es klopfen hörte. Ich machte auf, und vor mir standen zwei fremde Männer. Sie waren eher jung, nicht viel älter als ich. Unbewegte Gesichter. Perfekt geschnittene Anzüge. Diese Anzüge sagten mir alles. Die einzigen Leute, die so etwas trugen, waren Geheimpolizisten.

Die Geheimpolizei steht vor meiner Tür, dachte ich verblüfft.

Die Behörde, für die diese Leute arbeiteten, war offiziell nicht mehr dieselbe, die in meiner Jugend die Menschen aufgefordert hatte, ihre Nachbarn zu bespitzeln. Andererseits – allzu viel geändert hatte sich seitdem auch wieder nicht. Diese Leute hier an meiner Tür zu sehen, war verwirrend und irgendwie surreal.

Einer von ihnen war mittelgroß und absolut schweigsam. Der zweite war eher vierschrötig und größer als ich. Nur er redete.

»Katalin«, begann er. *Er kennt also meinen Namen*, dachte ich. »Wir brauchen Ihre Hilfe.« Der Typ schien gebildet, er drückte sich gewählt aus und versuchte, so beiläufig wie möglich zu klingen. Vielleicht war das seine Idee von »nett«. Aber irgendetwas lauerte da hinter seiner gezwungenen Nonchalance, dem ich nicht traute. Bei mir schrillten mittlerweile sämtliche Alarmglocken.

»Am BRC«, meinte er, »arbeiten Sie mit Wissenschaftlern aus allen möglichen Ländern zusammen. Es könnte durchaus sein, dass manche von ihnen … *ausländische Agenten* sind. Wenn ja, dann versuchen sie vielleicht, die Ergebnisse unserer ungarischen Forscher zu stehlen.« Er nannte die Namen einiger Kollegen. *Er weiß, wo ich arbeite*, dachte ich. *Er kennt die Namen meiner Kollegen.*

»Wir müssen vorsichtig sein«, fuhr er fort. »Wir müssen möglichen Diebstählen vorbeugen. Unsere Werte schützen. Wenn Sie uns helfen, werden wir Ihnen helfen.« Er sagte das Wort nicht, aber ich wusste, worauf er hinauswollte: Spionageabwehr. Er schlug mir vor, meine Kollegen zu bespitzeln. »Andererseits«, sprach er weiter (immer noch ganz beiläufig, als wären seine Worte das Normalste auf der Welt), »wenn Sie sich entschließen sollten, uns *nicht* zu helfen, dann können wir Ihnen das Leben *enorm* erschweren.«

Bevor er weitersprach, legte er eine winzige dramaturgische Pause ein, die mich umso empfänglicher für seine nächsten Worte machen sollte. »Ich war erst neulich in Kisújszállás«, sagte er. »Ich habe in der Kneipe Ihren Vater kennengelernt.« Ich dachte an meinen Vater zu Hause, wie er im Wirtshaus saß und ganz unschuldig mit diesem Kerl plauderte. Vielleicht hatte er ihn ja für einen netten Gast gehalten, der einfach nur etwas trinken wollte.

»Ihr Vater ist sehr stolz auf Sie«, meinte der Typ. »Stellen Sie sich vor, wie ihm zumute wäre, wenn er erfahren müsste, dass Ihr Erfolg, Ihre Laufbahn an ein Ende gekommen ist. Vor allem, wenn man ihm sagen würde, dass er mit *seinen* Vergehen gegen sein Land die Schuld daran trägt. Da wäre er doch wirklich sehr traurig, glauben Sie nicht auch?«

Meine Gedanken überschlugen sich. Ich versuchte, das Gerede dieses Mannes in Klartext zu übersetzen. Wenn ich der Geheimpolizei nicht helfen wollte, wenn ich mich nicht zur Spionin machen ließe, dann würde ich wohl meinen Job verlieren. Und schlimmer noch: Man würde meinem Vater weismachen, dass er daran schuld sei.

Die Wahrheit ist: Ich war nicht hundertprozentig überzeugt, dass man mir wirklich verweigern konnte, weiter beim BRC zu arbeiten. Schließlich schrieben wir das Jahr 1978. Im Vergleich zu meiner Jugendzeit hatte sich doch einiges geändert.

Aber konnte ich mir dessen wirklich sicher sein?

Doch selbst wenn sie nicht mehr tun konnten als meinem Vater einzureden, dass seinetwegen meine Arbeit gefährdet war, würde mein Vater ihnen glauben. Er würde sicher denken, dass er seine Tochter um ihre Zukunft gebracht habe. Und das würde ihn zugrunde richten. Mein Vater war so stolz auf mich. Er war immer stolz gewesen. Alles, was er getan hatte, in all diesen Jahren, hatte er nur gemacht, damit seine Familie ein besseres Leben führen konnte.

Also sagte ich zu dem großen und bedrohlichen Mann das Einzige, was mir in dieser Situation zu sagen übrig blieb: »Okay.«

Ich wusste, dass hier mit Argumenten nichts auszurichten wäre. »Okay«, wiederholte ich. Aber bereits in dem Moment, als dieses Wort über meine Lippen ging, wusste ich, dass ich ihnen gar nichts liefern würde. Ich würde nicht eine Meldung, egal über wen, verfassen. Ich würde niemals anrufen. Und das tat ich auch nicht. Nicht ein einziges Mal.

Hatte meine Untätigkeit Folgen? Ich weiß es nicht. Während meiner siebenjährigen Arbeit am BRC wurde ich nie befördert, nicht einmal, nachdem ich meinen Doktortitel erlangt hatte. Zuletzt wurde mir gekündigt, weil die Finanzmittel ausgingen. Aber ich kann eben auch nicht mit Sicherheit behaupten, dass ich befördert worden wäre, hätte ich aktiv für die Spionageabwehr gearbeitet. Vielleicht war ich auch einfach nicht produktiv genug oder meine Arbeit gehörte nicht zur Spitzenforschung.

In der Rückschau frage ich mich, ob das nicht der heimtückischste Effekt einer Gesellschaft ist, die Menschen dazu anstachelt, einander zu denunzieren: weniger die realen Handlungen, sondern eher das ständige Grübeln, ob und wie sehr das eigene Leben von jenen Kräften beeinflusst wird, die man nie wirklich zu sehen bekommt.

Als ich mitten in meinen BRC-Forschungsarbeiten zu 2–5A und Interferon steckte, wurde ich wieder krank. All die Symptome meiner Jugend meldeten sich erneut: Fieberattacken, Kopfschmerzen, Appetitverlust. Alles tat mir weh: meine Knie, mein Rücken, meine Handgelenke, meine Finger. Und ich war schwach, so unendlich schwach.

Die Ärzte meinten, ich hätte wahrscheinlich Tuberkulose. Einige Jahre später sagte man mir, dass dies eine Fehldiagnose war und ich niemals TB gehabt hatte. Tatsächlich passten meine Symptome auch nicht ganz zu dieser Infektion. Ich hustete nicht, hatte keine Schmerzen in der Brust und spuckte kein Blut. Meine Röntgenbilder zeigten keine Verdunkelungen. Und doch waren die folgenden Monate ein ständiges Hin und Her zwischen meiner Wohnung und einer Klinik für Infektionskrankheiten. Die allermeisten Patienten dort hatten TB oder eine sexuell übertragbare Erkrankung. Viele husteten, andere hatten große schwärende Wunden oder siechten langsam vor sich hin. Ich bekam von den Ärzten Medikamente, die nicht halfen. Als es mir nicht besser ging, erhöhten sie die Dosis, und ich fühlte mich noch schlechter.

So vergingen Monate.

Ich war vollkommen apathisch, und das Arbeiten fiel mir schwer. Ich meldete mich krank und blieb daheim, aber davon wurde es auch nicht besser.

Eines Morgens ging ich wieder von der Klinik nach Hause. Die Sonne schien hell, was mir in den Augen wehtat. Jeder Schritt war eine Qual. Ich wollte schlafen oder mich wenigstens ins Bett legen und nichts tun. Ich fühlte mich wie ein Spielzeug, dem man die Batterie herausgenommen hatte. Und dann fiel es mir plötzlich wie Schuppen von den Augen: ein Gefühl, ein inneres *Wissen.* Ich weiß nicht, wie ich es anders beschreiben sollte. In der einen Sekunde war es noch nicht da, und plötzlich kam es über mich: ein überwältigendes Gefühl der Dringlichkeit.

Ich kann das nicht zulassen, dachte ich. *Ich kann nicht aufhören zu arbeiten. Ich kann mich nicht mit so wenig zufriedengeben.*

Mir wurde mit einem Mal klar: Niemand wartete auf die Ergebnisse einer Arbeit, die ich noch nicht erledigt hatte. Natürlich, wenn ich aufhörte zu arbeiten, würden meine Kollegen am Biological Research Center meine Abwesenheit bemerken. Sie würden jemand anderen einstellen und ihre Arbeit fortführen. Es gab allerdings noch eine heimtückischere Möglichkeit: dass ich meine Ansprüche herunterschraubte. Das würde langsam vor sich gehen – in kleinen Schritten –, und natürlich würde es dafür Gründe geben. Ganz reale Gründe: Krankheiten wie die, die ich gerade durchstand. Familiäre Verpflichtungen (gegenüber dem

Ehepartner oder einem Kind oder den alternden Eltern). Oder ein anderes der zahllosen Hindernisse, mit denen mich das Leben konfrontieren würde.

Jedes dieser Hindernisse wäre immer greifbarer als der Beitrag, den ich noch nicht geleistet habe, dachte ich. Hindernisse haben Formen und Strukturen. Man kann sie *wahrnehmen*. Das künftige Ergebnis der eigenen Arbeit aber bleibt unsichtbar und hypothetisch, zumindest bis diese Zukunft anbricht.

Niemand würde je an meine Tür klopfen und sagen: »Kati, die Welt braucht die Forschung, die du noch nicht gemacht hast, die Entdeckungen, die noch vor dir liegen.« Denn zu diesem Zeitpunkt existierte mein Beitrag eben noch nicht. So ist es eben mit dem Potenzial: Es beginnt immer im Nichts. Und wenn diese Leere je gefüllt werden sollte, wenn aus ihr *irgendetwas* hervortreten sollte, dann lag das einzig und allein in meiner Hand.

Also kehrte ich an die Arbeit zurück, und von diesem Moment an behielt ich meinen Rhythmus bei. Ganz egal, wie krank ich mich fühlte: Ich machte weiter. Ich erlaubte mir nicht einmal, kürzer zu treten.

Als es mir langsam wieder besser ging, reisten Béla und ich nach Polen und Bulgarien. Wir verstanden uns gut, weil wir einander ergänzten. Und er brachte mich immer noch zum Lachen wie sonst niemand.

Manchmal redeten wir über die Zukunft. Ich sagte ihm immer wieder, dass ich nie aufhören würde zu arbeiten. Dass ich mich niemals den Plänen eines anderen Menschen unterordnen würde. Mein Beruf würde für mich immer an erster Stelle stehen. Und er sagte stets dasselbe: »Ich verstehe.«

Nach unseren Reisen kehrten wir nach Szeged zurück, und wieder sagte er: »Ich verstehe.« Mittlerweile war es August 1980, und wir waren jetzt schon seit drei Jahren zusammen. Ich glaubte allmählich, dass er mich wirklich verstand.

»Ich meine es ernst, Kati«, sagte Béla. »Die Arbeit kommt für dich zuerst. Das ist in Ordnung.« Ich ließ diese Worte sacken. *Meine Arbeit kommt zuerst. Das ist in Ordnung.*

»Nun gut«, sagte ich, setzte mich auf und schaute ihm in die Augen. »In diesem Fall sollten wir vielleicht heiraten.«

In Ungarn bekommt man bei der Verlobung einen einfachen Goldring. Aber es war nicht leicht, an Gold heranzukommen, und selbst wenn, wäre es zu teuer gewesen. Also machte uns Béla in der Kabelfabrik Kupferringe, und wir feierten die Verlobung im Haus meiner Eltern.

Meine Mutter war allerdings immer noch nicht überzeugt. Sie nahm mich beiseite und sagte: »Béla ist ein guter Mann. Aber du, Kati, hast ja doch immer deinen eigenen Kopf. Du bist zu stark. Deshalb glaube ich nicht, dass diese Beziehung hält.«

»Von dem großen Altersunterschied mal ganz abgesehen«, fügte sie hinzu. »Jetzt seht ihr beide, du und Béla, noch einigermaßen gleich aus. Aber wenn du fünfundvierzig bist, wird sich das ändern. Eine Frau mit fünfundvierzig ist alt. Ein vierzigjähriger Mann aber ist immer noch jung.«

Ich musste kurz nachdenken, bevor ich antwortete. Dann atmete ich tief durch und sagte: »In diesem Fall, liebe Mama, müssen Béla und ich uns eben scheiden lassen, wenn ich fünfundvierzig bin.«

Ich konnte mir kein Hochzeitskleid leihen. Dafür war ich einfach zu groß. Also kaufte ich irgendeinen weißen Stoff, und eine Frau aus der Nachbarschaft in Szeged nähte mir mein Kleid nach dem einfachsten Schnittmuster, das ich auftreiben konnte. Ich lieh mir aber einen Hut und einen kurzen weißen Pelzmantel. (Es war Oktober und ziemlich kalt.)

An unserem Hochzeitstag tauchte Béla in einem dreiteiligen Anzug auf und trug ein Blumenbukett in der Hand. Wir gingen zusammen ins Rathaus von Szeged. An der Zeremonie nahmen seine Familie, meine Familie und einige meiner Kollegen teil. Die Schwester meiner Mutter unterzeichnete unseren Trauschein, dann fuhren wir alle in ein Restaurant namens Kék Csillag (Blauer Stern).

Mein Vater hatte darauf bestanden, das Fleisch für den Empfang beizusteuern. Das senkte nicht nur die Kosten, sondern ermöglichte es meinem Vater außerdem, seine Glückwünsche auf die für ihn authentischste Weise auszudrücken: mit den Früchten seiner Arbeit. Er hatte das Fleisch noch am Morgen zugerichtet und ins Restaurant gebracht. Dort wurde es wunderbar zubereitet und serviert. Es war wie immer einfach köstlich.

Ich habe die Szene immer noch vor Augen, als hätte ich damals einen Schnappschuss gemacht: Mein Vater, wie er stolz dastand, mit einem Lächeln so weit wie der Plattensee. Er trug eine große Schüssel mit dem feinsten Lammfleisch, das man sich denken konnte. Dieses Geschenk symbolisierte alles, was er zu geben hatte: sein Können, seine Zeit, seine Geschichte, seine Kämpfe, seine Fürsorge, Aufmerksamkeit und Liebe.

Was würde ich heute alles für ein Stück Fleisch geben, das durch die Hände meines Vaters gegangen war.

Eine traditionelle ungarische Musikgruppe spielte auf, und wir alle tanzten und sangen. Die Gäste tranken Wein und Bier. Wir lachten und plauderten, und dann tanzten wir wieder. Es mochte eine kleine Hochzeitsfeier sein, aber sie dauerte bis tief in die Nacht, und ich war unfassbar glücklich.

In Ungarn nimmt die Frau gewöhnlich den Vor- und Nachnamen ihres Mannes an. Dann wird dem Vornamen noch die Endsilbe *né* nachgestellt, was so viel bedeutet wie »die Frau von«. Und so nennen die Leute sie dann bis ans Ende ihres Lebens. Niemand kennt mehr ihren wirklichen Namen.

Das wollte ich nicht. Ich mochte meinen Namen, und ich sah keinen Grund, ihn zu ändern. Also erklärte ich Béla, dass ich *seinen* Namen annehmen würde, aber nur unter einer Bedingung: wenn er dafür *meinen* annähme. Am Ende blieb jeder von uns die Person, die wir auch vor der Zeremonie gewesen waren.

Nach dem Fest gingen wir gemeinsam nach Hause, nur wir beide, um zwei Uhr morgens, wie in der Nacht, in der wir uns kennengelernt hatten. Wir waren immer noch Katalin Karikó und Béla Francia, genau wie damals. Aber die Dinge hatten sich geändert. Nun waren wir Mann und Frau.

Ich war noch nie ein Baby-Typ. Wenn meine Freundinnen oder Kommilitoninnen Kinder sahen, eilten sie stets auf sie zu und gurrten auf einmal mit einer hohen, merkwürdigen Stimme. Mir fiel auf, dass Mütter von sich plötzlich in der dritten Person sprachen: »Schaust du jetzt Mammi an? Ja, genau, ein Lächeln für Mammi!« Als würden sich das Muttersein und die Existenz als unabhängiger Mensch mit einem Namen und einer eigenen Identität gegenseitig ausschließen. Ich sah diese Frauen an und dann das winzige Wesen, das sie jahrelang rund um die Uhr beschäftigen würde, und ich dachte mir: *Das wird ein Problem werden.*

Babys fordern einem viel ab. Sie kosten unglaublich viel Zeit. Sie können ja nichts selbstständig erledigen. Ich fühlte mich zu den kleinen, anhänglichen Geschöpfen nicht gerade hingezogen.

Und doch lag ich am 8. November 1982 – nur wenige Wochen, nachdem ich meine Dissertation erfolgreich verteidigt und meinen Doktorgrad erhalten hatte – mit gespreizten Beinen im Krankenhaus und mühte mich, ein Baby aus mir herauszubekommen. In Ungarn ist der 8. November ein nationaler Feiertag.

Ich war froh, dass die Geburt an einem arbeitsfreien Tag erfolgte. Das Baby und ich hatten also einen praktischen Start ins Leben.

Die Geburt verlief wie die meisten Geburten – schmerzhaft, aber ohne Anlass zur Sorge. (Béla absolvierte damals gerade den vorgeschriebenen Militärdienst und verpasste das Meiste davon.) Als der Kopf des Kindes endlich zu sehen war, rief der Arzt: »Es ist ein wunderschöner Junge!« Ein paar Minuten später, als der Rest des Babys herausschlüpfte, korrigierte er sich: »Kein Junge! Ein wunderschönes Mädchen! Sie haben ein wunderschönes, gesundes Mädchen!«

Als die Krankenschwestern das Baby wuschen, fragte ich den Arzt, wieso er nur aufgrund des Kopfes gedacht hatte, es sei ein Junge. »Nun, der Kopf war so groß«, sagte er. »Wenn ich einen so großen Kopf sehe, nehme ich einfach an, dass es ein Junge ist.«

Der Arzt legte die Kleine in das Wickelkissen, das ich mitgebracht hatte. Als ich sie ansah, nahm ich ihren Anblick vollkommen in mich auf: dieses faltige Geschöpf mit den zarten Augenlidern, der winzigen Nase und den zehn vollkommenen Fingerchen.

Susan. Meine Zsuzsi.

Ich hob ihre Hand und schüttelte sie. »Hallo, Susan«, sagte ich. Nicht in dieser hohen Stimme. So hätte ich nie reden können, selbst wenn ich es versucht hätte. Für mich fühlte es sich eher so an, als träfe ich zum ersten Mal eine neue Kollegin. »Ich bin deine Mutter. Ich freue mich, dich kennenzulernen.« Als Antwort riss Susan den Mund auf und fing an zu schreien.

Am Tag der Geburt eines Kindes kann man als Mutter unmöglich wissen, wie es nun weitergehen wird. Ich konnte nicht wissen, wie klug Susan sein würde, wie temperamentvoll und leidenschaftlich. Oder dass ich in der Mittel- und Oberstufe am Sportfeldrand stehen und mich heiser brüllen würde, um sie zu unterstützen. Und dass Susan irgendwann in größeren Stadien an viel größeren Wettkämpfen teilnehmen würde. Ich konnte auch nicht wissen, dass Susan eine meiner treuesten Unterstützerinnen werden sollte, die mir zujubelte, wenn ich selbst meine Preise bekam.

Eines aber wusste ich: Dieses Kind, das vor mir auf dem Kissen lag und dessen Gesicht so knallrot wurde wie scharfer Pirospaprika als ich ihr die Hand schüttelte und mich vorstellte, hatte mich in wenigen Augenblicken von Grund auf verändert.

Vergessen Sie, was ich über die Babys anderer Leute gesagt habe. Dieses winzige Geschöpf war kein Problem – eher das Gegenteil. Sie war die Liebe selbst, der Sinn hinter allem.

Das Wickelkissen, in das Susan nach ihrer Geburt gepackt wurde, war dasselbe, in dem ich als Neugeborenes gelegen hatte. Genau wie meine Mutter und meine Großmutter. Das Kissen war handgenäht, an der Lochstickerei und der Spitze saß jeder einzelne Stich.

Und würde Susan je ein Kind haben, dann sollte auch sie *ihr* Baby auf dieses Kissen betten können. Was hieß, dass ich das Kissen fast drei Jahrzehnte lang mit mir herumtrug, von einem Zuhause zum nächsten und schließlich sogar über den Ozean. Bei jedem Umzug packte ich es sorgfältig ein, damit auch die fünfte Generation und darüber hinaus die Welt von diesem Kissen aus begrüßen konnte – ein Moment der Kontinuität und der Wärme in einer Welt ständigen Wandels.

Susan sollte tatsächlich ein Kind bekommen. Doch an diesem Tag lag das Kissen in einer Kiste auf dem Speicher, vergessen im Chaos einer weltweiten Pandemie, wie sie nur alle hundert Jahre vorkam – ebenfalls ein Ereignis, das niemand hätte vorausahnen oder sich ausmalen können.

Ich stillte gerade Susan, als es an der Tür klopfte. Mittlerweile war ich schon seit einigen Wochen Mutter. Ich bekam zu wenig Schlaf, und die ganze Welt verschwamm vor meinen Augen.

Vor der Tür stand mein Kollege János Ludwig. »Katalin«, sagte er in seiner üblichen brüsken Art. Susan schenkte er nicht einen Blick. »Was treibst du denn zu Hause? Es wird Zeit, dass du ins Labor zurückkommst.«

Ich fing an zu erklären, dass ich immer noch stillte und dass man nach der Geburt einige Zeit braucht, um wieder auf die Beine zu kommen. Er hob nur die Hand und sagte: »Deine Experimente können nicht warten, Katalin. Du musst jetzt zurückkommen.«

Er wollte wieder gehen, drehte sich aber noch einmal um. Sein Gesichtsausdruck war derselbe wie am ersten Tag, als wir im Weinberg am Stadtrand von Szeged standen: eine Mischung aus Frustration und Ungeduld, vielleicht noch etwas mehr – die Erwartung, dass aus mir wirklich etwas werden konnte, wenn ich mich selbst ernst nahm, wenn ich wachsam blieb und mich nicht ablenken ließ.

»Im Labor gibt es jede Menge Arbeit«, sagte János schließlich. »Und du sitzt hier und stillst dieses Baby.«

Susan kam im November zur Welt. Im Februar war sie in der Kindertagesstätte.

Im kommunistischen Ungarn konnte man sein Kind für eine geringe Gebühr in der Tagesstätte anmelden. Die Kitas waren groß, die Kinder wurden liebevoll von Fachkräften, viele von ihnen ausgebildete Kinderkrankenschwestern, betreut. Jeden Tag kam ein Kinderarzt vorbei und sah sich die Kleinen an. Für jedes Kind gab es ein eigenes Buch, in dem Gesundheitszustand und Entwicklung verzeichnet wurden. Wenn man Fragen an den Arzt hatte (*Ist das normal?* Oder: *Muss der Ausschlag behandelt werden?*), konnte man diese in das Buch eintragen.

Der Kinderarzt las sich die Fragen der Eltern durch, untersuchte das Kind und nahm sich die Zeit, ausführlich zu antworten. (*Ja, das ist normal.* Oder: *Der Ausschlag hat sich schon gebessert, aber Sie sollten die Windelcreme noch einige Zeit lang anwenden.*)

Auch wenn die Babys zu Kleinkindern herangewachsen waren, wurden sie weiter umsorgt. Als Susan anfing zu krabbeln, konnte sie eines ihrer Knie auf einmal nicht mehr beugen. Das medizinische Personal stellte fest, dass sie eine Muskelverletzung am Oberschenkel hatte. Man empfahl uns Physiotherapie, die sie auch bekam. (Es hat geholfen. Die Verletzung würde ihre sportliche Entwicklung auf Dauer nicht beeinträchtigen.)

In den Kitas musste man sich nie darum kümmern, ob das Kind Kleidung zum Wechseln oder genug Windeln dabeihatte. Die Stoffwindeln waren kostenlos und standen massenhaft zur Verfügung. Und die Kinder trugen bequeme Uniformen, sodass immer saubere und bequeme Sachen zum Anziehen zur Verfügung standen, die auch noch passten. Solange man stillte, konnte man seine Muttermilch abpumpen und abgeben. Später bekamen die Kinder in der Tagesstätte gesundes, auf ihr Alter abgestimmtes Essen. Nach dem Mittagessen packte das Personal die Kleinen in warme Decken, und die Kinder durften im Freien an der frischen Luft schlafen. Das ist in Amerika völlig undenkbar: Babys und Kinder zu jeder Jahreszeit, sogar im Winter, draußen schlafen zu lassen.

Stellen Sie sich die Szenerie mal vor: vierzig Kinder in ihren kleinen Betten, die friedlich schlummern, während rundherum die Schneeflocken tanzen. Es sah aus wie im Märchen. Man sagte mir, dass das Schlafen im Freien die Kinder widerstandsfähiger und stärker machte. Ich weiß nicht, ob dazu jemals Studien durchgeführt wurden. Eines aber weiß ich mit Sicherheit: Als

Susan in die Grundschule kam, verpasste sie nicht ein einziges Mal den Unterricht wegen Krankheit.

Heute fragen mich manchmal Leute, wie man gleichzeitig Mutter und eine erfolgreiche Wissenschaftlerin sein kann. Die Antwort ist einfach und liegt auf der Hand: Man braucht einfach eine erstklassige und bezahlbare Kinderbetreuung, wie ich sie in Ungarn hatte.

Wenn diese fehlt, sind es bedauerlicherweise meist die Mütter, die sich opfern. Tatsächlich habe ich in all den Jahren, in denen ich als Akademikerin in den USA gearbeitet habe, nur höchst selten Familien gesehen wie unsere – Familien, in denen der Ehemann sich um die Kinder kümmert, damit die Frau sich ihrer Forschungsarbeit widmen kann.

Natürlich gibt es Familien, in denen beide Eltern anspruchsvolle Berufe ausüben. Aber das Ganze hat einen Haken: Solche Familien müssen bereits über Geld verfügen. Andernfalls funktioniert es einfach nicht.

Wenn wir mehr Frauen in der Wissenschaft – oder überhaupt irgendwo – sehen wollen, dann müssen wir uns dieses Problems annehmen. Je früher, desto besser. Ein bezahlbares System der Kinderbetreuung ist eine Investition, die dem ganzen Land Vorteile bringt und die sich millionenfach auszahlt.

Unsere Forschungsarbeit am Biological Research Center war aufregend, und sie verlief gut. Wir konnten 2–5A synthetisieren, das kurze RNA-Molekül, das als antivirales Medikament so vielversprechend erschien und das wir mit Hilfe von Liposomen in die Zellen unserer Kultur einbringen konnten. Aber es gab durchaus Herausforderungen.

RNA ist im Labor schwer zu handhaben. Damit sie für Forschungszwecke genutzt werden kann, muss man seine RNA-Proben intakt halten. Aber das ist nicht so einfach. In der molekularen Biologie stehen zu Beginn der meisten Methoden Plasmide, kleine doppelsträngige DNA, die von einem Bakterium isoliert wurde. Während der Plasmid-Isolation müssen Sie zuerst die bakterielle RNA loswerden. Dazu verwendet man spezielle Enzyme, die RNasen. Deren einziger Zweck ist es, die RNA abzubauen. Aber natürlich wollen Sie nicht, dass diese Enzyme *Ihre* RNA (also 2–5A) angreifen!

Und es wird noch komplizierter. RNasen lauern nämlich überall. Jeder Mensch hat RNasen auf der Haut, im Blut und im Verdauungstrakt. RNasen finden sich auch im Schweiß oder auf der Schleimhaut. Dass diese Enzyme sich auf den Oberflächen der Laboreinrichtung und den Gerätschaften ablagern, ist unvermeidlich.

Labore sind stets kontaminiert. Die Menschen, die dort arbeiten, sind kontaminiert. Kleidung und Ausrüstung und Wasser sind kontaminiert. Daher können auch Laborproben und Reagenzien (Flüssigkeiten, die man für Experimente nutzt) mit RNasen kontaminiert sein.

Eine winzige Spur RNasen genügt, um Ihre ganze RNA-Probe zu vernichten. Alles, was man im Labor sonst benutzt, um Bakterien und Viren abzutöten (Abkochen oder Dampfdruckreinigung), funktioniert bei RNasen nicht. Selbst wenn man die RNasen mit Hitze inaktiviert, erholen sie sich häufig wieder, sobald sie abkühlen! Unter RNA-Forschenden kursiert deshalb ein alter Witz: Wenn Sie Ihr Labor von diesen Enzymen säubern wollen, müssen Sie das Gebäude abreißen.

Aber natürlich gibt es einige vorbeugende Maßnahmen, die Sie ergreifen können: Sie legen Ihre Proben auf Eis, nutzen spezielle Filter an Ihren Pipetten, tragen Handschuhe oder machen einen Teil des Labors zur RNase-freien Zone. Das wiederum heißt, dass

Sie während der Arbeit nichts anfassen dürfen. Und Sie müssen sterilisieren, sterilisieren, sterilisieren, um so viele kontaminierende Stoffe wie möglich fernzuhalten.

Doch sogar dann bleibt es ein ewiger Kampf.

Aber nehmen wir mal an, Sie können Ihre RNA-Probe von RNasen freihalten. Dann stehen Sie vor dem nächsten Problem: RNA zerfällt von Natur aus leicht. RNA ist ja – anders als DNA – ein Molekül, das von Haus aus nur eine begrenzte Lebensdauer hat. Während die DNA für immer gedacht ist und daher stabil und unverändert bleibt, erfüllt die RNA ihren Zweck und wird gleich darauf abgebaut. Dass sie instabil ist, liegt in ihrer Natur.

Was für die Effizienz der Zelle ideal ist, stellt für die RNA-Forscher ein Problem dar.

Unmöglich, sagten viele meiner Wissenschaftlerkollegen immer wieder zu diesem Thema. Es war wie ein Mantra: *RNA ist ein Riesenproblem. Damit kann man nicht arbeiten.* Das war die herrschende Meinung, die Grundannahme – bestenfalls lohnt RNA einfach nicht die ganze Mühe.

Aber ich habe diese Geschichte nie geglaubt. Wobei ich nicht mal sagen kann, warum eigentlich. Mich hat die RNA einfach nie eingeschüchtert. Auf einer gewissen Ebene hatte ich das Gefühl, dass ich sie *verstand.* Ich war mir sicher, dass ich mit der RNA richtig umgehen konnte. Wenn man die Arbeit in winzig kleine Schritte aufteilte, die man sorgsam ausführte – dann konnte man mit RNA durchaus arbeiten.

Anders ausgedrückt, lag das Problem nicht bei der RNA, sondern bei uns Forschern.

Laborarbeit kann so ungeheuer mühsam sein. Wissenschaft ist langsam, und häufig macht man dasselbe wieder und wieder, selbst wenn man nicht mit RNA arbeitet. Klar, meine Tätigkeit am Biological Research Center war mein Traumjob. Wir versuchten, einen neuen antiviralen Stoff zu finden. Unsere Arbeit würde möglicherweise einmal die ganze Welt verändern! Das heißt aber nicht, dass die Arbeit nur aus rosigen Momenten bestand.

Ich maß ab. Ich goss. Ich rührte. Ich erhitzte und kühlte und wartete und beobachtete. Ich bereitete Proben vor, mischte Reagenzien, organisierte den Kühlraum und wusch unendlich viele Glasgerätschaften. Und wenn ich »unendlich« sage, dann meine ich das auch. Das Saubermachen hörte einfach nie auf. Um ganz ehrlich zu sein: An manchen Tagen fühlte sich die Arbeit am wissenschaftlichen Durchbruch nicht viel anders an als das, was meine Mutter vor all den Jahren in der Küche gemacht hatte.

Wir, die Laborbesetzung, ließen uns alles Mögliche einfallen, um unseren Arbeitsalltag ein wenig abwechslungsreicher zu gestalten. Die Reagenzgläser zum Beispiel wurden durchnummeriert, bevor sie in den Probensammler wanderten. War das Experiment dann abgeschlossen, wuschen wir sie aus, weil wir sie ja wiederverwendeten. (Und ja, wir spülten Abertausende Reagenzgläser.) Meist machte ich das zusammen mit János. Um uns während des Abwasches die Zeit zu vertreiben, machten wir ein Ratespiel: »Trägt das Reagenzglas, das ich jetzt gerade wasche, eine gerade oder ungerade Zahl? Gerade oder ungerade?«

Eigentlich ein langweiliges Spiel. Man konnte ja nur raten und lag damit immer wieder entweder richtig oder falsch. Aber es war weniger langweilig als die Alternative, nämlich Abwasch ohne Ratespiel. Das Spiel brachte uns wenigstens immer wieder zum Lachen.

Trotz all der Routinearbeit liebte ich das Labor. Dort hatte ich alles unter Kontrolle.

Die Arbeit bedeutete für mich Glück. Ich war glücklich.

Aber bald fragte sich Reanal Pharmaceuticals, unser Geldgeber, wo denn das antivirale Wunder blieb.

Nur noch eine Sache, würde Columbo sagen. Ich probierte noch eine Sache aus, und wenn das nicht zum antiviralen Wirkstoff führte, probierte ich etwas anderes. Meine feste Stelle wurde in eine befristete umgewandelt. Trotzdem blieb ich hartnäckig. Nur noch eine Sache wurde zu tausend weiteren Sachen, die alle auf dasselbe hinausliefen: Wir konnten mit 2–5A eine antivirale Wirkung erzielen, aber nicht auf eine Weise, die sich für den medizinischen Einsatz eignete.

Und dann erreichte mich aus heiterem Himmel ein Telefonanruf.

Juli 1984. Der Monat, in dem meine Mutter in Rente ging. Schluss mit ihrem Job als Buchhalterin, den sie seit meiner Geburt ausgeübt hatte. Es sollte ein großes Fest geben. Mein Vater tat, was er immer tat, wenn es etwas zu feiern gab: Er machte frisch geräucherte Würste, sodass wir sie nur noch im Wasser zu kochen brauchten.

Vielleicht war es die Aufregung oder der Stress, die Vorbereitungen rechtzeitig zu schaffen. Nachdem mein Vater alles für die Party hergerichtet hatte, brach er vor unserem Haus zusammen.

Ein Herzinfarkt. Mein Vater war auf der Stelle tot.

Was kann man über die lange Nacht der Trauer schon sagen? Über die grenzenlose Leere, die sich auftut, wo vorher Lachen und Liebe waren? Über das Herz, das nach dem Vertrauten sucht und nur das findet, was nicht mehr da ist? Das jetzt und in alle Zukunft nie wieder da sein wird.

Was kann man sagen über den Riss, den dies im eigenen Leben verursacht?

Nein. Dafür gibt es keine Worte. Die Monate danach waren dunkel und schwer. Ich vermisste ihn. Ich vermisse ihn heute noch. In der schlimmsten Zeit tat ich, was ich immer tat: Ich arbeitete weiter.

Sechs Monate, nachdem mein Vater gestorben war, wurde ich dreißig. An meinem Geburtstag wollte ich mich mit Béla und unseren Freunden in einem Restaurant namens *Das neue Ungarn* treffen.

17. Januar 1985. Ich wachte früh auf. Béla, Susan und ich waren gerade in eine neue Wohnung gezogen. Wir hatten eine Waschmaschine und eine fantastische Aussicht aus dem zehnten Stock. An jenem Morgen sah ich zu, wie Béla Susan wiegte und sie dann Huckepack trug. Ich gab Susan einen Abschiedskuss und verließ das Haus, um zur Arbeit zu gehen, die wie üblich aus zahlreichen Experimenten bestehen würde. Damals hatten wir schon ein Auto, einen russischen Lada. Aber ich fuhr immer noch mit dem Bus zur Arbeit, weil ich während der Fahrt überdenken konnte, was an jenem Tag zu tun war, was ich vielleicht falsch gemacht hatte und was ich als Nächstes versuchen würde.

Es ist schon komisch, woran man sich erinnert und woran nicht. Ich zum Beispiel erinnere mich noch genau an die Busfahrt zum Biological Research Center an jenem Morgen. Es war ein kalter Tag mit Temperaturen unter null Grad. In ganz Osteuropa klirrte der Frost. Die Luft war knackig kalt und klar. Ich weiß noch, wie ich den gefrorenen Fluss überquerte. Und natürlich weiß ich noch, was geschah, als ich das Labor betrat. Aber ich kann mich beim besten Willen nicht mehr erinnern, wer mir die Nachricht überbrachte. Vermutlich war es Jenő, aber ich weiß es einfach nicht mehr genau. Ich weiß nur noch, wie ich mich fühlte – als habe mir jemand den Boden unter den Füßen weggezogen.

Reanal Pharmaceuticals hatte uns die Unterstützung gestrichen. Man gab unsere Arbeit auf. Die Finanzierung dafür – vor allem für meine Arbeit – würde am 1. Juli 1985 auslaufen.

Natürlich fragte ich mich einen Moment lang: *Warum ich?* In meinem Kopf führte ich viele Argumente an. Ich war gut. Ich gab alles. Ich war diejenige, die dieses Labor überhaupt erst ermöglicht hatte. Und das hatte ich gut gemacht. Es war einfach so *unfair.*

Doch ich erlaubte mir diese Gedanken wirklich nur für einen Moment. Sobald ich merkte, was sich da in meinem Kopf abspielte, erinnerte ich mich daran, was ich in Hans Selyes Buch *The Stress of Life* gelesen hatte, das mich in der Schule so begeistert hatte: *Verteile keine Schuldzuweisungen. Konzentriere dich darauf, was du unter Kontrolle hast. Wandle schlechten Stress in guten um.* In diesem Moment wandte ich meine Aufmerksamkeit dem zu, was ich beeinflussen konnte: Ich musste mir einen neuen Job suchen. All meine Energie und Konzentration mussten sich auf das nächste Kapitel richten. Was würde ich also tun?

Okay. Denk nach. Du brauchst einen Job, Kati. Und zwar schnell. In Europa gab es nur wenige Labore, in denen meine Erfahrung aus der Arbeit mit 2–5A gebraucht wurde. Eines war das von Ian Kerr in London, der das 2–5A entdeckt hatte. Ein anderes das von Luis Carrasco in Madrid, der erforschte, wie Viren die Zellfunktionen störten. Das dritte befand sich im französischen Montpellier, wo Bernard Lebleu an Interferonen forschte.

Wollte ich Ungarn verlassen? Szeged? Meine Schwester? Meine Mutter, die erst kürzlich zur Witwe geworden war? Nein. Ich wollte nicht weg. Aber ich wollte unbedingt arbeiten.

Fieberhaft fing ich an, diese Forscher anzuschreiben. Sie waren durchaus interessiert, aber die Angebote hatten alle einen Haken: Ich würde die Forschungsgelder für meine Stellung selbst auftreiben müssen. *Bewerben Sie sich doch einfach um ein Forschungsstipendium*, hieß es. Als ob das so einfach wäre. Als wäre die Lage hinter dem Eisernen Vorhang dieselbe wie im Westen. *Wenn Sie ein Stipendium von einer wissenschaftlichen Forschungsgesellschaft mitbringen, sind Sie hier willkommen.* Unmöglich. Wir konnten uns in Ungarn nicht um Forschungsstipendien für das Ausland bewerben.

Natürlich konnte ich es auch ganz woanders versuchen. Um ehrlich zu sein, gefiel mir der Gedanke nicht besonders, aber was blieb mir anderes übrig?

Eines Nachts, nachdem ich Susan zu Bett gebracht hatte, sagte ich zu Béla, dass wir reden müssten. Ich atmete einmal tief durch und sagte dann: »Ich glaube, wir müssen nach Amerika.«

TEIL 4

—

Als Außenseiterin im System

Jahrzehnte später war es der Teddybär, der am besten ankam. Als mein Gesicht auf der Titelseite der *New York Times*, der *Washington Post*, von *Guardian*, *Glamour* und *Time* prangte, ging es in jedem einzelnen der zugehörigen Artikel um dieses eine Detail: um den Teddybären, den Susan mitnahm, als wir Ungarn in Richtung USA verließen.

Manche Zeitschriften druckten sogar Fotos von ihm ab: ein ganz einfacher goldbrauner Bär mit Knopfaugen aus Glas und einem ewig lächelnden roten Mund. Ein simples Stofftier, dessen abgewetzter Pelz nur eins verriet: Ein Kind hatte diesen Bären über die Maßen geliebt. Dass dieser Bär noch andere Geheimnisse barg, hätte ihm niemand angesehen.

Der Bär lag in Susans Arm, während sie im Wagen meiner Schwester Zsóka auf dem Rücksitz schlief. Wir waren in Budapest, immer noch in Ungarn, aber nicht mehr lange. Wir befanden uns auf dem Weg zum Flughafen. Es war noch ziemlich früh am Tag. Béla, Zsóka und ich schwiegen die ganze Fahrt über. Die Sonne hinter uns hatte es noch nicht über den Horizont geschafft. Und vor uns lag ein Leben, das ich mir nicht einmal ansatzweise vorstellen konnte.

Es war Juli, und genau vor einem Jahr war mein Vater gestorben.

Auf dem Rücksitz bewegte sich Susan, die noch keine drei Jahre alt war. Sie hob den Kopf, rieb sich die Augen und sah dann aus dem Fenster. Einen Moment lang schnappte sie nach Luft. Dann wollte sie wissen: »Ist das Amerika?« Susan wusste, was da passierte. Ihre Mutter hatte eine neue Arbeit. Wir würden im Flugzeug den Ozean überqueren. Von Budapest nach Brüssel und weiter nach New York. Dann in die Stadt, die von nun an unsere neue Heimat sein sollte: Philadelphia. Es war nicht nur Susans, sondern auch Bélas erste Flugreise.

Ich drehte mich zu Susan um und schaute sie an. Ihre Augen leuchteten. Sie wollte unbedingt glauben, dass sie gerade einen neuen Kontinent sah. In Wirklichkeit war es der Busbahnhof in der Hamszabégi-Straße in Buda. Seitdem fragen wir immer, wenn wir auf unseren Besuchen in Ungarn dort vorbeikommen: »Ist das Amerika?«

Susans Arm hielt noch immer ihren Bären umschlungen, als wir endlich am John F. Kennedy Airport in New York ankamen. Nun fehlte nur noch eine knappe Flugstunde, und wir wären in unserer neuen Stadt, in Philadelphia. Leider fegte gerade ein schrecklicher Sturm über die Ostküste. Unser Flug wurde verschoben, und dann noch mal. Mein Körper, der nun schon im dritten Flughafen des Tages saß, hatte jedes Zeitgefühl verloren. In Ungarn würden die Menschen jetzt bald aufstehen.

Der Regen prasselte auf die Fenster ein. Ich hätte zu gerne die Augen geschlossen, und sei es nur für eine oder zwei Minuten, aber das tat ich nicht. Ich behielt Susan im Auge, die mit dem Kopf in Bélas Schoß schlief, den Arm immer noch um ihren kostbaren Bären gelegt. Hinter Susan und Béla zog ein endloser Strom von Fluggästen vorbei. Sie sahen auf ihre Bordpässe. Sie blickten auf ihre Armbanduhren. Sie überprüften zum x-ten Mal die Ankunfts- und Abflugzeiten auf der Anzeigetafel. Sie schoben sich aneinander vorbei und verschwanden in der Menge.

Die Natur ist eine brillante Biochemikerin. Sie schaufelt ständig Genmaterial herum – sie bewegt, ersetzt, spleißt und rekombiniert. Sie ändert und vermischt. Jede neue Lebensform, jeder individuelle Organismus ist auf seine spezielle Art ein winziges Experiment.

Manchmal bringen diese Experimente enorme Vorteile – zum Beispiel die Möglichkeit, Virusinfektionen auf natürliche Weise zu bekämpfen. Wie meine Experimente mit 2–5A. Ich hatte mit einem Stoff namens *Cordycepin* gearbeitet, einem Molekül, das aus dem Cordyceps-Pilz gewonnen wird. Der Pilz, der in den Gebirgen Asiens heimisch ist, infiziert das Gehirn von Insekten, das dann aus ihrem Kopf herauswächst wie ein Horn. Jahrzehntelang war Cordyceps ein wichtiges Heilmittel in der traditionellen Medizin. (Heute können Sie Nahrungsergänzungsmittel mit Cordyceps kaufen, die das Immunsystem und die Energie des Körpers stärken sollen. Ob diese Mittel halten, was sie versprechen, kann ich nicht sagen, denn Nahrungsergänzungsmittel werden nur auf ihre Unschädlichkeit geprüft, nicht aber auf ihre Wirksamkeit.)

Cordycepin ist ein Nukleosid mit derselben Base (Adenin) wie Adenosin. Der einzige Unterschied zwischen Cordycepin und Adenosin ist eine geringfügig andere Struktur des darin enthaltenen Zuckermoleküls.

Mitte der 1980er haben Wissenschaftler eine ganze Reihe solcher natürlich vorkommenden Modifikationen aufgedeckt: eine fehlende Hydroxylgruppe hier, eine zusätzliche Methylgruppe da. Dann wurden diese Moleküle im Labor isoliert und auf ihren medizinischen Nutzen getestet. Das führte zu einer Klasse von Wirkstoffen, den sogenannten *Nukleosid-Analoga,* die das Leben vieler Menschen entscheidend veränderten. Zum Beispiel ist AZT, das erste Medikament, das sich als wirksam gegen AIDS erwies, ein Nukleosid-Analogon. Desoxycoformycin (auch als Pentostatin bekannt) – wirksam gegen verschiedene Formen der Leukämie – ist ebenfalls ein Nukleosid-Analogon, das aus dem Streptomyces-Bakterium isoliert wurde.

In Diskussionen über Nukleosid-Analoga fällt nahezu unvermeidlich der Name Robert Suhadolnik. Dr. Suhadolnik war ein amerikanischer Biochemiker, der die therapeutische Wirkung von Nukleosiden beziehungsweise Nukleosid-Analoga entdeckte. 1985, in dem Jahr, als ich nach Amerika ging, leitete er ein Labor in der Fakultät für Biochemie an der Temple University in Philadelphia. Er wollte damals 2–5A aus Cordycepin gewinnen. Ich hatte nun bereits einen Aufsatz über das von mir entwickelte Testverfahren veröffentlicht, mit dem sich die Wirkung von 2–5A-Molekülen prüfen ließ.

Nachdem man mich im Biological Research Center freigestellt hatte, schrieb ich an Dr. Suhadolnik und schickte ihm diesen Aufsatz. Er bot mir auf der Stelle einen Job an: Für ein jährliches Salär von 17 000 US-Dollar würde ich ein Jahr lang in seinem Labor als Postdoc arbeiten. Mit seiner Hilfe und der Unterstützung der Temple University erhielt ich ein J-1 Visum. Damit dürfen Ausländer in die USA einreisen, um sich in Forschung und Medizin zu spezialisieren oder Praktika zu absolvieren.

Ich dachte damals, ich würde ein Jahr lang in den USA bleiben und dann wieder dauerhaft nach Ungarn zurückkehren. Doch es sollte ganz anders kommen.

Wir verkauften unser Auto für 900 britische Pfund, was etwa 1200 US-Dollar entsprach. Zu jener Zeit durfte ein Ungar nicht mehr als fünfzig US-Dollar mit sich führen, wenn er das Land verließ. Alles andere wurde als Indiz betrachtet, dass man vorhatte überzulaufen. Doch in den USA würden wir jeden Dollar brauchen, den wir auftreiben konnten. Deshalb behielt ich Susans Teddybär die ganze Zeit über scharf im Auge. Noch in Szeged hatte ich die Säume am Rücken des Bären aufgetrennt, unsere 900 britischen Pfund in die Füllung gesteckt, und dann alles wieder fein säuberlich vernäht.

Das war alles, was wir hatten – geschützt nur von Plüschstoff und einer Schicht Stopfwolle.

Während wir in New York auf unseren Flug warteten, der nie zu kommen schien, seufzte Susan, drückte den Bären an sich und schmiegte sich noch enger an ihren Vater. Ich weiß, dass sie diesen Bären liebte. Aber sie wusste nicht, wie wertvoll er tatsächlich war.

Dr. Suhadolnik holte uns vom Flughafen in Philadelphia ab. Er hatte uns eine Wohnung besorgt, und dorthin brachte er uns nach der Landung. Ich hatte ihn in einem Brief gefragt, wie ich ihn erkennen würde. Worauf er mir die folgende Beschreibung schickte: *Oh, ich bin blond, trage eine Brille und bin sechs Fuß groß.*

Da wir in Ungarn das metrische System verwenden, musste ich seine Angaben erst umrechnen, um herauszufinden, ob er eher groß oder klein war.

Wie versprochen wartete Dr. Suhadolnik am Flughafen auf uns, als wir dankenswerterweise endlich ankamen. Er war damals sechzig Jahre alt, sah aber viel jünger aus. Er war ein witziger Mensch, hieß uns freundlich willkommen und schien sehr nett zu sein. (Wie sich herausstellte, war er mit seinen sechs Fuß praktisch genauso groß wie ich.) Er schüttelte Béla kräftig die Hand und umarmte Susan und mich. Vor allem zu Susan war er sehr süß. Er beugte sich zu ihr hinunter, fragte, wie ihr das Fliegen gefallen habe und schüttelte die pelzige Pfote ihres Teddybären. Und er brachte sie zum Lachen, was nach der langen Reise ein kleines Kunststück war.

Ich mochte ihn. Dessen war ich mir sicher.

In seinem Auto fuhren wir nach Norden durch die Nacht. Wir schlängelten uns über die I-76-Schnellstraße. An den Autos vor uns leuchteten die roten Bremslichter immer wieder auf. Wir wischten an Schildern vorbei, die im Dunkeln leuchteten: weiße Buchstaben auf hellgrünem Grund, die den Weg zu geografischen Besonderheiten und Orten wiesen, von denen ich noch nie gehört hatte. Als wir den dunklen Schuylkill River überquerten, entdeckte ich einige kleine Häuser am Ufer. Ihre Konturen wurden von schwachen Lampen hervorgehoben, die sich auf der Wasseroberfläche spiegelten. Es sah aus wie in Märchendorf, völlig fehl am Platz in dieser riesigen amerikanischen Stadt.

Dr. Suhadolnik sah, wie ich sie musterte. »Boathouse Row«, erklärte er. »Dort sind die Boote der Ruderer untergebracht. In Philadelphia wird viel gerudert.« Rudern. Davon hatte ich schon gehört. Auch in Ungarn gab es Ruderer, aber ich persönlich kannte niemanden, der das tat. Wer hatte in Ungarn schon ein Boot?

Dann fuhren wir vom Highway herunter. Wir kamen an Einkaufszentren vorbei, an Kirchen und Banken. Der Sturm, der uns in New York festgehalten hatte, war mittlerweile über Philadelphia hinweggefegt. Überall lagen dicke Äste oder entwurzelte Bäume. Ich sah mir all das an und versuchte, mir jedes fremd wirkende Detail einzuprägen. *Hier leben wir nun. Das ist jetzt unsere Heimat*, dachte ich.

Die Straßen wurden ruhiger und dunkler.

Dr. Suhadolnik hatte für uns eine Wohnung in Lynnewood Gardens gemietet, einem breit angelegten Apartmentkomplex in einem grünen Vorort: fast eintausend Wohnungen auf etwa vierzig Hektar Land. Offen gesagt war die Wohnung nicht so schön wie unsere in Szeged. Es gab zum Beispiel keine Waschmaschine. Außerdem waren die Decken unglaublich dünn. Wenn jemand sich in der Wohnung über uns bewegte, hörten wir jeden einzelnen Schritt. Aber wir hatten dort alles, was wir brauchten, und als wir müde und erschöpft ankamen, fühlte es sich an, als wären wir im Himmel.

»Danke«, sagten Béla und ich immer wieder zu Dr. Suhadolnik. »Es ist wunderbar. Vielen, vielen Dank.«

Wir stellten unsere Koffer ab. Béla hätte sein Leben für eine Zigarette gegeben, also brachte ich Susan in ihr neues Bett und deckte sie zu. *Ach, meine süße kleine Zsuzsi.* Sie schloss die Augen und kuschelte sich an ihren Bären. Das war in Ordnung. Wir würden morgen genug Zeit haben, das Geld herauszuoperieren und das Tier wieder zusammenzunähen.

Als ich ins Wohnzimmer zurückkam, stand Béla an dem Fenster, das auf die Rückseite hinausging, und blickte auf einige Hektar Land, die fast komplett im Dunkeln lagen. Fast.

»Komm, schau nur«, sagte Béla leise. »Da draußen blinkt etwas.«

Blinken? Ich ging ans Fenster und sah ebenfalls in die Dunkelheit hinaus. Béla hatte recht: Überall blinkten winzige Lichter auf.

»Insekten«, sagte ich. Béla nickte.

Wir würden bald erfahren, dass dies Glühwürmchen waren, eine Art, die in Ungarn nicht existiert. Und so standen Béla und ich lange dort am Fenster: müde und erleichtert, in der Stille unseres neuen Heims, auf diesem neuen Kontinent, wo uns unbekannte Tiere die Nacht erhellten.

In einem anderen Land zu leben ist spannend. Anfangs kann es schwierig sein, das Allgemeine vom Besonderen zu unterscheiden. Wenn man Verhaltensweisen begegnet, die einem merkwürdig vorkommen – irgendwie anders als gewohnt –, dann ist nicht immer klar, ob dies Eigenheiten einer bestimmten Person sind oder kulturelle Unterschiede.

Liegt es an meinem neuen Zuhause? Oder an dem speziellen Menschen, der hier lebt?

Schließlich formt sich ein Bild. Aber das braucht Zeit.

Ich trat meine neue Arbeit nur wenige Stunden nach meiner Ankunft in Lynnewood Gardens an. Suhadolniks Laborleiterin Nancy holte mich gleich am ersten Morgen ab. Auch das hatte Suhadolnik organisiert. Nancy war nur wenig älter als ich, warmherzig und nett. Sie strahlte die gewinnende Tüchtigkeit einer Grundschullehrerin aus. Tatsächlich war sie mal eine gewesen. Dann hatte sie einen Sommer lang im Labor gearbeitet und war gleich dageblieben.

Unser Labor war klein. Unser Team ebenso: Suhadolnik, Nancy, ein paar Doktoranden und ich. Alle hießen mich freundlich willkommen. Es machte den Eindruck, als sei man froh, dass ich dazustieß. Tatsächlich gab es dort viele Gründe, hoffnungsvoll in die Zukunft zu blicken. Andererseits mutete auch vieles recht seltsam an. Einige dieser Merkwürdigkeiten fielen mir gleich am ersten Tag auf. Das neue Labor war ziemlich heruntergekommen. Unser Labor im BRC war hell gewesen und hatte große Fenster. Es war gut ausgerüstet und organisiert. Und makellos sauber.

Natürlich hatte ich angenommen, dass Labore in den USA genauso aussähen. Doch als ich am ersten Morgen Suhadolniks Labor betrat, zuckte ich förmlich zurück. Es wirkte total vernachlässigt, sogar ein bisschen verdreckt.

Und es gab dort *Kakerlaken*.

Wenn ich einen Kasten, eine Tüpfelschale oder einen Stapel Papier anhob, kamen sie zum Vorschein: fette braune Insekten, die über den Labortisch wuselten, weil sie das Licht scheuten. Außerdem gab es massenhaft alte Ausrüstungsgegenstände, die wohl seit Jahrzehnten nicht mehr in Gebrauch waren. So war eine meiner ersten Fragen, ob ich nicht ein paar dieser Dinge wegräumen konnte, um mehr Platz zu bekommen. Die Antwort lautete Nein. Möglicherweise würde man die Sachen ja noch mal brauchen. Vielleicht. Irgendwann. In der Zwischenzeit standen sie herum, von einer Schicht Staub bedeckt.

So ging das nicht. Für die Arbeit mit RNA war, wie ich sehr wohl wusste, eine absolut saubere Umgebung nötig.

Großputz in einem Labor zu veranstalten, macht nicht annähernd so viel Spaß, wie eines ganz neu einzurichten. Aber was sollte ich tun? Ich machte mich ans Putzen.

Diese ersten Tage waren lang und ermüdend. Alles war neu. Allein schon den ganzen Tag Englisch zu sprechen, verlangte mir viel Energie ab. Ungarn schien manchmal so weit entfernt zu sein, dass es wehtat.

Mein Lieblingslied, als ich aufwuchs, stammte von der Band Metró und wurde von Zorán Sztevanovity gesungen. Ich hörte es quasi in Endlosschleife: »Gyémánt és arany« (»Diamanten und Gold«).

Das Feuer von Diamanten und Gold ist wunderschön,
aber es kann nur dein sein,
wenn du selbst danach gräbst.
Ich weiß, du wirst irgendwann merken,
dass es die Mühe wert ist …

Nun lag ein Ozean zwischen mir und allem, was ich seit jeher kannte, und erneut hörte ich den Song ununterbrochen. Wenn ich abends nach Hause kam, wiegte ich Susan in den Schlaf und sang ihr das Lied vor, so als wäre sie es, die eine Erinnerung an das Vertraute brauchte, den Klang der Heimat.

Béla machte sich schnell nützlich. Er konnte wirklich alles reparieren, selbst Autos, die alle anderen längst aufgegeben hatten. Kurz nach unserer Ankunft lernte er einen ungarischen Automechaniker kennen und half ihm bei der Arbeit. Dabei war er so eifrig, dass er eines Tages versuchte, ganz allein ein Getriebe anzuheben. Seine Rückenmuskeln wussten das nicht zu schätzen, und er brauchte Physiotherapie. Während einer dieser Sitzungen erzählte ihm der Physiotherapeut von einem anderen Patienten, der ebenfalls aus Ungarn kam. Der Mann sei ein wenig älter. »Ein Künstler«, meinte der Therapeut, »oder ein Grafikdesigner. Ein netter Typ jedenfalls.«

Dieser Mann und seine Frau lebten nur etwa acht Kilometer von uns entfernt. Vielleicht wollten wir sie ja kennenlernen?

Einige Tage später standen wir vor ihrem Haus. Die Tür öffnete sich, und ein Paar, das gut zwanzig Jahre älter war als wir, lächelte uns an. Laszlo und Betty Bagi.

Laszlo hatte eine interessante Geschichte. Er hatte gerade die Technikerschule abgeschlossen, als er sich 1956 dem ungarischen Aufstand anschloss. Danach musste er aus Ungarn fliehen und ging nach Österreich, wo er jahrelang in einem Flüchtlingslager lebte. Schließlich emigrierte er in die USA und schloss sich der 101st Airborne Division der U. S. Army an, einer Luftlandedivision, die ihn nach Europa schickte. Dort lernte er Betty kennen. Und nun arbeitete er als Grafikdesigner in einem großen Consultingunternehmen.

Der Physiotherapeut hatte in zweifacher Hinsicht recht: Laszlo war auch Künstler.

Betty und Laszlo begrüßten uns, als wären wir alte Freunde. »Szervusztok, gyertek beljebb!«, riefen sie aus. (»Hallo, kommt rein!«) Und: »Örülünk hogy szerencsésen ideértetek!« (»Wie schön, dass ihr gesund und sicher angekommen seid!«)

Was für eine Freude, meine Heimatsprache in diesem neuen Land zu hören. Was für eine Erleichterung, endlich mit jemandem reden zu können, ohne vorher im Kopf alles übersetzen zu müssen. Wenn Sie je versucht haben, sich in einer Sprache verständlich zu machen, die Sie noch nicht ganz beherrschen, wissen Sie, was ich meine.

Betty und Laszlo baten uns also herein. Ihr Haus war gemütlich und schön. Überall gab es Fotos von ihren beiden Söhnen, die schon junge Erwachsene waren. An jeder Wand hingen gerahmte Siebdrucke, die Laszlo angefertigt hatte. Er war ein fantastischer Künstler. Seine Drucke waren farbenfroh, mutig und sehr klar. Auf einigen erkannte ich Philadelphia, auf anderen Ungarn. Es gab viele Studien von Bäumen und Pflanzen, jede so sorgfältig ausgeführt, dass schnell klar wurde: Laszlo liebte die Botanik ebenso sehr wie ich.

Ich war dem Physiotherapeuten, der diese Begegnung möglich gemacht hatte, ausgesprochen dankbar. Und ich bin es noch heute. Für ihn war dies ein winziger Akt der Güte, an den er vermutlich nicht mal einen weiteren Gedanken verschwendete. Für unsere Familie aber war dies ein großartiges Geschenk. Laszlo und Betty wurden nicht nur Freunde fürs Leben, sondern auch Brückenbauer zwischen unserem alten und dem noch so wenig vertrauten neuen Leben. Sie halfen uns, Metzgereien zu finden, die meinem Vater gefallen hätten. Sie luden uns an Festtagen ein. Und sie feierten wichtige Anlässe mit uns. Sie halfen uns dabei, uns in der neuen Stadt zu Hause zu fühlen.

Noch etwas war seltsam an dem neuen Labor: Überall lagen wissenschaftliche Zeitschriften herum, aber wir durften sie nicht lesen. Nicht tagsüber jedenfalls. Ich las trotzdem alles, was mir in die Hände fiel. Wenn ich ein neues Experiment entwarf, informierte ich mich zuerst in der wissenschaftlichen Literatur: Hatte jemand dieses Experiment schon durchgeführt? Hatte jemand schon Forschungsarbeiten geleistet, die mit meinem Vorhaben zu tun hatten oder mir helfen konnten, mein Experiment zu verbessern? Aber als ich zum ersten Mal während der Arbeit zu lesen versuchte, schnauzte Dr. Suhadolnik mich an: »Hören Sie auf damit, Kati. Nein!«

Ich blickte erstaunt von der Zeitschrift auf, weil ich mir nicht vorstellen konnte, was ich falsch gemacht haben sollte.

»Lesen Sie das zu Hause«, bellte er mich an. »Am Wochenende oder am Abend! Das hier ist *Prime Time*. Während der Prime Time wird *gearbeitet.*«

War dies etwa keine Arbeit? Nach Wegen zu suchen, wie ich meine Experimente verbessern konnte?

Susan ging in die Kindertagesstätte der Jenkintown Day Nursery, die in einem bunt gestrichenen mehrstöckigen Gebäude an einer ruhigen, baumbestandenen Straße untergebracht war und einen Spielplatz hatte. Morgens, wenn Béla sie dort ablieferte, sprang sie ganz begeistert aus seinen Armen. Und wenn er sie dann am Nachmittag wieder abholte, war sie müde und glücklich und konnte gar nicht genug von all den neuen Dingen erzählen, die sie gelernt hatte. Englisch lernte sie mühelos, und manchmal wechselte sie im Gespräch mit uns zwischen den beiden Sprachen hin und her.

Eines Tages, als ich sie abholte, sagte mir der Kindergärtner, Susan brauche Sneakers statt der Sandalen, die ich ihr anzog. Ich starrte den Mann an und verstand kein Wort. Sneakers? Was sollte das sein? Ich kannte dieses Wort nicht.

Es gab so vieles, was ich noch nicht wusste.

Lynnewood Gardens hatte ein öffentliches Schwimmbad. Es lag hinter einem hohen Maschendrahtzaun, und man musste eine Eintrittskarte für die ganze Saison kaufen, um es nutzen zu können. Unglücklicherweise blieb mir von meinem Siebzehntausend-Dollar-Jahresgehalt für dergleichen kein Geld übrig.

Ich weiß noch, wie ich mit Béla und Susan an einem brutal heißen Tag vor dem Zaun stand. Wir starrten die Einheimischen auf der anderen Seite an, die fröhlich im blauen Schwimmbecken planschten. Am tieferen Ende machten sie Arschbomben und tauchten gleich darauf lachend an der Oberfläche wieder auf.

Es war so unglaublich schwül, dass mir der Schweiß in den Nacken lief.

»Vielleicht eines Tages«, meinte Béla. Ich nickte stumm. Vor nicht allzu langer Zeit war Amerika unser großes Ziel gewesen, hell und leuchtend. Ich hatte geglaubt, dass uns alles offenstehen würde, sobald wir erst einmal dort wären. Jetzt dämmerte mir allmählich: Amerika hatte Abstufungen, Ziele innerhalb des Ziels. Wir konnten hier sein, in diesem Land, in dieser Gemeinde, und doch durften wir an einem heißen Tag nicht einfach ins Becken springen, obwohl es direkt vor unserer Nase lag.

Aber wir schlugen uns durch. Wir kauften nur preisreduziertes Obst und Gemüse. Wir saßen zu Hause und schnitten die weichen Stellen aus Äpfeln und Paprika. Wir nagten unser Hühnchen bis auf die Knochen ab und bereiteten Mahlzeiten aus Zutaten, deren Haltbarkeitsdatum schon fast abgelaufen war. Jede Banane, die ich in den ersten Jahren verzehrte, war braun und matschig.

Meine Mutter besuchte uns und blieb für ein paar Monate. Sie verwöhnte Susan so, wie weder ich noch Zsóka es vorher je erlebt hatten. Ich entdeckte eine neue Seite an ihr, die mich zum Lächeln brachte. Während sie bei uns war, lebten wir alle zusammen von dreißig Dollar die Woche. Wir hatten nie auch nur einen Penny übrig.

Immer wieder erinnerte ich mich selbst daran, dass ich nicht wegen des Geldes hergekommen war, dass ich nicht viel brauchte. Ich hatte noch nie große Ansprüche gehabt. Ich machte mir bewusst, dass ich dankbar war, hier sein zu dürfen. Dankbar, dass ich meine Experimente machen konnte. Es war alles ziemlich knapp, aber ich würde dieses Leben aushalten. Für den Rest meiner Tage, wenn es sein musste.

Die akademische Forschung ist grundsätzlich hierarchisch organisiert, fast wie in einem kleinen Unternehmen. An der Spitze steht der *Principal Investigator* (PI), das Labor-Äquivalent zum Geschäftsführer. Der PI – in diesem Fall Suhadolnik – überwacht die Forschungsarbeiten und das Forscherteam. Außerdem muss er für die Finanzierung sorgen. (Üblicherweise kommen die Forschungsgelder von der Regierung.) Unter dem PI arbeitet ein Postdoc wie ich. Dazu gibt es noch Doktoranden, die im Labor arbeiten. (Auf dem Arbeitsplatz gegenüber von mir saß ein Doktorand namens Rob Sobol, ein netter junger Mann mit sanfter Stimme, der bald heiraten sollte.) Und dann noch die Laborleiterin (in diesem Fall Nancy).

Aber die Organisationsstruktur ist nicht in Stein gemeißelt, sodass das hierarchische Gefälle in den einzelnen Fällen mal stärker, mal weniger betont wird. Mein Labor am BRC war damit recht locker umgegangen. Wir arbeiteten mit großem Engagement, wir leisteten großartige Forschung, und wir wussten, wer für was verantwortlich war. Aber in der täglichen Zusammenarbeit war die Hierarchie kaum spürbar. Man hatte uns nicht extra mit der Nase darauf gestoßen.

Im neuen Labor war das anders.

Suhadolnik war der Boss. Buchstäblich. So wollte er von uns angesprochen werden: *Boss*. Er konnte durchaus ein großzügiger und ermutigender Boss sein. Er brachte auch einiges zuwege. Aber Suhadolnik erinnerte die Leute stets daran, wo sie in der Hackordnung standen.

Manchmal kam er hereingestürmt und deutete auf einen Mitarbeiter, zum Beispiel einen Doktoranden. Dann bellte er: »Los, in mein Büro.« Worauf es rundum still wurde. Die Person, die er herausgepickt hatte, folgte ihm langsamen Schrittes in sein Büro. Waren beide drin, schlug Suhadolnik die Tür so laut zu, dass der Boden bebte und die Glassachen im Labor klirrten. Wir anderen sahen zu Boden und schwiegen. Wir waren erleichtert, dass der Boss, zumindest dieses Mal, seinen Unmut nicht an uns ausließ.

Nur Nancy, die Laborleiterin, wusste, wie sie ihn beruhigen konnte, wenn er vor Wut schäumte. Alle anderen versuchten dann bloß, ihm aus dem Weg zu gehen.

Mich schrie Suhadolnik nur selten an. Ganz im Gegenteil, er machte mir häufig Komplimente. Wenn wir mit anderen Wissenschaftlern zusammenkamen, betonte er immer wieder, dass ich ein Gewinn für sein Labor sei, wie hart ich arbeitete und welch großartige Forschung wir zusammen machten. Trotzdem war diese Brüllerei merkwürdig und erschreckend.

Machte man das so in Amerika?

Es dauerte nicht lange, bis Béla einen Job bei Lynnewood Gardens bekam. Eingestellt wurde er zunächst als einfacher Hausmeister. Bald aber merkten die Leute, dass er sämtliche mechanischen Gerätschaften mühelos reparieren konnte. Boiler, Autos, Heizungen, Schneepflüge, Elektroinstallation: Béla fand den Fehler und behob ihn. Also erweiterte man bald seine Kompetenzen. Er war nun der Tausendsassa von Lynnewood Gardens und kümmerte sich um alles, vom Winterdienst bis hin zur Instandsetzung defekter Technik.

Manchmal begleitete Susan ihn bei der Arbeit. Im Winter, wenn die Schule wegen Schnee geschlossen war, fuhr sie mit ihm auf dem Schneepflug durch die Straßen, während die weißen Flocken im Scheinwerferlicht tanzten. Manchmal war sie auch mit von der Partie, wenn Béla im Heizungskeller die kompliziertesten Maschinen in ihre Einzelteile zerlegte und sie dann wieder zusammensetzte, sodass sie danach besser funktionierten als zuvor. Manchmal arbeitete er auch für Laszlos Consultingunternehmen. Damals wurden im ganzen Betrieb Computer installiert, und Béla war derjenige, der alles verkabelte.

Auch ich verließ mich mehr als einmal auf seine Fertigkeiten und brachte kaputte Laborgeräte nach Hause. Béla schaffte es regelmäßig, sie wieder zum Laufen zu bringen. Einmal baute er einen Hybridisierungsinkubator neu zusammen, ein komplizierter, steriler Kasten, der für Laborproben eine Umgebung mit exakten Temperatur- und Feuchtigkeitswerten bereitstellt. Welchen Apparat ich auch anbrachte, Béla nahm ihn Stück für Stück auseinander, sah, wo der Fehler war und was man tun musste, um ihn zu beheben. Manchmal baute er etwas neu zusammen, nur um gleich darauf zu entdecken, dass auch noch etwas anderes kaputt war. So etwas konnte ihn nicht aus der Ruhe bringen. Er blieb immer gelassen. Béla war ebenso geduldig wie genau.

Suhadolnik hingegen war ein aufbrausender Typ. Seine Launen zeigten sich immer deutlicher. Eines Tages erschien ein Doktorand aus Thailand wenige Minuten zu spät zu einer Besprechung. Suhadolnik ließ ihn daraufhin nicht an dem Meeting teilnehmen. Der junge Mann durfte aber in der Zwischenzeit auch nichts anderes tun – nicht arbeiten, nicht lesen, nicht auf die Toilette gehen. Nichts. Der Doktorand musste vor dem Meetingraum stehen bleiben, die Tür anstarren und stumm warten, bis unsere Besprechung vorbei war.

Während des Meetings stand Suhadolnik einige Male auf und öffnete die Tür. Nur um sicherzustellen, dass sein Untergebener wusste, wo sein Platz war.

Ernsthaft. Machte man das so in Amerika?

Aus Monaten wurden Jahre. Susan wurde vier und kam in den Kindergarten. Sie war ein großes Mädchen und sehr selbstbewusst. Auch wenn sie die Jüngste in ihrer Klasse war, machte sie sich doch blendend.

Wir gingen nicht viel aus. Manchmal besuchten wir Laszlos Vernissagen, und einmal im Jahr leisteten wir uns ein Essen im chinesischen Restaurant, wo es sogar Stoffservietten gab. Zu Hause probierte ich verschiedene internationale Gerichte aus, aber Béla rückte am Ende damit raus, dass er am liebsten traditionell ungarisch aß. Und mir ging es genauso.

Mittlerweile trafen wir uns an jedem Feiertag mit den Bagis. Thanksgiving, Weihnachten, die Feiern am 4. Juli. Bei diesen Gelegenheiten verwöhnte Betty Susan ganz besonders: Sie schenkte ihr ein in buntes Stanniol gewickeltes Stück Schokolade, das die Form des Feiertagssymbols hatte – ein Truthahn zu Thanksgiving oder Santa Claus zu Weihnachten. So einfach und doch mit so viel Liebe gemacht.

Wir sammelten Vierteldollar-Münzen für die Wäsche. Jede Woche stiegen wir hinab in den dunklen Keller eines benachbarten Gebäudes und steckten die Münzen in die Waschmaschine. Wenn wir zu Hause waren, horchten wir auf die Geräusche, die die Nachbarn über uns machten, und gewöhnten uns an ihren Rhythmus.

Mit fünf Jahren flog Susan zum ersten Mal ganz allein nach Ungarn. Meine Mutter und meine Schwester holten sie am Flughafen ab. Sie blieb den ganzen Sommer bei ihnen, jagte den Hühnern hinterher und half im Garten, genauso wie ich es als kleines Mädchen getan hatte. Wir trafen diese Entscheidung auch aus finanziellen Gründen. Der Flug kostete deutlich weniger als die Kinderbetreuung in Amerika. Aber ich freute mich auch, dass ich ihr diesen Aufenthalt ermöglichen konnte. Susan sollte nicht vergessen, wo sie ihre Wurzeln hatte. Ich wollte, dass sie Ungarisch beherrschte und verstand, was es bedeutete, aus einem anderen Land zu kommen. Ich wollte, dass sie sich an das Ungarn erinnerte, das ich gekannt hatte, denn das Land veränderte sich rasant.

Solange sie in Ungarn war, rief ich einmal die Woche an. Auch Ferngespräche waren damals unglaublich teuer. Aber ich hörte ihr Lächeln förmlich, wenn sie mir erzählte, wie sie backen lernte und mit Oma *lúdláb* machte, meine Lieblingssüßspeise als Kind. Sie erzählte auch, dass sie mit den Hühnern kuschelte. Meine Mutter hatte Susan einen Kinderwagen für ihre Puppe geschenkt, und manchmal setzte sie ein Huhn hinein und schob das verwirrte Tier durch den Hof.

Unser Labor veröffentlichte ständig neue Artikel, und zwar in renommierten Zeitschriften. Einmal gab es in einer Ausgabe von *Biochemistry* gleich drei Beiträge von uns, was eine echte Leistung darstellt. Bei zwei dieser Beiträge wurde ich als Erstautorin genannt.

Meine Arbeit lief in vielerlei Hinsicht gut. Unser Labor erforschte unter anderem doppelsträngige RNA (dsRNA), die in vielen Viren enthalten ist. Da dsRNA in Zellen eine Immunreaktion auslöst, untersuchten wir, ob dsRNA das Immunsystem von HIV-Patienten stimulieren konnte, wenn wir die Interferon-Ausschüttung ankurbelten. Bedauerlicherweise konnten wir den HIV-Patienten nicht helfen, doch die Studie wurde in THE LANCET publiziert, was ihre Bedeutung unterstrich. Wie Hans Selye, dessen bahnbrechendes Werk mich als Schülerin so beeindruckt hatte, richtig sagte: Das Universum offenbart sich nicht nur mit Ja-Antworten, sondern genauso oft mit einem Nein. Und das war hier der Fall. Die Studie war wichtig als Teil eines größeren Mosaiks.

Auch meine Kollegen schätzte ich sehr. Als der Doktorand Rob Sobol heiratete, betrachtete ich es als Ehre, eingeladen zu werden – zu meiner ersten derartigen Feier in den USA. Ich fand es auch bewundernswert, wie Nancy das Labor am Laufen hielt. Als wäre sie die Mutterglucke und fest entschlossen, sicherzustellen, dass wir, ihre Küken, alles hatten, was wir für unsere Arbeit brauchten.

Aber der Boss knallte immer noch mit den Türen. Manchmal schrie er uns wegen Sachen an, für die keiner etwas konnte. Wie die politischen Verhältnisse zum Beispiel. Die durchaus Einfluss auf unsere Arbeit hatten – Ronald Reagan war Präsident, und während dieser Zeit sanken die staatlichen Forschungsgelder auf ein Allzeittief. Allerdings leuchtete es mir absolut nicht ein, wie Brüllen da *helfen* sollte.

Doch ich behielt immer im Hinterkopf, dass Suhadolnik zu mir recht nett war. Zumindest bisher.

Da es in unserem Labor keine Fenster gab, hatte ich oft keine Ahnung, wie draußen das Wetter war. Erst wenn ich zu den Toiletten am Ende des Gangs marschierte, konnte ich dort aus dem kleinen Fenster spähen und schauen, ob es schneite oder die Sonne schien. Dann ging ich wieder zurück ins Labor, wo ich stundenlang weiterarbeitete, ohne je den Himmel zu sehen.

Wir schrieben das Jahr 1987, und die USA steuerten auf eine neue Wahl zu. Vielleicht würde das ja unsere Finanzierungssorgen beheben. Möglicherweise war die magere staatliche Unterstützung für wissenschaftliche Arbeit in der Reagan-Ära ja nur ein kurzfristiger Einbruch. Gary Hart, der Kandidat der Demokraten, sprach davon, die Infrastruktur amerikanischer Forschung neu aufzustellen. Das machte Hoffnung, und Suhadolniks Laune besserte sich. Dann aber wurde Gary Hart mit einer Frau auf dem Schoß fotografiert, die nicht seine war, auf einer Jacht, die passenderweise auch noch *Monkey Business* (Affentheater) hieß. Nach heutigen Maßstäben war das eine Kleinigkeit, damals aber kostete ihn das die mögliche Präsidentschaft.

Als die Nachrichten vom Affentheater durch den Blätterwald gingen, stürmte Suhadolnik ins Labor. Er tat, was er in solchen Momenten immer tat: Er knallte mit den Türen, fluchte und brüllte. Seine Wut glich, wie ich allmählich begriff, der RNase, dem Enzym, welches die RNA abbaute. Sie war überall, frei fließend, und suchte sich einen Ort, wo sie andocken konnte. Sie kontaminierte einfach alles.

Zu jener Zeit kannte ich bereits viele US-Amerikaner. Nancy war Amerikanerin. Rob war Amerikaner. Susans Lehrer und Lehrerinnen waren Amerikaner. Betty und Laszlo und ihre Kinder waren Amerikaner. Der Physiotherapeut, der uns mit den Bagis bekannt gemacht hatte, war Amerikaner.

Nein, so machte man das nicht in Amerika. Hier steckte etwas anderes dahinter.

Paula Pitha-Row, eine renommierte Virologin, hielt an der Temple University einen Vortrag. Paula hatte einen Lehrstuhl an der Johns Hopkins University in Baltimore inne, und sie war einfach brillant. In ihrer Forschung vereinten sich ein umfassendes Wissen über Viren und ein klares Verständnis der Mechanismen der Krebserkrankung. Sie war in dem Land aufgewachsen, das heute Republik Tschechien heißt, einem weiteren Ostblockland. Ich stellte mich ihr vor, und wir verstanden uns auf Anhieb.

Paula lud mich und meine Familie nach Baltimore ein. Wir übernachteten in ihrem Haus, das hell und sonnig und bis unters Dach angefüllt mit Kunst war, die sie sammelte. Sie kochte köstliche Mahlzeiten für uns, und während wir sie verzehrten, unterhielten wir uns über das Leben in Osteuropa. Paula nahm mich mit in ihr Labor, wo ich die Mitglieder ihres Teams kennenlernte. Bald darauf machte sie mir das Angebot, für sie zu arbeiten.

Paula setzte sich immer für Frauen in der Wissenschaft ein. Ihr Ruf als großartige Mentorin, vor allem für Frauen, eilte ihr überall voraus. Sie war warmherzig, gütig und großzügig. Und sie leistete bahnbrechende Arbeit in der Interferon-Forschung. Eine Anstellung in ihrem Labor war für mich der ideale nächste Schritt. Einfach perfekt.

Im Sommer 1988 nahm ich das Angebot an, und zwar kurz vor meinem ersten Heimaturlaub seit unserer Ausreise aus Ungarn. Rückblickend finde ich, dass ich vermutlich vorsichtiger hätte sein sollen. Vielleicht hätte ich Suhadolnik vor meinem Urlaub um Erlaubnis fragen müssen, das Labor zu wechseln. Aber hätte das etwas gebracht? Ich bin mir da nicht sicher. Als ich wieder zurück in den USA war, hatte Suhadolnik zwischenzeitlich irgendwie von meinem Jobangebot erfahren. Damals bekam ich zum ersten Mal die volle Breitseite seiner cholerischen Natur zu spüren.

Nicht nur, dass er fluchte, brüllte und auf Sachen einschlug. Das tat er zwar auch, aber er ging noch einen Schritt weiter. Er stellte mich vor die Wahl: entweder weiter in seinem Labor zu arbeiten oder nach Ungarn zurückzukehren. Als mein Arbeitgeber hatte er die Möglichkeit, meine Ausweisung zu veranlassen. Und genau das würde er tun, sollte ich diesen neuen Job annehmen. Er würde meine Karriere beenden. Hatte ich etwa noch nicht kapiert, wie es hier lief? Er war der Professor, der Boss. Ich war ein Niemand.

Das wiederholte er mehrere Male. Ich sei ein Niemand. Dann sagte er mir, ich solle mich aus dem Labor scheren. Sofort. »Raus! Sie sind hier nicht mehr willkommen!«

Ich zitterte, als ich nach dem Telefonhörer griff, um Béla anzurufen. Ich hatte noch nicht zu Ende gewählt, da stürzte Suhadolnik wieder herein. »Mein Telefon werden Sie nicht benutzen!« Seine Stimme klang grausam. »Das ist mein Telefon, nicht Ihres. Sie können von der Straße aus anrufen.« Er wies mir die Tür.

Ich tat, was er sagte. Ich ging einfach.

Ich rief Béla von der Telefonzelle aus an und bat ihn, mich abzuholen. Ausgerechnet an diesem Tag war Bélas Auto in der Werkstatt, er musste sich also einen Wagen von einem Kollegen leihen. Und so kam er in einem riesigen weißen Cadillac angefahren, der überhaupt nicht zum Anlass passte. An jedem anderen Tag hätte ich vermutlich lauthals loslachen müssen. Nicht an diesem.

An jenem Abend besprachen Béla und ich in der Küche die Lage. Ich tigerte auf und ab und versuchte, das Ganze zu verarbeiten – nicht nur das, was passiert war, sondern auch, wie es für mich weitergehen sollte. Mein Visum war an die Beschäftigung an der Temple University gebunden. Ohne Suhadolniks Einwilligung konnte ich nirgendwohin. Und Suhadolnik hatte keinen Zweifel daran gelassen, dass er mir diese Einwilligung niemals erteilen würde, sondern uns *tatsächlich* lieber ausgewiesen sähe.

Ich hatte Angst. Aber ich war auch unglaublich wütend.

»Warum kann er nicht einfach Danke sagen?«, fauchte ich. »Warum sagt er nicht: ›Kati, Sie haben drei Jahre lang großartige Arbeit geleistet. Sie haben Tag und Nacht geschuftet.‹ Die ganze Zeit über erzählte er jedem, der es hören wollte, wie gut ich war.

Und jetzt soll ich plötzlich ein Arschloch sein?« Ich ließ mich auf einen Stuhl fallen. »Echt jetzt! Ist es denn wirklich so schwierig, mal dankbar zu sein?«

Doch mir war klar: Suhadolnik wusste meine Arbeit nur zu schätzen, solange sie ihm etwas brachte. Meine Fähigkeiten, mein Wissen, meine Begeisterung – all das war nur ein Lob wert, wenn er davon profitierte. Suhadolnik hatte das Gefühl, dass ich ihm gehörte. Meine Entscheidung, die Temple University zu verlassen, war ein Affront – nicht nur gegen sein Labor, sondern vor allem gegen seine Sicht auf die Welt. Mich selbst wichtiger zu nehmen als ihn, das war eine unverzeihliche Sünde. Ich legte den Kopf in die Hände und jammerte: »Was soll ich nur tun?«

Béla streichelte meinen Arm. »Als Erstes isst du jetzt mal was Anständiges.«

Beim Abendessen läutete das Telefon. Es war der Boss. Seine Stimme war jetzt ruhiger, beinahe freundlich. So ganz anders als seine Ausfälle am Nachmittag. Ich sah Béla an, als ich Suhadolnik zuhörte: »Kati, Ihr Platz ist hier. Ihr Labortisch ist hier. Ihre Arbeit ist hier. Ich *will* Sie in meinem Labor haben. Wirklich!«

Dann folgte eine lange Pause. Ich wartete, denn ich wusste, dass da noch mehr kommen würde. Ich hörte die Schritte der Mieter über uns. Schließlich sprach Suhadolnik weiter: »Aber das ist auch die *einzige* Möglichkeit, die Sie haben, um in diesem Land zu bleiben. Sie arbeiten für mich oder Sie fliegen nach Hause.« Er habe die Johns Hopkins University bereits angerufen und den Leuten erzählt, ich sei ein Flüchtling. Vermutlich würde man das Jobangebot zurücknehmen. Als Nächstes würde er die Einwanderungsbehörde anrufen. Was also sollte ich tun?

Ich denke heute noch über dieses traurige Schauspiel nach. Ich erinnere mich genau an Suhadolniks Wut, seine Drohungen, an all das, was er später unternahm, um diese wahr zu machen.

Vor allem aber denke ich daran, wie ich die Lage einschätzte: *Er hat zu hoch gepokert.* Nach mittlerweile drei Jahren hatte er mich kein bisschen verstanden. Er begriff einfach nicht, wie ich funktionierte. Er wusste nicht, dass seine Drohungen der schnellste und sicherste Weg waren, mich zum Gegenteil von dem zu bewegen, was er wollte.

Und das lag an einem ganz grundlegenden Missverständnis. In all dieser Zeit hatte Suhadolnik geglaubt, ich arbeite für *ihn*. Aber so war es nicht. Ich arbeitete, um wissenschaftliche Probleme zu lösen. Meine Kompassnadel zeigte auf die Wissenschaft selbst.

Wenn ich eine andere Anstellung, wenn ich in den USA bleiben wollte, musste ich mit kleinen Schritten vorwärtsgehen. Ich musste tun, was ich damals am Forschungsinstitut für Fischereiwesen getan hatte, wo ich, um meine Arbeit (die Analyse von Fischlipiden) erledigen zu können, zunächst einmal selbst Ethylacetat herstellte.

Damals hatte ich den ganzen Prozess in kleine Teile zerlegt. Wenn ich *das* nicht habe, dann brauche ich stattdessen *dies*. Das sollte auch hier funktionieren.

Ich hatte kein Empfehlungsschreiben. Suhadolnik hatte mittlerweile seine Drohungen wahr gemacht. Auf sein Drängen hin hatte man das Jobangebot zurückgezogen. Außerdem hatte ich ein Schreiben vom US-Außenministerium bekommen, in dem man mich bat, wegen einer möglichen Verletzung der Visa-Modalitäten bei einer lokalen Behörde vorzusprechen. Suhadolnik war sogar noch weiter gegangen: Er hatte meinen Namen aus verschiedenen wissenschaftlichen Aufsätzen löschen lassen. Einer davon, für die PNAS (*Proceedings of the National Academy of Sciences*) war bereits im Druck gewesen. Er hatte also bezahlt, damit mein Name gelöscht wurde.

Familienporträt (von links nach rechts): meine Mutter Jánosné Karikó, Buchhalterin; ich; meine Schwester Zsuzsanna Karikó; und mein Vater János Karikó, Metzger. Kisújszállás, August 1957.

Ich im Kindergarten.
Kisújszállás, 1960.

Biologie-Sommercamp für die siebte Klasse, Gewinner des örtlichen Biologiewettbewerbs. (Ich bin die Dritte von rechts in der ersten Reihe.) Csillebérc, Ungarn, 1968.

Mit zwanzig Jahren als Biologiestudentin an der Universität Szeged (damals JATE). Szeged, Ungarn, 1975.

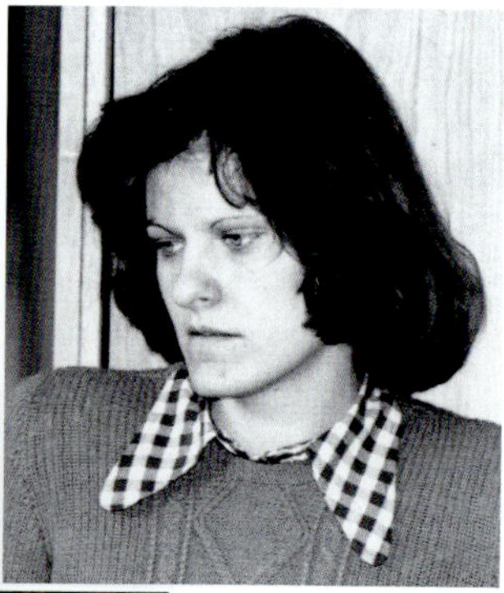

Mit meinem künftigen Ehemann Béla Francia, als wir miteinander gingen. Kisújszállás, 1979.

Mit meinen Eltern im Hof unseres Hauses. Kisújszállás, 1979.

Im Chemielabor am Biological Research Center der Ungarischen Akademie der Wissenschaften. Szeged, 1980.

Béla Francia und ich an unserem Hochzeitstag. Szeged, 1980.

Ich nehme die Urkunde in Empfang, die mir den Doktortitel verleiht. Universität von Szeged, 1983.

Meine Tochter Zsuzsi mit dem berühmten Teddybären, den sie von meiner Mutter zum ersten Geburtstag bekam. Szeged, 1984.

Wir feiern Zsuszis
zweiten Geburtstag.
Kisújszállás, 1984.

Unser erstes Auto,
ein Ford Pinto. Einen Monat
nach unserer Ankunft in
den USA. Philadelphia,
Pennsylvania, 1985.

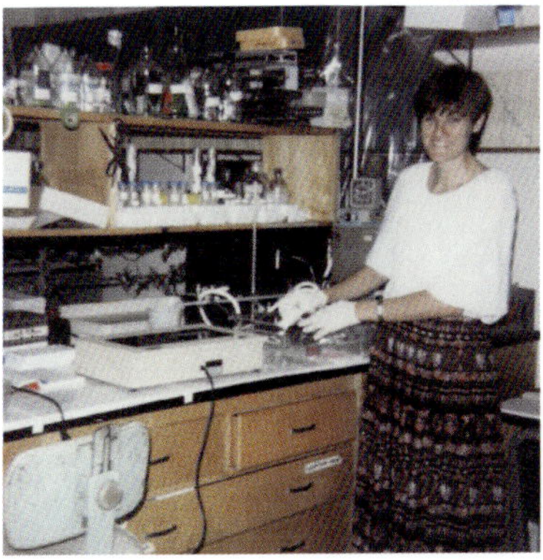

An meinem Laborplatz im
Labor Suhadolnik, Fachbereich
für Biochemie an der Temple
University. Philadelphia, 1985.

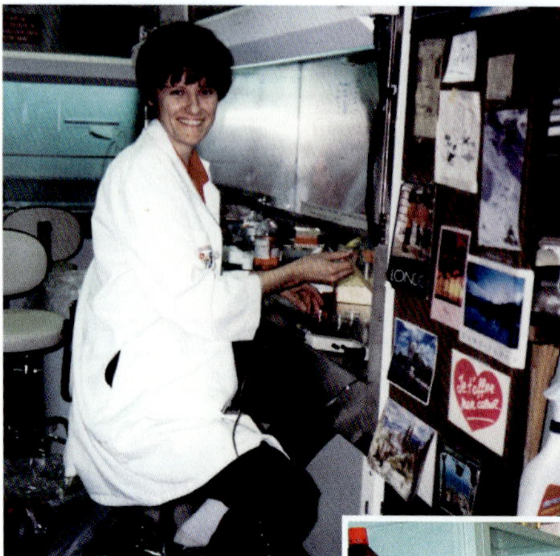

Am Schrank für Gewebekulturen im Department of Uniformed Services an der University of Health Sciences in Bethesda, Maryland, 1989.

Mein Laborplatz im Fachbereich für Neurochirurgie an der Pennsylvania School of Medicine, wo ich siebzehn Jahre lang daran arbeitete, mRNA synthetisch herzustellen. Philadelphia, 2005.

Ich und Dr. Drew Weissman, mit dem zusammen ich die nicht immunogene nukleosid-modifizierte mRNA-Technologie ersann. Philadelphia, 2015.

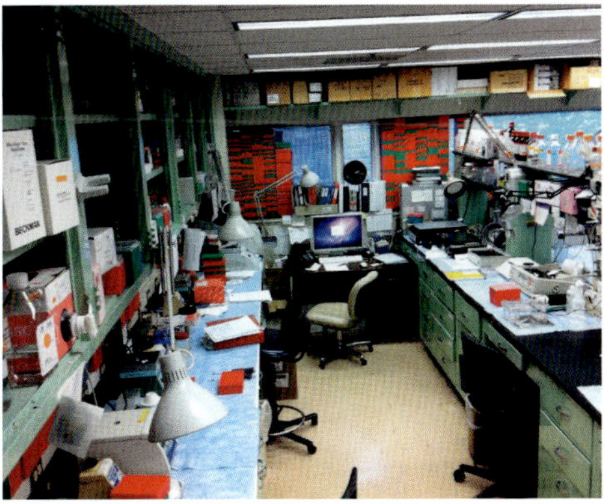

Das Labor im Fachbereich für Neurochirurgie an der Pennsylvania School of Medicine, kurz bevor man mich hinauswarf. Philadelphia, 2013.

Béla Francia und ich feiern mit unserer Tochter Susan den Gewinn der Goldmedaille bei den Olympischen Spielen in London, UK, 2012.

Mit Dr. Uğur Şahin, Mitgründer und CEO von BioNTech, an dem Tag, als wir uns kennenlernten. Einige Monate später schloss ich mich dem Unternehmen an. Mainz, Deutschland, 2013.

Mit dem Impfstoffforscher der Penn Dr. Norbert Pardi (links) und dem BioNTech-Kardiologen Dr. Gábor Tamás Szabó (rechts) auf der International mRNA Conference in Berlin, Deutschland, 2019.

Vor dem Wandbild mit meinem Konterfei, auf dem es heißt: *Ungarn prägen die Zukunft.* Budapest, Ungarn, 2021.

Mit Neurochirurg Dr. David Langer (links) und dem Kardiologen Dr. Elliot Barnathan (rechts), die meine Arbeit mit mRNA von Anfang an unterstützt haben. Beim Empfang zur Verleihung der Ehrendoktorwürde der Rockefeller University an mich. New York, New York, 2022.

Beim Empfang zur Verleihung des Prinzessin-von-Asturien-Preises: ich, König Felipe von Spanien, meine Tochter Susan, ihr Mann Ryan und mein Mann Béla. Oviedo, Spanien, 2011.

Eine Empfehlung kam also nicht infrage.

Wenn ich keine Empfehlung von Suhadolnik habe, dann brauche ich stattdessen …

Kaum hatte ich den Satz so formuliert, war die Antwort auch schon klar: Ich musste jemanden finden, der verstehen würde, *warum* ich keine Empfehlung hatte. Zum Glück für mich gab es eine ganze Reihe Wissenschaftler, die Probleme mit Robert Suhadolnik gehabt hatten.

Ich rief sie an und stellte mich vor. Erklärte. Einige von ihnen verwiesen mich an andere Wissenschaftler. Einer dieser Kontakte verschaffte mir am Ende ein Jobangebot. Es handelte sich um eine Postdoc-Stelle im Fachbereich für Pathologie an der Uniformed Services University of the Health Sciences, einer medizinischen Universität der Streitkräfte. Deren Dekan interessierte sich ebenfalls für Interferone – vor allem für ihre Rolle im Kampf gegen den Krebs. Seine Großeltern – alle vier – waren Ungarn. Vielleicht kam mir ja die gemeinsame Abstammung zugute.

Auf jeden Fall war das Angebot ein Rettungsring für uns. Ein H1-Visum, Arbeit und eine Aufenthaltsgenehmigung für die USA. Für mich war das zunächst einmal eine prima Möglichkeit.

Es gab nur ein Problem: Die Arbeitsstelle lag in Bethesda, Maryland, ein wenig außerhalb der Bundeshauptstadt Washington. Meine Familie aber lebte in Philadelphia. Ich hatte keinerlei Bekannte in Bethesda. Und ich hatte noch nicht mal einen US-Führerschein.

Aber wie auch immer: Ich würde es schon schaffen. Ich musste einfach.

Ich machte meinen Führerschein in Pennsylvania und übte auf dem Parkplatz von Lynnewood Gardens. Meine erste Fahrt als stolze Führerscheinbesitzerin führte mich nach Bethesda. War die

I-95 damals schon fünfspurig? Oder sechsspurig? Ich kann mich nicht mehr erinnern. Ich weiß noch, dass ich krampfhaft versuchte, den schnellen Autos auszuweichen, als würde mein Leben davon abhängen. Was ja wiederum stimmte.

Bei meiner zweiten Fahrt nach Bethesda hielt man mich an, weil ich fast 150 Stundenkilometer fuhr.

Allmählich lernte ich es.

Manche Orte sind einfach Zwischenstationen. Keine Zielorte. Sie stehen für die Abschnitte zwischen all jenen Punkten, die wirklich wichtig sind. Sie sind dazu da, dass man sie hinter sich lässt. Die 220 Kilometer auf der I-95 zwischen Ausfahrt 13 und Ausfahrt 27 waren genau das: ein Niemandsland. Philadelphia auf der einen Seite, Bethesda auf der anderen. Und dazwischen ich, die ständig hin- und herpendelte, wieder und wieder und wieder.

Montagmorgen: Ich stand in Philadelphia um drei Uhr auf, stieg in meinen kastanienbraunen Chevrolet Celebrity und fuhr drei Stunden lang durch die Dunkelheit. Ich nahm eine große Tasche mit, in der ich für fünf Tage Brokkoli und Wurst hatte. Dazu zwei Liter Milch und einen Laib Brot. Das war's. Jede Woche die gleichen Lebensmittel, die gleichen Mengen.

Manchmal summte ich beim Fahren den alten Song von Zorán vor mich hin. »Diamanten und Gold«.

Das Feuer von Diamanten und Gold ist wunderschön,
aber es kann nur dein sein,
wenn du selbst danach gräbst.
Ich weiß, du wirst irgendwann merken,
dass es die Mühe wert ist …

Um sieben Uhr morgens kam ich in Bethesda an und war immer die Erste im Labor. Ich legte meinen Proviant in den Kühlschrank und machte mich an die Arbeit.

Ich arbeitete Tag und Nacht. Ich ging nie aus. Ich hatte einen Schlafsack im Auto und den Schlüssel zu der Wohnung eines ungarischen Kollegen, der mir einen Schlafplatz angeboten hatte, wie Immigranten es untereinander so häufig tun. Wenn ich dort übernachtete, traf ich immer erst spätabends ein. Ich rollte meinen Schlafsack im Wohnzimmer aus, schlief ein paar Stunden und stand auf, so lange es noch dunkel war. Häufig merkte die Familie nur, dass ich da gewesen war, weil ich die Morgenzeitung auf den Küchentisch legte, bevor ich wieder zur Arbeit fuhr.

Häufig aber machte ich mir gar nicht erst die Mühe, zu dieser Wohnung zu fahren. Ich rollte meinen Schlafsack im Labor aus und schlief auf dem Teppichboden ein.

Es war eine Zeit stillen und intensiven Lernens. Abends ging ich regelmäßig in die Universitätsbibliothek. Ich las immer noch alles, was ich in die Finger bekam. Und zwar nicht nur die aktuellen Ausgaben der wissenschaftlichen Zeitschriften. Ich durchstöberte auch die alten Ausgaben, ein Hobby, das ich bis heute beibehalten habe. Ich suchte nach Erkenntnissen, die zu ihrer Zeit vielleicht belanglos wirkten, jedoch im Licht neuer Entdeckungen möglicherweise eine ganz andere Bedeutung bekamen. Ich speicherte Fakten. Ich wollte alles über Molekularbiologie lernen, was ich nur konnte, und dann wollte ich nach Hause.

Um elf Uhr abends warfen mich die Bibliothekare raus. Häufig ging ich dann zurück ins Labor und fing mit einem Experiment an, das sich bis in die frühen Morgenstunden hinziehen würde. Bei der Arbeit dachte ich an Susan und Béla, die 220 Kilometer entfernt vermutlich schon in ihren Betten lagen und schliefen, in einem Heim, in dem ich nicht anwesend sein konnte. Und natürlich fragte ich mich: *Was tue ich hier eigentlich?*

Dann aber fing ich wieder an zu arbeiten und musste mir keine Sorgen mehr machen.

Ganz früh morgens ging ich auf dem Campus laufen. Zwischen den Bäumen hatte man schöne Wege und Fitness-Areale angelegt. Ich hörte mich atmen, hörte das stete Geräusch meiner Schritte und fragte mich einmal mehr: *Was tue ich hier eigentlich?* Dann ging ich wieder rein, duschte kurz und machte mich erneut an die Arbeit.

Freitagnachmittags setzte ich mich ins Auto und schlängelte mich durch den endlosen Verkehr auf der I-95 nach Norden, zu Béla und Susan. Das waren die einzigen Momente, in denen mir die Frage nach dem Warum nicht durch den Kopf geisterte, weil es ganz klar war: Ich fuhr nach Hause.

Während der ganzen Zeit bewarb ich mich immer wieder auf neue Stellen. Ich stellte mich möglichen Arbeitgebern mit handgeschriebenen Briefen vor. So schrieb ich beispielsweise die medizinische Fakultät an der University of Pennsylvania (Penn) an, wo ein neues Kardiologie-Labor eingerichtet wurde. Ausgeschrieben war eine Stellung als Assistant Professor in der Forschung. Kein Traumjob, aber immerhin lag das Labor mitten in Philadelphia, und man suchte ausdrücklich Molekularbiologen.

Ich achtete darauf, nicht den Überblick über meine Bewerbungen zu verlieren. Wenn ich sie abgeschickt hatte, hielt ich fest, wo ich mich beworben hatte, auf welche Position und wer die Kontaktperson war. Zwei Wochen nach der Bewerbung rief ich den potenziellen Arbeitgeber an und hakte nach.

Die Sekretärin an der Penn, die meinen Anruf beantwortete, sagte mir, dass eine zweite Ausschreibung erfolgen sollte. Sie hätten keinen geeigneten Bewerber gefunden. »Würden Sie bitte noch einmal nachsehen?«, fragte ich. »Bitte, sehen Sie doch noch mal nach.«

Dreißig Minuten später erhielt ich einen Anruf von einem Kardiologen namens Elliot Barnathan. Er war in meinem Alter, vierunddreißig, und baute das Labor gerade neu auf. Er hatte sich meinen Lebenslauf angesehen und wusste, wozu ich in der Lage war. Er war interessiert und wollte mich persönlich kennenlernen.

Das Leben funktioniert nicht wie die Geografie. Im Leben gibt es keine Zwischenräume, nur Brücken. *Diese Zeit meines Lebens hat mich von hier nach da gebracht.* Von jeder Brücke nimmt man etwas mit. Und man trägt es mit sich, ins nächste Kapitel.

Eines Tages kam ein früherer Mitarbeiter ins Pathologie-Labor, um seine alten Kollegen zu besuchen. Er brachte Lipofectin mit, eine neue Lipidformel, die man leicht mit DNA mischen konnte, sodass man sie in die Zelle einschleusen konnte. Lipofectin war angeblich einfacher strukturiert und leichter zu reproduzieren als die Liposome, mit denen ich bis dato gearbeitet hatte. Da es eine positive elektrische Ladung hatte, wohingegen Zellmembranen negativ geladen sind, war Lipofectin auch effektiver.

Hier war es also, vorkonfiguriert und gebrauchsfertig.

Mir fiel wieder ein, was wir in Ungarn alles hatten unternehmen müssen – wie Ernő zum Schlachthaus gegangen und mit einem Kuhgehirn zurückgekommen war. Die ganze anstrengende Arbeit, um die Phospholipide zu gewinnen, die wir brauchten. Und hier hatten wir nun etwas vollkommen Neues. Lipofectin.

Dadurch ändert sich alles, dachte ich.

Wir sind nun bei jenem Teil meines Lebens angekommen, für den Journalisten später einen besonderen Begriff verwenden würden: *Eine Aneinanderreihung unglücklicher Umstände.*

Ich sollte mehrere Jahrzehnte an der Penn verbringen. Diese Jahrzehnte teilen sich in drei verschiedene Kapitel, die sich in zwei verschiedenen Fachbereichen und mit drei sehr unterschiedlichen Wissenschaftlern abspielten. Jahre später, als die Welt Kopf stand und sogar Fremde plötzlich meinen Namen kannten, schrieb ein junger Wissenschaftler, mit dem ich im dritten dieser Kapitel zusammenarbeitete (den Weissman-Jahren), einen Artikel über mich. Er beschrieb mich darin – weder fälschlich noch lieblos – als jemanden, dessen Laufbahn *nur hinter vorgehaltener Hand als Beispiel dafür herangezogen wurde, wie angehende Wissenschaftler es nicht machen sollten.*

Sie werden also nun miterleben, wie jemand in vielerlei Hinsicht zum abschreckenden Beispiel wird. Denn meine drei Kapitel an der Penn, so unterschiedlich sie auch ausfallen mochten, folgten einem bestimmten Muster: eine Reihe von Rückschlägen, unterbrochen von außergewöhnlichen Durchbrüchen. Die Durchbrüche aber blieben meist so gut wie unbemerkt. Die Rückschläge hingegen? Die sah jeder.

Ob meine Laufbahn nun wirklich ein abschreckendes Beispiel ist, hängt wohl ganz davon ab, was aus Ihrer Sicht wichtig ist.

Manche Menschen haben die Gabe, dass man sich in ihrer Gegenwart augenblicklich wohlfühlt. Das mag an ihrem Gesicht liegen – einem Lächeln, das sie einem bei jeder Begegnung schenken, als würden sie einen alten Freund begrüßen. Oder es ist die offene Körpersprache, die Art und Weise, wie sie Ihre ausgestreckte Hand ergreifen. Möglicherweise sind es auch die Augen, die sanft und funkelnd Güte und Neugier ausstrahlen.

Was auch immer es war: Ich fühlte mich sofort wohl, als ich Elliot Barnathan kennenlernte. Obwohl es ein Vorstellungsgespräch war. Elliot war entgegenkommend und freundlich, als würde er nichts lieber tun, als sich mit mir zu treffen. Er wirkte so, als wäre er ein guter Nachbar, ein guter Mitbürger. Ein guter Kollege.

Beim ersten Gespräch bat Elliot mich um mein »Laborbuch« – eine handgeschriebene Aufstellung über die Experimente, die ich bereits gemacht hatte, inklusive Resultate. Er sah es sorgfältig durch. Ich merkte, wie er einige Male innehielt und genauer las. Er hatte damals einen dichten Schnurrbart wie Burt Reynolds, der seinen Mund ein wenig verdeckte. Trotzdem hätte ich schwören können, dass er mehrmals lächelte.

Ich wartete ab, während er alle Seiten durchblätterte, Experiment um Experiment. Dann hielt er eine Röntgenaufnahme mit Resultaten eines Northern Blot hoch – das ist eine Technik, die verschiedene RNA-Typen nach Größe sichtbar macht, sodass man genau weiß, welche Typen in einer Probe präsent sind. Ich weiß nicht mehr, um welches Experiment es ging, aber er sagte, offenkundig angenehm überrascht: »Das haben Sie gemacht?«

Wie ich bereits erklärt habe, ist RNA schwierig zu bearbeiten. Aber der Northern Blot, den Elliot in der Hand hielt, war der Beweis, dass es funktionierte: Hier zeigten sich die verschiedenen RNAs, die ich hergestellt und dagegen geschützt hatte, wieder abgebaut zu werden.

Das haben Sie gemacht? Ich nickte. Ja. Das hatte ich gemacht. Und ich konnte es wieder tun.

Das Jobangebot kam unmittelbar nach diesem ersten Treffen.

Elliot war relativ neu am Fachbereich für Kardiologie der Penn, dabei arbeitete er schon gut zehn Jahre lang an der Universität. Er war ein Penn-Mann durch und durch. Er hatte dort zu studieren angefangen und war dann an die medizinische Fakultät gewechselt. Er hatte seine Assistenzzeit an der Penn absolviert und danach ein Forschungsstipendium erhalten. Auch sein Privatleben war von der Penn geprägt, denn er hatte dort seine Frau kennengelernt, und der Großteil seiner Freunde war ebenfalls an der Universität beschäftigt. Ich witzelte manchmal, dass Elliot vermutlich schon im Kindergarten an der Penn gewesen war. Nun war er Teil der Fakultät und baute sein eigenes Labor auf.

An einem Tag in der Woche behandelte Elliot in der kardiologischen Klinik der Universität seine Patienten. Aber letztlich war er in der Grundlagenforschung tätig. (Bei der Grundlagenforschung geht es um allgemeine Fragen. Ihr Ziel ist, das menschliche Wissen über gewisse Zusammenhänge zu erweitern. Anwendungsorientierte Forschung hingegen sucht nach Lösungen für konkrete Probleme, die sich praktisch umsetzen lassen.)

Da ich als Molekularbiologin im klinischen Bereich der medizinischen Fakultät tätig war, fand ich mich unter lauter Ärzten wieder. Der sprichwörtliche Fisch auf dem Trockenen. Aber ich war bereit, mich darauf einzulassen. Ich hatte praktische Erfahrung in der Forschung, die ein Arzt nicht haben konnte. Außerdem würde mir die Zusammenarbeit mit den Ärzten ganz sicher ähnliche Vorteile verschaffen wie zuvor die Zusammenarbeit mit Biochemikern. Das war es, was ich am meisten schätzte: die Möglichkeit, zu lernen.

Und seien wir doch mal ehrlich: Wann war ich bisher *nicht* der Fisch auf dem Trockenen gewesen?

Die Stellung war weder gut bezahlt noch fest in der Hierarchie der Universität verankert, was hieß, dass mein Job nicht sicher war. Aber er hatte andere Vorteile: Ich würde endlich wieder mit meiner Familie zusammenleben können. Ich hoffte außerdem, dass die Penn mir helfen würde, eine Greencard zu bekommen. Meine Anstellung als Assistant Professor würde fünf Jahre dauern. Dann würde die Universität entscheiden, ob man mich in den Rang eines Associate Professor erhob. Doch selbst diese Beförderung würde mir keine unbefristete Anstellung einbringen. Aber wenigstens könnte ich ein eigenes Labor gründen und studentische Mitarbeiter einstellen.

Mittlerweile hatten Béla und ich ein Haus in einer ruhigen Vorortstraße im Auge. Das Haus war zweistöckig, und dahinter erstreckte sich ein weitläufiger Rasen, wo Susan spielen konnte. Eine gute Schule lag ganz in der Nähe. Wir konnten es uns nur aus einem Grund leisten: Von innen war es in einem katastrophalen Zustand.

Aber ich war ja mit Mr. Fix-it verheiratet. Niemand konnte ein Haus so auf Zack bringen wie Béla. Gut, es würde vielleicht eine Weile dauern, aber Béla und ich waren ohne fließendes Wasser aufgewachsen. Selbst ein Haus, an dem noch ständig renoviert wurde, fühlte sich für uns wie purer Luxus an.

Am selben Tag, als ich an der Penn meine Stelle antrat, unterschrieben wir den Kaufvertrag für unser neues Zuhause.

Elliot interessierte sich für eine bestimmte Klasse von Molekülen, die man als *Plasminogenaktivatoren* bezeichnet. Sie helfen, Blutgerinnsel aufzulösen.

Die Bildung von Blutgerinnseln ist eine wichtige Reaktion des Körpers bei Verletzungen. Würde das Blut nicht gerinnen, könnten wir bei jedem Schnitt, den wir uns zufügen, verbluten. An falscher Stelle aber können Blutgerinnsel gefährlich sein. Bilden sie sich in einem Blutgefäß, kann es passieren, dass der Blutfluss behindert wird. Blutgerinnsel in den Koronararterien verursachen Herzinfarkte. Manchmal lösen sich solche Gerinnsel auch von der Gefäßwand und werden in andere Teile des Körpers fortgeschwemmt, in die Lungen zum Beispiel oder ins Gehirn, wo sie potenziell tödliche Schlaganfälle auslösen. Gerinnsel können sich jederzeit bilden, doch besonders gefährdet sind wir nach einer Operation.

Plasminogenaktivatoren sind Teil der körperlichen Abwehr solcher Gerinnsel. Diese Moleküle zirkulieren durch den Körper wie winzige Wachleute. Wenn sie ein Gerinnsel entdecken, das sich am falschen Ort bildet, werden sie sofort aktiv. Sie lösen das Gerinnsel auf und ermöglichen so wieder eine normale Blutzirkulation. Ein weiteres Beispiel dafür, wie Ihr Körper über Ihre Gesundheit wacht, indem er rund um die Uhr diese unsichtbaren Aufgaben erledigt, ohne dass Sie darauf auch nur einen Gedanken verschwenden müssten.

Elliot war vor allem an einem Plasminogenaktivator interessiert, der *Urokinase*. Seine Idee: Gelänge es, die genetische Sequenz (die Anordnung der Nukleosidbasen) eines Urokinaserezeptors (ein Protein, das an die Urokinase bindet) zu identifizieren und zu isolieren, dann wären wir vielleicht in der Lage, nach einer Operation diese Rezeptoren in das Gewebe rund um die Operationswunde zu bringen. Die Urokinaserezeptoren würden dafür sorgen, dass sich in jenem Bereich mehr Urokinase anlagert und das Risiko einer Gerinnselbildung reduziert.

Das war eine gute Idee. Sogar eine sehr gute Idee. Aber Elliot war kein Molekularbiologe, daher brauchte er meine Hilfe. Er hatte ursprünglich vorgehabt, das Ganze mit DNA-Molekülen zu versuchen. Ich hörte ihm gespannt zu, während er mir seine Vision erklärte, wies ihn jedoch auf eine andere Möglichkeit hin: Warum sollten wir es nicht mit Messenger-RNA versuchen?

An diesem Punkt meiner Laufbahn hatte ich schon mit unzähligen RNA-Typen gearbeitet, aber noch nie mRNA synthetisiert.

Dabei hatte mich die mRNA schon als Studienanfängerin fasziniert. Sie ist der Bote, der unsere Zellen veranlasst, spezielle Proteine zu bilden. Ich war von der Idee begeistert, dass wir mithilfe der mRNA eines Tages vielleicht unsere Zellen dazu bringen könnten, Proteine zu bauen, die der Körper brauchte, um sich gegen Krankheiten zu wehren. Je mehr ich darüber in Erfahrung brachte, desto überzeugter war ich, dass mRNA ein enormes therapeutisches Potenzial aufwies. Und als ich an die Penn kam, machte man in der mRNA-Forschung gerade enorme Fortschritte.

Dabei muss man sich vor Augen halten, dass mRNA erst 1960 überhaupt entdeckt wurde. Und das Jahrzehnt war noch nicht zu Ende, als Wissenschaftler an der Universität von Cincinnati mRNA isolierten, die im Labor die Produktion von Mäuseglobin (das zu den sauerstofftransportierenden Proteinen in roten Blutzellen gehört) ermöglichte. Das war 1969 in vitro gelungen, also im Reagenzglas, in einem zellfreien Medium. Aber um mRNA tatsächlich in Zellen hineinzubekommen, waren noch andere Schritte nötig. Zuerst einmal brauchte man eine Lipidpackung – wie die Liposomen, an denen ich im BRC-Lipidlabor in Ungarn gearbeitet hatte. 1978 war es Wissenschaftlern in London und an der University of Illinois unabhängig voneinander gelungen, mRNA in einem Liposomenpäckchen in Maus- und Menschenzellen einzubringen. In den Zellen wurde dann wie beabsichtigt das kodierte Protein hergestellt. (In diesem Fall war es Betaglobin von Kaninchen.)

Die Experimente standen ganz am Anfang, und die Ergebnisse waren für eine klinische Anwendung noch nicht reif. Doch die Idee hatte mich immer schon fasziniert: Wir konnten den Körper quasi instruieren, auf Abruf bestimmte Proteine zu produzieren. Und diese Proteine konnten dazu beitragen, den Körper gesund zu erhalten. Bei diesem Prozess wurden darüber hinaus nur Moleküle eingesetzt, die durch die normalen Reinigungsabläufe in der Zelle schnell wieder abgebaut wurden.

Wäre das nicht eine wunderbare Möglichkeit, den Körper zur Selbstheilung anzuregen!

Als ich 1989 anfing, mit Elliot zu arbeiten, verfügten wir Forschenden schon über bessere Lipidvehikel wie zum Beispiel Lipofectin. Und wir hatten noch einige weitere vollkommen neue Instrumente zur Verfügung. Dank der Wissenschaftler Paul Krieg, Tom Maniatis, Michael Green und Douglas Melton konnten wir mRNA herstellen, die für jedes erwünschte, biologisch aktive Protein kodierte. Und weil wir gelernt hatten, uns eines Enzyms namens Taq-DNA-Polymerase zu bedienen (das die Fachzeitschrift *Science* 1989 zum »Molekül des Jahres« kürte), konnten wir unbegrenzt Kopien von genetischem Material herstellen: per Polymerase-Kettenreaktion oder PCR.

All das zusammen bedeutete: Endlich waren alle Puzzlestücke vorhanden, um ernsthaft mit mRNA arbeiten zu können. In meinem Kopf zeichneten sich schon unzählige Möglichkeiten ab.

Ein anderer angenehmer Charakterzug an Elliot war die Tatsache, dass er einen absolut offenen Geist hatte. Als ich ihm meine Idee vorstellte, mithilfe von mRNA Urokinase-Rezeptoren zu produzieren, hörte er mir aufmerksam zu. Er stellte eine Reihe kluger Fragen – die vor allem die bekannte Instabilität der RNA betrafen. Ich antwortete ihm darauf mit bestimmten Hypothesen, wie sich diese Herausforderungen jeweils umgehen ließen.

Für mich kam die Idee, mRNA erfolgreich in eine Zelle einzubringen, damit sie dort in Proteine (Urokinase-Rezeptoren oder etwas anderes) übersetzt wurde, einem Flug ins All gleich. Gut, es gab unzählige Herausforderungen, wenn man das Weltall erkunden wollte: fehlender Sauerstoff, veränderte Schwerkraftfelder und die durchaus reale Gefahr, dass das Raumschiff in Flammen aufging, wenn es bei der Rückkehr in die Erdatmosphäre eintauchte. Aber für jede dieser raumfahrttechnischen Herausforderungen gab es eine entsprechende Lösung. Und das war doch sicher bei den Schwierigkeiten, die sich mit dem Einsatz von mRNA ergaben, nicht anders. Die Herausforderungen waren enorm, aber nicht *endlos*. Wir konnten sie der Reihe nach identifizieren und eine Lösung suchen, Schritt für Schritt. Zusammengenommen würden diese Einzellösungen das scheinbar Unmögliche möglich machen.

Elliot folgte mir gespannt, als ich ihm die Eigenheiten von Liposomen, Membranen und Ionenbindungen sowie die spezifischen Merkmale von Puffern, Reagenzien und Sequenziertechniken auseinandersetzte. Dann lehnte er sich in seinem Sessel zurück, rieb sich das Kinn und stellte die eine, große Frage. Es war das erste Mal, dass ich sie ernsthaft beantworten sollte, aber beileibe nicht das letzte Mal.

»Also, dieser mRNA-Ansatz … Glauben Sie wirklich, dass das funktioniert?«

Ja, das tat ich. Und mehr wollte Elliot auch gar nicht wissen.

Elliots Philosophie als Forschungsleiter und Mentor war ganz einfach: Stelle kluge Leute ein, die gut miteinander können. Höre ihnen zu. Unterstütze sie, wenn sie es nötig haben, aber verbaue ihnen nicht den Weg. Ermutige sie, über dich hinauszuwachsen, dich hinter sich zu lassen … und würdige es, wenn sie das tun.

Ich war eine von Elliots ersten Angestellten. Noch vor mir hatte er außerdem eine Labortechnikerin namens Alice Kuo eingestellt, die aufmerksam, geduldig, optimistisch und unfassbar präzise war. Und einen Medizinstudenten der Penn namens David Langer, der ein Jahr lang im Labor arbeiten würde, um ein begehrtes Forschungsstipendium zu bekommen. David war in diesen heiligen Hallen schon bekannt. Er hatte ja nicht nur an der Penn studiert, sondern war am Fachbereich für Kardiologie mehr oder weniger aufgewachsen: Sein Vater Terry war ein bekannter und beliebter Kardiologe an der Penn gewesen. Einige Jahre zuvor hatte Terry einen schweren Schlaganfall erlitten und war seitdem linksseitig gelähmt. Das war natürlich eine Tragödie. Seit dieser Zeit behandelte die ganze Kardiologie ihn mit der gleichen Aufmerksamkeit und Fürsorge, die man einem Familienmitglied entgegenbrachte.

David schien ein netter Junge zu sein. Er war charismatisch, selbstsicher und hatte die fesselnde Ausstrahlung eines Sportlers, der für die Universität bei den World University Games im Rudern antrat. (Was er tatsächlich zwei Jahre zuvor noch gemacht hatte.) Aber er war noch jung, gerade mal Anfang zwanzig, und wenn ich ehrlich bin, fand ich ihn immer ein bisschen großspurig.

Bald würde Elliot sein Team mit Postdocs und Forschungsstipendiaten vervollständigen. Und natürlich würden regelmäßig auch Medizinstudenten an den Forschungsarbeiten beteiligt sein. Es war meine Aufgabe, diesen Studenten etwas beizubringen – ihnen zu zeigen, wie man mRNA herstellt und damit arbeitet, damit wir unsere Experimente durchführen konnten.

Ich hatte eigentlich kein Problem mit der Lehre. In Suhadolniks Labor hatte ich ja auch Rob Sobol auf den neuesten Stand bringen müssen. Die Studenten und Studentinnen an der Penn allerdings gingen mir ziemlich bald auf die Nerven. Sie hatten keinerlei Erfahrung, waren aber gleichzeitig ausgesprochen eingebildet! Außerdem schienen sie ständig mit Zukunftsplänen beschäftigt zu sein, damit, wie ihr Leben *irgendwann einmal* aussehen würde, statt ihre Aufmerksamkeit auf das zu richten, was sie jetzt machen sollten. Ihre Arbeit erfüllte nie die erforderlichen

Qualitätsstandards. Im Labor erwiesen sie sich oft als achtlos, ja geradezu schlampig.

Nachlässig mit RNA zu hantieren, ist ein verheerender Fehler. Denn das bedeutet, dass die eigenen RNA-Proben kontaminiert werden. Man steht mit leeren Händen da und hat seine Zeit vergeudet, und die der anderen ebenso.

Zugegeben, ich konnte mitunter ganz schön schroff sein.

Ich erinnere mich noch gut, wie ich bald nach meinem Antritt an der Penn mit David und einem anderen Medizinstudenten ein Experiment durchführte. Ich versuchte den beiden alles beizubringen, was ich über die Arbeit mit mRNA wusste. Das war der erste wichtige Schritt in jedem Experiment mit RNA. Die Herstellung von mRNA ist aufwendig. Zuerst müssen Sie ein Gen isolieren. In diesem Fall arbeiteten wir mit dem Gen für eine Luciferase, deren Aktivität Glühwürmchen leuchten lässt. Das isolierte Gen fügt man dann in ein Plasmid ein (die kleine kreisförmige Doppelstrang-DNA im Zytoplasma eines Bakteriums). Und man gibt ein Protein hinzu, das die Transkription anregt. Sobald diese einsetzt, haben Sie Ihre mRNA … Aber damit diese in einem Experiment von Nutzen ist, müssen Sie die Plasmid-DNA wieder loswerden. Sie fügen also ein Enzym hinzu, das DNA abbaut. Dann sammeln Sie die mRNA in einem Eppendorf-Röhrchen und zentrifugieren sie.

All das braucht Zeit, und wie alles, was mit RNA zu tun hat, erfordert es sorgfältiges Arbeiten. Ich hatte den beiden Studenten jeden einzelnen Schritt erklärt. Aber entweder hatten sie nicht zugehört oder es war ihnen einfach egal. Als sie mit dem Experiment fertig waren, hatten sie jedenfalls keine RNA in ihrem Gel.

Ich nahm an, dass die RNA abgebaut worden war.

Also ging ich mit den beiden die einzelnen Schritte nochmals durch, weil ich wissen wollte, wo der Fehler lag. Nun, sie hatten das Enzym zum DNA-Abbau zugegeben, *bevor* die DNA zu RNA transkribiert wurde. Es war solch ein krasser Fehler, dass ich nicht wusste, was ich dazu sagen sollte. »Was habt ihr euch dabei nur gedacht?«, schimpfte ich. »Wenn ihr die DNA vernichtet, bevor sie abgelesen wird, dann gibt es nichts, was noch transkribiert werden könnte!«

Die beiden sahen zu Boden und murmelten eine Entschuldigung. Es war zum Verzweifeln. Ich hatte wirklich wichtige Dinge zu tun, und da stand ich nun und musste zwei Kids die Grundlagen von etwas erklären, woran sie ohnehin langfristig kein Interesse hatten. Ich versuchte, ruhig zu bleiben. Ich bin niemand, der andere Leute anschreit. Aber ich sagte ihnen auch die Wahrheit: »Das ist einfach Scheiße.« Was sollte ich sonst dazu sagen? Wir würden noch mal ganz von vorn anfangen müssen. »Es ist nutzlos, einfach nur *Müll.*«

Ich tat, was man mit Müll gewöhnlich tut: Ich warf das Gel in den Abfalleimer. Die beiden standen da und starrten mich mit offenem Mund an. Als hätte man ihnen in ihrem ganzen Leben noch nie ungeschminkt die Wahrheit gesagt.

Am nächsten Tag rief Elliot mich zu einem privaten Gespräch in sein Büro. »Weißt du, Kati«, meinte er und massierte sich dann kurz die Schläfen, bevor er fortfuhr. »Du solltest mit den Leuten nicht so *direkt* sein.«

Aha. Die Medizinstudenten hatten sich also bei meinem Chef über mich beschwert.

David, dachte ich. Es konnte nur David gewesen sein. Wer sonst könnte so dreist sein, sich beim Forschungsleiter über mich zu beschweren? An dieser Fakultät war David der Goldjunge, den alle bewunderten. Er kannte Elliot von Kindesbeinen an. *Natürlich* würde er sich bei Elliot beschweren. In dem Moment verhärtete sich etwas in meiner Brust. David war bereits so privilegiert.

Er war in einem wohlhabenden Vorort aufgewachsen. Er studierte an einer Elite-Universität der Ivy League. Nach Abschluss seines Medizinstudiums würde er in seiner Familie die dritte Generation von Ärzten sein. Sein Lebensweg war von Chancen gesäumt wie ein Waldweg von Wildpflanzen. Er musste sich nur bedienen.

Mir ging durch den Kopf, dass ich für alles, was ich erreicht hatte, hart arbeiten musste, und zwar ohne mich zu beklagen. Dass ich in Davids Alter selbstständig ein Biochemie-Labor eingerichtet hatte, ohne jede Hilfe. Und dass ich mit János Ludwig gearbeitet hatte, dem König der Direktheit. Und hatte ich mich je bei meinem Chef beschwert? Nein.

Ich hatte keinen von Davids Startvorteilen gehabt. Und wenn ich mit RNA arbeiten konnte, dann konnte er das sicherlich auch. Wenn er es nur versuchen würde. War es zu viel verlangt, dass er es versuchte?

Doch Elliot hatte so eine sanfte, ruhige Art zu sprechen. Selbst jetzt, da er mich rügte, hatte ich das Gefühl, dass er eigentlich auf meiner Seite war. »Kati«, meinte er, »es verletzt Menschen, wenn du ihnen sagst, dass ihre Arbeit Scheiße ist. Ich sage ja nicht, dass du die Leute nicht korrigieren darfst. Aber mach es doch so, dass sie sich dadurch ermutigt fühlen.«

Zuletzt gab Elliot mir auch noch ein paar Tipps mit auf den Weg, wie ich in Zukunft Kritik anbringen sollte, wenn ich mit der Arbeit der Studierenden nicht zufrieden war. *Ich weiß ja, dass du dir Mühe gegeben hast, aber es sieht so aus, als wäre deine RNA abgebaut worden.* Oder: *Nächstes Mal musst du die einzelnen Schritte in einer anderen Reihenfolge ausführen.* Oder: *Das kann passieren, nächstes Mal solltest du etwas vorsichtiger sein.*

»Gut«, sagte ich und seufzte. Manchmal konnte die Arbeit mit anderen Menschen wirklich anstrengend sein. »Gut, ich werde es versuchen.«

Obwohl Elliots Labor im fünften Stock des Johnson Pavilion lag, hatte ich eine eigene Laborzeile im ersten Stock bekommen. Diese teilte ich mir mit einer anderen Wissenschaftlerin namens Jean Bennett. Jean war außerdem Augenärztin und erforschte die Genetik von Netzhauterkrankungen. Sie war einfach wunderbar: pfiffig, warmherzig, leidenschaftlich und immer voller Energie. Ich mochte sie sofort. Im Gegensatz zu mir war Jean an der Universität fest angestellt, davon abgesehen aber hatten wir viel gemeinsam. Beide waren wir im Kardiologie-Labor Außenseiterinnen. Und wir waren beide Mütter – Jean hatte drei kleine Kinder zu Hause; auch ihr Mann hatte lange Arbeitszeiten.

Damals war es eine Seltenheit, dass eine Frau mit einer wissenschaftlichen Karriere auch Mutter war. Orte wie die Penn hatte man nicht unbedingt für berufstätige Mütter. Gleich zu Anfang hatte Jean mir erzählt, dass Wissenschaftlerinnen häufig eine Stellung als Labormanagerin annahmen, wo sie zwar im Hintergrund die Fäden zogen, aber für ihre Arbeit nie die angemessene Anerkennung bekamen. Wir waren uns einig, dass wir etwas anderes wollten: Wir wollten Entdeckungen *machen*, nicht nur assistieren, wenn andere – üblicherweise Männer – Durchbrüche erzielten.

Obwohl unser Laborplatz nicht viel zu bieten hatte, waren wir fest entschlossen, daraus das Beste zu machen. Wir teilten miteinander, was immer uns zur Verfügung stand. Keine von uns hatte ein eigenes Budget oder irgendwelche Finanzierungszusagen. Also mussten wir mit den vorhandenen Mitteln kreativ umgehen. Ich zum Beispiel kaufte immer wieder das für Ungarn typische eingelegte Gemüse in großen Gläsern und fing an, diese Gläser zu sammeln. Wir sterilisierten sie im Labor und verwendeten sie, um Eppendorf-Röhrchen oder andere Materialien darin aufzubewahren. Alles, was wir hatten, war irgendwie improvisiert und umfunktioniert. Was uns nicht weiter störte. Wir waren einfach nur begeistert, weil wir an unseren Forschungsvorhaben arbeiten konnten.

Ich las immer noch ständig wissenschaftliche Fachzeitschriften – Monat für Monat Hunderte von Studien. Ich konnte einfach nicht genug davon bekommen. Ich las während der Arbeit und hatte *Nature* sowie *Science* privat abonniert. Die las ich dann zu Hause. Manchmal stürmte ich morgens ins Labor, wedelte mit der neuesten Ausgabe herum und rief: »Habt ihr diesen Beitrag gelesen?« Und dann las ich Artikel über die Sinneswahrnehmung von Flusskrebsen oder die Replikation bakterieller DNA vor.

Manchmal merkte ich, wie die Studenten einander Blicke zuwarfen – *Die schon wieder!* –, Elliot aber hörte immer aufmerksam zu, auch wenn er mich mitunter fragend ansah. Kaum war alles aus mir herausgesprudelt, fragte er mich lächelnd: »Kati, hat das irgendetwas mit unserer Arbeit zu tun?« Manchmal war das der Fall, oft aber auch nicht. Aber es war immer ein faszinierender Teil des wundervollen biologischen Systems, das mich mit seiner Komplexität und Präzision immer wieder zum Staunen brachte.

Wenn wir uns dann gegenseitig versichert hatten, dass Biologie wirklich spannend war, machten wir uns wieder an die Arbeit. Wir sahen uns die Resultate der Experimente vom Vortag an, versuchten herauszufinden, was sie für uns bedeuteten, und entwarfen neue Experimente. Jeden Tag gab es etwas Neues zu lernen.

Viele Studierende an der Penn verdrehten nur die Augen, sobald es um mich ging – und um die Artikel, die keinen unmittelbaren Einfluss auf ihre Karriere hatten. Oder um die Tatsache, dass ich im Labor Präzision verlangte. Oder darum, dass ich keine feste Stelle hatte und meine Experimente selbst durchführen musste, weil ich nicht mal einen Postdoc hatte, der für mich arbeitete.

Ein Student allerdings fing an, jeden meiner Hinweise aufzugreifen. Er las jeden Artikel, den ich ins Labor mitbrachte und stellte mir danach detaillierte Fragen zum Inhalt – zur Argumentation, zur Methode oder den darin geschilderten Labortechniken. Vielleicht auch zu einer merkwürdigen Literaturangabe. Je mehr ich antwortete, desto schneller kamen die Fragen. Ich bemerkte, wie der Student anfing, fleißiger und sorgfältiger zu arbeiten als die anderen. Und je häufiger ich ihn korrigierte, desto eifriger wurde er.

Dieser Student war zu meiner Überraschung David, der Goldjunge des kardiologischen Fachbereichs. Der junge Mann, der mich bei Elliot verpfiffen hatte. Damit hatte ich nun wirklich nicht gerechnet!

Davids Lerneifer hatte, wie sich bald herausstellte, mit der Krankheit seines Vaters zu tun. Seinen geliebten und brillanten Vater unter den Nachwirkungen des Schlaganfalls leiden zu sehen, hatte in ihm eine tiefe Zielstrebigkeit geweckt. Er wollte etwas Außergewöhnliches leisten. Etwas *Gutes* tun.

Trotzdem. Es erklärte nicht, warum David sich entschied, ausgerechnet *mich* zu respektieren. Ich genoss in der Fakultät kein besonderes Ansehen. Ich hatte keine Fördergelder, keine Gremientermine, kein Budget. Ich hatte nichts zu bieten außer dem, was er lernen konnte. An der Penn war ich letztlich ein Niemand – und noch dazu ein Niemand, der mitunter sehr unverblümt sein konnte.

Aber vielleicht war gerade das der Punkt. Vielleicht hatte er bei unserer ersten Begegnung, als ich ihn nicht eben mit Samthandschuhen angefasst und seine Arbeit als »Scheiße« bezeichnet hatte, etwas Wichtiges erkannt: dass ich ihm immer die Wahrheit sagen würde. Wenn ich ihn lobte, hatte das nichts damit zu tun, wer sein Vater war. Wenn ich ihn respektierte, dann nur, weil er meinen Respekt verdient hatte.

Und er verdiente ihn. Was soll ich sagen? Manchmal können einen die Menschen wirklich überraschen.

An der Penn wurden Herztransplantationen durchgeführt. Es kam also vor, dass Elliot mitten in der Nacht einen Anruf erhielt: *Wollen Sie nach der Transplantation das kranke Herz haben?* Und das wollte er immer.

Dann machte er sich um drei Uhr nachts auf den Weg, um ein menschliches Herz, in Eis gepackt, aus der Chirurgie abzuholen. Im Labor spülte er es mit warmen Flüssigkeiten aus, sodass wir die Zellen für unsere Experimente verwenden konnten. Als er gegen vier Uhr morgens einmal allein im Labor war, fing das Herz in seinen Händen plötzlich reflexhaft an zu schlagen, als wäre er mitten in einem Horrorfilm gelandet.

Wissenschaft ist manchmal ein Gehirn, das man aus einem ungarischen Schlachthaus ins Labor holt. Manchmal aber auch ein menschliches Herz, das nachts in einem verlassenen Labor urplötzlich zu schlagen anfängt. Weniger bildhaft gesprochen aber ist Wissenschaft ein Experiment nach dem anderen, immer schön der Reihe nach.

Ich würde in Elliots Labor Tausende Experimente durchführen. Das hört sich nach viel an, aber dazu muss man wissen, wie Wissenschaft funktioniert.

Ein einzelnes Experiment ist die kleinste Einheit im Forschungsprozess, aber *Forschung* an sich ist das noch nicht. Das allumfassende Ziel der Wissenschaft ist es, Hypothesen zu entwickeln und diese dann zu überprüfen. Dazu brauchen Sie Resultate aus nicht nur einem Experiment, sondern aus einer ganzen Reihe von Experimenten. Sie müssen also jedes Experiment mehrfach durchführen. Bei jeder Wiederholung verändern Sie nur eine einzige Variable. Und dann brauchen Sie natürlich noch Kontrollstudien, bei denen nichts abgeändert wird, sodass Sie Vergleichsdaten haben.

Wenn ein Experiment mal wieder nicht die erwarteten Resultate lieferte, warf ich einen Blick auf eine Postkarte mit einem Zitat, das von Leonardo da Vinci stammt: *Experimente irren nie, nur unsere Erwartungen.* Es sieht vielleicht so aus, als wäre das Experiment fehlgeschlagen, aber das liegt nur daran, dass entweder Ihre Hypothese falsch oder Ihre Durchführung fehlerhaft war. Solange Sie nicht viele Experimente durchführen, bei denen Sie jedes Mal eine Kleinigkeit abändern, können Sie das nicht wissen.

Stellen Sie sich vor, Sie arbeiten mit brandneuen Instrumenten und genauso neuen Reagenzien. Sie wissen nicht, wie sich diese Elemente in unterschiedlichen Versuchsanordnungen verhalten. Das bedeutet: noch mehr Experimente. Sie führen also Ihre Forschungsarbeiten durch und testen gleichzeitig neue Techniken. Wann immer ich ein neues Reagens anmischte, testete ich es vorher, um potenzielle Irrtümer auszuschließen.

Eines aber kann ich mit Fug und Recht behaupten: Meine Experimente waren immer gut durchdacht. Ich überlegte mir, welche Resultate möglich waren, und modellierte meine Versuche dann so, dass sie möglichst viel verwertbare Informationen lieferten. Ich führte viele Kontrollen durch, veränderte etwas und machte das Experiment dann noch einmal. Und ich zweifelte meine Resultate so lange an, bis es keinen Zweifel mehr geben konnte. Wenn ich einen technischen Fehler begangen hatte, dann entwarf ich einen neuen Ablauf, um diesen Fehler künftig zu vermeiden.

Diese umsichtige Art zu arbeiten bedeutete aber auch, dass ich den Anreizen und dem Druck akademischer Forschung widerstehen musste.

Akademische Forschung ist unglaublich wettbewerbsbetont, was einen unbeschreiblichen Druck erzeugt. Natürlich soll uns der Druck dazu motivieren, Herausragendes zu leisten und uns einen Namen zu machen. Was wiederum heißt: zu veröffentlichen und zitiert zu werden. Doch damit endet der Druck auf einen Forscher noch nicht. Da ist zum einen die Frage nach der Finanzierung. Während die Universitäten die Gehälter von Professoren in den Geisteswissenschaften, Künsten und Sozialwissenschaften gewöhnlich selbst finanzieren, müssen Wissenschaftler in der medizinischen Forschung das Geld, das sie verdienen, selbst einwerben. Andere bekommen ihr Gehalt (und die Gehälter der Mitarbeitenden) von außen, manchmal von privaten Finanziers, meist aber vom Staat – und das bedeutet Steuergelder.

Aber selbst wenn Sie eine Finanzierung erhalten, fließt nicht das gesamte Geld in Ihre Forschung. Die Universität erhält einen gewissen Prozentsatz, um ihre eigenen Strukturen zu finanzieren. Und das kann bedeuten, dass Sie fünfzig bis fünfundsechzig Prozent Ihrer Forschungsgelder abtreten müssen. Manchmal ist es noch mehr.

Der finanzielle Druck ist immens. Und das wiederum verstärkt eine andere Form des Drucks: zu *produzieren* – mehr, schneller und nicht unbedingt besser. Es ist wichtig, dass Sie als *Erste* veröffentlichen, nicht unbedingt als Sorgfältigste.

Dieser Finanzierungsdruck hat außerdem Auswirkungen auf den Gegenstand der Forschung. Denn er sorgt oft dafür, dass Studien durchgeführt werden, die *ganz sicher* finanziert werden – dass also in solchen Bereichen geforscht wird, die bereits im Zentrum der allgemeinen Aufmerksamkeit (und damit der Finanzierung) stehen. Hier warten nicht unbedingt Durchbrüche, es geht noch nicht mal um den größten Bedarf. Diese Finanzierungspraxis hat mitunter den Effekt, dass sehr gute Ideen überhaupt nicht berücksichtigt werden.

Ich aber war immer ausgesprochen dickköpfig. Wenn ich mit dem Druck konfrontiert war, *mehr* und *schneller* zu veröffentlichen, verstärkte dies nur meine Entschlossenheit, meine Studien so sorgfältig wie möglich aufzubauen. Ich entschied, dass in meiner Arbeit Integrität vorgeht.

Also veröffentlichte ich langsamer als andere. Ich wollte keine überstürzt verfassten Aufsätze herausgeben. Ich war nicht so erpicht aufs Publizieren, dass ich die wissenschaftliche Literatur mit zweifelhaften Resultaten überschwemmte. Für mich war es wichtiger, dass die Resultate meiner Experimente kristallklar und überzeugend waren. Und natürlich sollten sie reproduzierbar sein.

Elliot akzeptierte das. Er schien es zu schätzen, dass ich so gewissenhaft vorging. Und er drängte mich nie, schneller zu arbeiten, als ich selbst es wollte. Er vertraute mir. Weil er ebenfalls Integrität besaß.

Und dort forschen, wo das Geld war? Nun, das tat ich nun absolut nicht.

Ich kam an die Penn, als an der medizinischen Fakultät gerade ein Führungswechsel stattfand. Der bisherige Dekan hatte sich erst kürzlich zurückgezogen. Sein Nachfolger und neuer CEO des Krankenhaussystems war ein Arzt namens Bill Kelley. Kelley hatte an der Duke University studiert und galt unter den Ärzten als eine Art Wunderkind. Bevor er an die Penn kam, wurde er mit sechsunddreißig Jahren der jüngste Dekan einer medizinischen Fakultät, den es im ganzen Land je gegeben hatte, an der Michigan Medical School.

Ich hatte den Namen Bill Kelley schon als Doktorandin gekannt. Eines meiner ersten Experimente, die ich noch in Ungarn durchführte, drehte sich um eine Erbkrankheit, das Lesch-Nyhan-Syndrom. Zu seinen Symptomen gehören zwanghafte Selbstverletzungen (die Betroffenen schlagen beispielsweise den Kopf gegen die Wand oder beißen sich in die Finger). Kelley hatte nachgewiesen, dass die Störung auf einen Gendefekt zurückging, eine reduzierte Enzymaktivität. Da unser RNA-Labor beim BRC alle nötigen Moleküle zur Verfügung hatte, sollte ich die Blutproben betroffener Kinder daraufhin untersuchen, ob tatsächlich eine verringerte Enzymaktivität festzustellen war. Als ich viele Jahre später hörte, dass Bill Kelley – *der Bill Kelley!* – an die Penn kommen würde, war ich hellauf begeistert.

Und er hatte große Pläne für die Uni.

Kelley brachte ein Team mit, das ebenfalls an der Duke studiert hatte. Diese Leute waren, wie Kelley selbst, begeisterte Anhänger der *Gentherapie*. Unter Kelleys Führung entstand an der Penn ein innovatives Zentrum für Erbkrankheiten, das Institute for Human Gene Therapy. Auch in der medizinischen Fakultät wurde ein neuer Fachbereich gegründet, für molekulares und zelluläres Engineering. Als Leiter stellte Kelley einen seiner früheren Kollegen von der University of Michigan ein: Jim Wilson.

Die Botschaft war klar. Die Zukunft der Penn lag im Bereich der Gentherapie.

Hier flossen natürlich auch reichlich Gelder. Das Human Genome Project, das sämtliche menschlichen Gene identifizieren sollte, war gerade erst ins Leben gerufen worden. *Forbes* veröffentlichte Lobreden auf die Biotech-Industrie, versprach »Blockbuster«-Produkte und sah ein Wachstumspotenzial, für das der Fantasie keine Grenzen gesetzt waren. Anfang der 1990er-Jahre, bevor die Internetblase entstand, war Gentherapie der große Trend.

Und sie hatte ja auch Potenzial. Selbst damals gab es schon erste Erfolgsgeschichten zu vermelden. Natürlich hatte die DNA gegenüber der RNA einige Vorteile. Die DNA war stabil, es ließ sich leichter mit ihr arbeiten. Meiner Ansicht nach gab es aber auch gravierende Nachteile. Bei einer Gentherapie müssen Sie das Genom des Patienten verändern, und diese Änderungen sind von Dauer. Wenn eine derart manipulierte Zelle sich teilt, wird das veränderte Genmaterial auch Teil der neuen Zelle.

Eine mRNA-Therapie hingegen verändert die Zelle nicht dauerhaft, sie kommt dem Erbgut des Patienten nicht einmal nahe. Und da die mRNA vom Körper schnell abgebaut wird (wie auch die Proteine, für welche die mRNA die Anweisungen trägt), kann eine mRNA-Therapie eine entscheidende Wirkung erzielen (zum Beispiel Urokinase dorthin bringen, wo ein Eingriff stattgefunden hat, um die Blutgerinnung zu reduzieren) und trotzdem nur *kurzzeitig* aktiv sein. Diese Technik war so unglaublich effizient! Mit mRNA konnten wir theoretisch die richtigen Proteine an den richtigen Platz bringen, ohne dass wir DNA in den Zellkern einschleusen mussten.

Es ist ja nicht so, dass ich an die Gentherapie nicht geglaubt hätte. Ich fand nur, dass es genügend Platz für Gentherapie *und* mRNA-Therapien gab. Ich wollte, dass das Institut für beide Möglichkeiten offenblieb.

Aber Wilson schien sich für die mRNA und meine Forschung kein bisschen zu interessieren. Er schien mich kaum zu bemerken, und bei den seltenen Gelegenheiten, bei denen er es tat, fühlte es sich immer so an, als schaue er direkt durch mich hindurch.

Gleich zum Auftakt der Neustrukturierung wurden Elliot und ich zu einer Besprechung mit Jim Wilson und einigen anderen Leuten einbestellt. Thema: Forschungsgelder. Wir sollten ein Proposal ausarbeiten, das unser Chef bei den National Institutes of Health (NIH) einreichen wollte. Sollten die Gelder bewilligt werden, würde uns das mehrere Millionen Dollar einbringen. Jim Wilson präsentierte ein paar Daten über Adenoviren, einen möglichen Gen-Vektor (der Gene in die Zelle einschleusen konnte). Ich stellte eine Menge Fragen zum Ablauf, und Wilsons Antworten fielen mit der Zeit immer knapper aus. Am Ende war er so kurz angebunden, dass ich mich schon fragte, ob mein Nachhaken für ihn nur lästiger Lärm war. Bei dieser Besprechung versuchte ich für meine mRNA-Forschung zu werben, damit auch sie in den Antrag einbezogen wurde. Doch Wilson überging mein Anliegen einfach. Als wollte er sagen: *Jeder Mensch weiß doch, dass man mit RNA nicht arbeiten kann.* Dabei stand ich leibhaftig vor ihm: eine Wissenschaftlerin, die mit RNA arbeiten konnte und das auch bewiesen hatte.

Aber das sollten nicht die einzigen Schwierigkeiten mit der neuen Leitung bleiben. Eine von Bill Kelleys ersten Maßnahmen war es, den bisherigen Chefarzt der Klinik durch Ed Holmes, einen Kumpel von der Duke University, zu ersetzen. Holmes wiederum feuerte den Leiter der Kardiologie – Elliots Chef – und schrieb die Stelle neu aus.

Judy Swain, Holmes' Frau, war ebenfalls Kardiologin. Interessanterweise bekam sie dann den Job.

Ich will nicht behaupten, dass Judy und ich vollkommen verschieden waren. Tatsächlich schien sie ähnlich dickköpfig und ehrgeizig wie ich zu sein. Mein Ehrgeiz war, wie schon gesagt, aus der Neugier geboren. Ich war Wissenschaftlerin durch und durch. Mehr als alles andere wollte ich verstehen, wie die Welt funktioniert. In meinem Streben nach Wissen setzte ich hohe Maßstäbe, für mich persönlich und für meine Studien. Da ich mich Tag für Tag an diese Maßstäbe hielt, war ich eine ziemlich gute Wissenschaftlerin geworden. Aber ich sollte bald erkennen, dass Erfolg zu haben in einer Forschungsinstitution wie der Penn Fähigkeiten erforderte, die wenig mit Wissenschaft zu tun hatten. Es ging vielmehr darum, wie man sich selbst und die eigene Arbeit am besten verkaufte. Man musste sich schließlich für potenzielle Geldgeber attraktiv machen. Dazu brauchte man soziale Fähigkeiten, die einem Einladungen zu Konferenzen einbrachten, wo man Leute kennenlernte, die einen unbedingt unterstützen wollten. Man musste bestimmte Dinge beherrschen, die mich wirklich noch nie interessiert haben (Menschen schmeicheln, ihnen Honig ums Maul schmieren, konträre Meinungen weich in Watte verpacken, und das selbst dann, wenn Sie hundertprozentig sicher wissen, dass Sie recht haben). Man musste die politische Leiter hinaufklettern und mit einer Hierarchie umgehen können, die bestenfalls völlig uninteressant schien (und schlimmstenfalls wissenschaftliche Grundprinzipien verletzte). An derartigen Fertigkeiten hatte ich wenig Interesse. Ich wollte keine politischen Spielchen spielen. Ich fand auch, dass das nicht meine Aufgabe war. Niemand hatte mir das je beigebracht, und ganz ehrlich: Ich wollte es nicht lernen.

Genau das ist es, was manche Menschen besonders an mir schätzen. Jean Bennett zum Beispiel sagte mir oft, wie dankbar sie für meine Direktheit sei. Jean war eine großartige Wissenschaftlerin mit einem scharfen Verstand. Aber sie erzählte mir auch, dass man sie zu Sanftmut und Nettigkeit erzogen habe, auch wenn das hieß, dass sie ihre eigene Meinung für sich behielt. »Deine Offenheit ist so *erfrischend*, Kati«, sagte sie immer wieder. »Das sollte anderen Menschen wirklich ein Beispiel sein.«

Ich hatte allerdings bald den Eindruck, dass Judy Swain das anders sah.

Die *New York Times* widmete Judy einen ausführlichen Artikel, während sie an der Penn arbeitete. Der Artikel fing mit der Aussage an, dass sie *wild entschlossen* war, sich an der Spitze dieses männlich dominierten Feldes zu behaupten. Und weiter: *Sie hat das exakt so geplant und wird nie weniger als das akzeptieren.* Ja, diese Worte beschrieben Judy in meinen Augen ganz gut. Sie besaß all diese Fähigkeiten, die mir so gar nichts wert waren.

Und sie konnte sie gut zu ihrem Vorteil einsetzen. Judy war zu jener Zeit die einzige Frau, die an einem Forschungszentrum von dieser Größe und von diesem Kaliber den Fachbereich Kardiologie innerhalb der medizinischen Fakultät leitete. Sie sollte auch zur ersten Frau werden, die der American Society of Clinical Investigation vorstand, nach achteinhalb Jahrzehnten männlicher Leitung. Diese Leistungen sind auf ihre Art natürlich auch ein Durchbruch.

Aber gibt es nicht viele verschiedene Formen des Erfolgs? Und sollte es nicht auch so sein?

Die Wahrheit ist: Ich habe mich von Judy nie unterstützt und ganz sicher nicht respektiert gefühlt. Bei Besprechungen redete sie immer mit Elliot, nie mit mir. Ja, sie sah mich kaum an, sogar wenn es um meine Arbeit ging. Sie stellte dazu keine Fragen, und ich hatte das Gefühl, dass sie ihr keine Wertschätzung entgegenbrachte.

Es gab einige merkwürdige Vorkommnisse. So war Judy beispielsweise bei dem ersten Finanzierungstreffen mit Jim Wilson dabei – bei dem ich so viele Fragen gestellt und vorgeschlagen hatte, dass man die mRNA-Forschung in den Antrag aufnahm. Ich weiß noch genau, dass sie anschließend forderte, ich solle künftig an solchen Besprechungen nicht mehr teilnehmen.

Danach wurde alles nur noch schlimmer. Obwohl ich zu Elliots Team gehörte, arbeitete ich in Judys Labor-Räumlichkeiten im ersten Stock des Johnson Pavilion. (Elliots Labor befand sich im fünften Stock.) Einmal versuchte ich, deionisiertes Wasser zu bekommen. Das ist Leitungswasser, das gefiltert wird, um ihm Ionen zu entziehen. Deionisiertes Wasser gehört zur Standardausrüstung jedes Labors, es ist auch gar nicht teuer. Doch ein Studierender erhob Einspruch und meinte, ich solle mein deionisiertes Wasser doch vom fünften Stock holen. Denn *dieses* Wasser sei mit Finanzmitteln *dieses* Labors angeschafft worden. Als ich ihm ein paar Fragen dazu stellte, eröffnete mir der Student, er und die anderen seien angewiesen worden, mir kein deionisiertes Wasser mehr abzugeben, weil ich nicht Teil ihres Teams sei.

Das war zwar keine große Sache, aber trotzdem unangenehm.

Ein anderes Mal meinte Judy, ich solle aufhören, mit unseren ungarischen Kollegen Ungarisch zu sprechen. Offensichtlich war sie der Ansicht, dass ich sonst nie richtig Englisch lernen würde. Sie sagte das mit absolut nettem Tonfall, als wolle sie mir nur helfen. Aber irgendetwas am Klang ihrer Stimme blieb bei mir hängen. Es nagte an mir, obwohl ich nicht gleich dahinterkam, was es war. Erst viel später wurde mir klar, dass mich ihr Tonfall an die falsche Freundlichkeit der Geheimpolizisten erinnerte, die einst in Ungarn vor meiner Tür gestanden hatten.

Ja, genau *das* schwang in ihrem netten Tonfall mit: eine Warnung.

Einmal rief Judy mich in ihr Büro, um mir mitzuteilen, die »Leute« würden sich über mich beschweren, weil ich so schwierig sei. »Destruktiv« war das Wort, das sie benutzte.

»Einen Moment«, sagte ich. »Wer sagt das? Und worüber genau hat der- oder diejenige sich beschwert?« Was sollte ich mit so vagen Anschuldigungen anfangen? Ich schlug vor, dass sie die Leute ins Büro rief, damit wir über konkrete Verhaltensweisen und Beziehungen sprechen konnten. Als Judy sich weigerte, mir Auskunft zu geben, verließ ich ihr Büro. Für solchen Unsinn hatte ich keine Zeit.

Ich behaupte ja nicht, dass ich immer einfach war. Ich war schließlich immer noch derselbe Mensch wie am Gymnasium, wo ich vor versammelter Klasse leidenschaftlich darlegte, dass mein Ansatz zur Lösung eines mathematischen Problems besser passte als der meiner Klassenkameradin. Ich war immer noch dasselbe Mädchen, das sich den Anordnungen des Bitterlings widersetzte, des Russischlehrers. Aber ich war kein Kind mehr. Ich war Wissenschaftlerin – ich hatte Erfahrung, ich war *gut*.

Außerdem: Wie vielen Männern hatte man es erlaubt, »schwierig« zu sein? An der Temple University hatte niemand auch nur mit der Wimper gezuckt, wenn Dr. Suhadolnik herumschrie und mit Türen knallte oder etwas durchs Labor feuerte. Große Männer *machten* das nun mal so, oder?

Sicher hatte Judy Swain schon mit schwierigen Männern zu tun gehabt. Hatte sie diese genauso behandelt, wie sie das jetzt mit mir tat? Oder verhielt sie sich so, wie man während der gesamten Menschheitsgeschichte mit schwierigen Männern verfahren war: Man nahm ihre Sturheit und ihr unhöfliches Verhalten als Beweis für ihr Genie?

Für mich ging es im Grunde nur darum, dass ich gute Arbeit leistete und mich nicht verstellen wollte. Warum sollte ich auch?

Nun, es gab wohl doch einen sehr guten Grund, um mich zu verstellen: Wie gesagt hatte ich genau fünf Jahre Zeit, um in dieser Institution meinen Wert unter Beweis zu stellen. Wenn mir das gelang, würde man mich vom Assistant Professor zum Associate Professor befördern. Und wenn nicht? Dann war's das vermutlich für mich. An der Penn kann man nicht länger als fünf Jahre als Assistant Professor in der Forschung arbeiten. Wenn ich nicht befördert würde, hätte ich nichts in Händen.

Und wer würde diese Entscheidung treffen? Nicht Elliot, mein unmittelbarer Chef, sondern seine Vorgesetzte. Ja, genau. Judy. Und wer stand über Judy, falls ich mich über ihre Entscheidung beschweren wollte? Das war Judys Ehemann Ed Holmes.

Mein Schicksal lag also in Judys Händen. Wenn ich bleiben wollte, hielt ich wohl besser den Mund.

Doch das entsprach einfach nicht meiner Natur, ob das nun gut oder schlecht sein mochte.

Wenn Leute sich rückblickend mit meinem Werdegang befassen, sehen sie oft nur einige wenige Beiträge, die direkt zu einem späteren Durchbruch beitrugen. Aber wissenschaftliche Forschung verläuft selten, wenn überhaupt jemals, linear – vor allem, was die Grundlagenforschung angeht. Elliot und ich machten in jenen Tagen eine ganze Reihe von Entdeckungen. So fanden wir beispielsweise heraus, dass die Expression von Urokinaserezeptoren in Endothelzellen, die das Innere der Blutgefäße auskleiden, deutlich erhöht war. Anders ausgedrückt: Diese Zellen waren möglicherweise ein guter Einstieg für unsere Forschung.

In einer anderen Studie verglichen wir Urokinaserezeptoren in verschiedenen Proben von Blasenkrebszellen – die einen weniger, die anderen stärker aggressiv. Und wir entdeckten, dass die Expression von Urokinaserezeptoren bei bösartigen Tumorzellen etwa dreimal so hoch war wie bei gutartigen.

Wir verglichen die Anzahl der Urokinaserezeptoren in gesunden Koronararterien mit solchen von Herzkranken. Dabei stellten wir zwar keinen Unterschied in der Menge der Rezeptoren fest, aber wir entdeckten lokale Unterschiede. (In den kranken Arterien lagen die Zellen näher an der Innenseite der Blutgefäße.) Wir registrierten unsere Fortschritte und überlegten uns, wie sich daraus ein stimmiges Mosaik ergeben könnte.

Und wir veröffentlichten in allen möglichen Fachzeitschriften – für Krebs, für Hämatologie, für Biochemie und so weiter.

Manchmal veröffentlichte ich ohne Elliot. So publizierten Jean und ich als Co-Autorinnen einen Artikel über sich wiederholende Sequenzen in einem Gen, das für ein Protein in den Stäbchen der Netzhaut kodierte. Ich veröffentlichte einen Artikel als alleinige Autorin, in dem es um die Verbesserung der Polymerase-Kettenreaktion ging.

Ich lernte also immer weiter dazu. Und das ist das Wunderbare an der Grundlagenforschung: Wenn Sie einfach alles lernen, was Sie aufschnappen können, wissen Sie nie, wohin Sie das führt.

Manchmal aßen wir gemeinsam im Labor zu Mittag, und einer von uns brachte das Essen mit. Ich schleppte dann ganze Tabletts mit ungarischen Speisen an, wie meine Mutter sie immer zubereitet hatte. Ich erzählte meinen Kollegen von meiner Kindheit oder von meinen ersten Jahren in der Forschung, damals noch hinter dem Eisernen Vorhang. Jean und ich kamen in unserem gemeinsamen Labor immer noch blendend miteinander aus. Wir sprachen uns Mut zu, wenn die Arbeit nicht gut lief, freuten uns, wenn die andere Erfolg hatte, und unterhielten uns über unsere Familien. Jean half mir bei meinen Schwierigkeiten mit Judy Swain, und auch ich tat, was ich konnte, um sie zu unterstützen. Hatte sie beispielsweise Probleme, einen Babysitter für ihre Kinder zu bekommen, rief ich jemanden aus meiner ungarischen Enklave an, der sich um die drei kümmern konnte.

Ich war gern dort. Das ist das Entscheidende. Ich hatte vielleicht nicht alles, aber alles, was mir wichtig war.

Ähnlich sah es bei uns zu Hause aus. Wir hatten nicht viel, aber es fehlte uns an nichts. Susan ging in die Grundschule und tat sich leicht. Sie hatte viele Freunde und die unterschiedlichsten Interessen. Manchmal las sie stundenlang, dann wieder erforschte sie den Wald hinter unserem Haus, nur um dann mit geröteten

Wangen und einem breiten Lächeln heimzukommen. In der dritten Klasse fing sie an, Saxofon zu spielen, und sie übte und übte. Anfangs waren es immer dieselben drei Noten. Dann waren es dieselben *Tonleitern*. Wenn ich abends nach Hause kam, hatte ich für gewöhnlich noch Arbeit zu erledigen. Ich war zwar stolz auf Susans Eifer, muss aber zugeben, dass ich manchmal doch dazwischenfunkte: »Können wir jetzt vielleicht bitte schön beim Üben mal eine Pause einlegen?« Doch je mehr sie übte, desto weniger schmerzhaft wurde es für meine Ohren.

Sie interessierte sich außerdem zunehmend für Sport. In der fünften Klasse spielte sie Softball, in der sechsten entschied sie sich für Leichtathletik. Das hatte einen ganz praktischen Grund. So blieb sie länger in der Schule, was sowohl für mich wie für Béla eine Entlastung bedeutete. Als Susans »Babysitter« fungierten dann die jeweiligen Trainer bzw. Trainerinnen.

Sie beklagte sich nicht, eigentlich nie. Während ihrer Kindheit und Jugend trug sie alte Sweatshirts von den Jungs von Laszlo und Betty. (Glücklicherweise war in den 1990ern Oversize in Mode.) Ihr machte es auch nichts aus, dass wir nur einmal im Jahr zum Essen ausgingen oder dass ich sie in den Schulferien mit ins Labor nahm. Da saß sie dann und las den lieben langen Tag. Im Sommer flog sie immer noch allein nach Ungarn. Wann immer sie uns dann zu Hause anrief, klang sie überglücklich. Sie erzählte mir alles über Omas Hühner und über all die Gerichte, die sie kochen lernte. Als der Eiserne Vorhang fiel, berichtete sie ganz aufgeregt, dass es in Ungarn jetzt überall amerikanische Süßigkeiten gab. »Mom!«, rief sie einmal aus. »Jetzt kriegt man hier sogar Erdnuss-M&Ms!« (Die mochte sie am liebsten. Ich persönlich griff lieber zu Goobers.)

Béla und ich hatten jeweils einen ganz anderen Umgang mit ihren Problemen. Wenn Susan nach Hause kam und sich über einen Lehrer oder eine Lehrerin beschwerte, versuchte ich instinktiv herauszufinden, was Susan anders machen konnte. Béla hingegen sah sie fassungslos, ja geschockt an und rief dann: »Wer ist der Kerl? Was hat er für einen Wagen? Ich werde ihm die Reifen aufschlitzen! Ich ziehe ihm ein Kantholz über den Schädel!«

Natürlich war das ein Witz, und Susan wusste das auch. Allein die Vorstellung, dass ihr liebevoller und witziger Vater – der so stolz war auf seinen Humor, seine Ehrlichkeit und seine Fähigkeiten, buchstäblich alles zu reparieren – irgendetwas Gewaltsames tun könnte, war lächerlich. »Ach, tust du das, Daddy?«, rief sie dann und klatschte in die Hände, als wäre sie eine Prinzessin, die gerade erfahren hatte, dass nur ihr zu Ehren ein Ball gegeben würde. »Versprichst du's?«

Und wenn Béla es ihr daraufhin versicherte – »Selbstverständlich. Ich tue alles für mein Mädchen!« –, dann hatte Susans Laune sich schon gebessert.

Doch auch wenn er über diese Dinge Scherze machte, fühlte sich Béla immer mehr wie ein Beschützer als ich. Ich wollte, dass Susan unabhängig wurde. Wenn ich ehrlich bin, steckte hinter diesem Wunsch noch etwas anderes: Für mich war das *unabdingbar*. Meine gesamte Laufbahn hing von Susans Unabhängigkeit ab.

Was ich an der Penn außerdem sehr zu schätzen wusste: Die Universität lud die klügsten wissenschaftlichen Köpfe ein, um auf dem Campus Vorträge zu halten. Da kamen Forschende, die die bedeutendsten Wissenschaftspreise gewonnen hatten: den Louisa Gross Horwitz Prize für Errungenschaften auf dem Gebiet der Biologie oder Biochemie, den Albert-Lasker-Preis für medizinische Grundlagenforschung … sogar den Nobelpreis. Ich besuchte diese Vorträge, so oft ich nur konnte, und hörte mit zweifachem

Interesse zu. Zum einen wollte ich alles über die Forschungsarbeit der Preisträger wissen, darüber, was sie wussten und wie sie ihre Entdeckungen gemacht hatten. Zum anderen hatte ich immer ein waches Ohr, ob sich Anwendungsmöglichkeiten für mRNA-Therapien abzeichneten.

Mitunter stellte ich dem Sprechenden so viele Fragen, dass ich bemerkte, wie die anderen Zuhörer anfingen, unruhig auf ihren Stühlen herumzurutschen. Ich spürte, dass ich offensichtlich eine Anstandsregel verletzte, aber das war mir gleichgültig. Bildeten wir hier Angehörige der feinen Gesellschaft aus oder künftige Wissenschaftler?

Ich kann mich noch gut an einen Vortrag von jemand sehr Berühmtem erinnern. Der Mann war eine Legende, eine echte Koryphäe. Ich war so aufgeregt. Ich würde jedes Wort in mich aufsaugen, das dieser berühmte Forscher von sich gab. Doch kaum hatte er den Mund aufgemacht, erstarb meine ganze Hoffnung. Denn klar war nur eines, nämlich das, was er nicht sagte: Dieser Gigant der Wissenschaften, der in seinem Bereich absolute Avantgarde gewesen war, hatte aufgehört zu lesen. Ihm zuzuhören fühlte sich an, als reise man in einer Zeitkapsel um Jahrzehnte zurück in die Vergangenheit. In den Jahren seit seinem Durchbruch waren neue Moleküle entdeckt, neue Abläufe beschrieben und neue Labortechniken angewendet worden. All das hatte die Grenzen dessen verschoben, was wir wissen konnten. Und da stand nun dieser Mann und war in seiner Zeit stecken geblieben. Es war nicht das erste und auch nicht das letzte Mal, dass so etwas passierte. Und jedes Mal schwor ich mir: *Was auch immer passiert, ich werde nie aufhören zu lesen. Niemals. Wenn ich mein Lesepensum nicht mehr schaffe, werde ich auch nicht öffentlich sprechen.*

Manchmal hielt ich selbst Vorträge. Sie fielen immer kurz aus und waren im Grunde nur für unser Team gedacht, aber ich arbeitete trotzdem intensiv daran. Einige Jahre nachdem ich an der Penn angefangen hatte, erhielten wir eine Einladung von einem ehemaligen Kollegen, der jetzt an der Temple University tätig war. Thema unseres Vortrags sollte ein RNA-Molekül sein, das man Ribozym nennt. Elliot und ich sowie eine Reihe anderer Wissenschaftler konnten zeigen, dass man Ribozym mithilfe von Lipofectin direkt in die Zelle einschleusen konnte.

Ich war seit der Zeit, als man mich an der Temple mit Rauswurf und Ausweisung bedroht hatte, nicht mehr dort gewesen. Zu Beginn meines Vortrags ließ ich meinen Blick über die kleine Menschenmenge gleiten, die sich vor mir versammelt hatte. Und da saß er: Robert Suhadolnik, der Mann, der mir so viel Ärger gemacht hatte. *Der Boss.* Er beobachtete mich und hörte aufmerksam zu. Mir kam immer wieder in den Sinn, wie er mich damals angerufen und vor die Wahl gestellt hatte: entweder für ihn arbeiten oder zurück nach Ungarn.

Als ich an jenem Abend den Hörer aufgelegt hatte, hatte ich zu Béla gesagt: »Ist es denn wirklich so schwierig, mal dankbar zu sein?«

Das ist eine wichtige Frage.

Am Ende von *The Stress of Life*, dem Buch, das mich in der Schule so beeindruckt hatte, spricht Hans Selye von zwei Möglichkeiten, auf Stress zu reagieren, die sich gegenseitig ausschließen: Rachegelüste und Dankbarkeit. Rache, so schreibt er, ist ein Versuch, mit Stress fertigzuwerden. Eine sehr menschliche Reaktion auf die Bedrohung der eigenen Sicherheit. Doch Rache, fährt er fort, »hat keinerlei Vorzüge, und ihre Früchte können dem Geber wie dem Empfänger nur schaden.«[3] Rache zieht immer bloß weitere Akte der Rache nach sich, das ist ein endloser Teufelskreis.

---

3 Hans Selye, *Stress beherrscht unser Leben*, Düsseldorf 1957, S. 329.

Wenn wir Stress auf eine für uns konstruktive Weise bewältigen wollen, die uns nicht von unseren eigentlichen Zielen ablenkt, dann gibt es eine bessere Methode: Dankbarkeit.

Dankbarkeit, so Selye, zieht, genau wie die Rache, mehr vom selben »Stoff« nach sich. Doch sie führt uns woanders hin. Dankbarkeit verstärkt eben jene Dinge, von denen ein erfolgreiches Leben abhängt: Seelenfrieden, Sicherheit und Erfüllung.

Ist es denn wirklich so schwierig, mal dankbar zu sein? Eigentlich nicht. Es ist definitiv nicht unmöglich. Selbst in Situationen, die schlecht ausgehen, lässt sich noch etwas Gutes entdecken. Und man findet immer einen Weg, Danke zu sagen.

Als ich nun vor diesem Auditorium in der Temple University stand und Suhadolniks Blick auf mir spürte, atmete ich erst einmal kurz durch. Dann erzählte ich den Zuhörern, dass es ein Professor der Temple University, nämlich Robert Suhadolnik, gewesen war, der mich nach Amerika gebracht hatte. Dass er mir hier den Start ermöglicht und ich in seinem Labor so unglaublich viel gelernt hatte. Dass es an ihm lag, dass ich heute die Möglichkeiten untersuchen konnte, die uns die RNA bot. Dass ich bei ihm alles über Nukleosid-Analoga gelernt und darüber gelernt hatte, wie die Natur die Nukleobasen mitunter auf geniale Weise veränderte. Die Arbeit, die ich gerade machte, und jede Arbeit, die ich je tun würde, wäre ohne Professor Suhadolnik nicht möglich gewesen.

Das war die Wahrheit. Gut, es gab auch eine andere Wahrheit, von der ich an jenem Tag hätte erzählen können. Was dann passierte, ist wirklich interessant. Der menschliche Geist ist immer interessant. Als ich mich für *diese* Version der Geschichte entschied – Katalin Karikó ist vor allem *dankbar* –, wurde sie wahr.

Ich war *tatsächlich* dankbar.

Als ich meinen Vortrag beendet hatte, kam Suhadolnik mit breitem Lächeln auf mich zu. Er umarmte mich und meinte, er sei ja so stolz auf mich und freue sich, mich wiederzusehen. Ich dankte ihm höflich und begriff gleichzeitig etwas vollkommen Neues: *Die Menschen vergessen.* Sie vergessen, wie die Dinge tatsächlich gelaufen sind, alles was sie getan haben, und zugleich alles, was sie damit angerichtet haben. Wie wäre es wohl gewesen, wenn ich Suhadolnik auf die Dinge hingewiesen hätte, an die ich mich noch sehr gut erinnerte? Wenn ich darauf bestanden hätte, dass er sich für sein Verhalten entschuldigte oder zumindest Reue zeigte? Ich bin mir sicher, das einzige Resultat wäre gewesen, dass ich noch heute darauf warten würde. Ein Teil von mir würde für immer im Jahr 1988 festhängen, eingeschüchtert von einem Menschen, *den es so nicht mal mehr gab.* Ich würde genauso enden wie der Bitterling mit seinen Kümmernissen und seinen Magenschmerzen.

Nein. Das wollte ich nicht. Ich wollte nach vorn schauen. Nicht seinetwegen, sondern meinetwegen.

Als ich an der Penn eingestellt wurde, hatte Elliot mir versprochen, dass für meine Forschungsarbeiten immer Geld da sein würde. Er war sehr gut darin, Finanzierungsanträge für sein Labor zu schreiben, ob es nun um die American Heart Association, die National Institutes of Health oder private Investoren ging. Er war optimistisch, dass meine mRNA-Forschung Geldgeber anziehen würde. Und das war ich auch.

Ich schrieb zu jener Zeit ständig Anträge. Ich nahm sie mit nach Hause und arbeitete daran, während Susan ihre Hausaufgaben machte und Béla Küchenarmaturen erneuerte oder Bücherregale aufstellte. Wenn die beiden dann zu Bett gingen, arbeitete ich weiter. Der Reihe nach gingen alle Lichter in der Nachbarschaft aus, bis auf meines.

Ich arbeitete immer noch an meinem Englisch, deshalb brauchte ich für die Proposals länger. Elliot half mir stets dabei. Er sah meine Anträge durch, verbesserte da und dort die Grammatik oder zeigte mir, wie ich meine Arbeit in ein besseres Licht rücken konnte, um damit eher an Geld zu kommen. Den Finanziers, so Elliot, musste man ein Projekt *verkaufen*. Man musste ihnen gerade genug Daten präsentieren, um ihr Interesse zu erwecken, aber nicht so viel, dass es so aussah, als wäre die Arbeit bereits erledigt. Investoren wünschen sich Ehrgeiz, gepaart mit Realismus. Das ist eine schwierige Balance, die Elliot perfekt verstand. Und er half auch mir, sie zu begreifen.

Und doch.

Ich schrieb wenigstens einen Finanzierungsantrag pro Monat. Zwei Jahre lang. Ich unterbreitete privaten Stiftungen und Behörden und der University Research Foundation meine Forschungsprojekte. Aber kein einziges davon fand Gnade in den Augen der Geldgeber. Die Antworten lasen sich alle recht ähnlich und liefen letztlich auch immer auf das Gleiche hinaus:

> Wir haben alle Anträge durchgesehen, und es tut uns leid, Ihnen mitteilen zu müssen, dass wir Ihre Arbeit nicht fördern können …
> Begrenzte Aussicht auf Nutzen …
> Die Frage ist, ob der experimentelle Ansatz sich im Endeffekt als so nützlich erweist wie andere Forschungsarbeiten …
> Das Problem ist natürlich die Stabilität der RNA …
> Ich bedaure, Ihnen mitteilen zu müssen, dass wir nicht …
> Ich fürchte, ich muss Ihnen mitteilen, dass wir nicht …
> Ich hoffe, dass Sie andere Finanzierungsmöglichkeiten finden …

Ich las diese Ablehnungen aufmerksam durch. Ich versuchte, daraus zu lernen und meine Anträge besser zu formulieren. Aber ich erhielt trotzdem eine Ablehnung nach der anderen. Da wir keine Forschungsstipendien bekamen, wandten wir uns an private Investoren. 1994, nachdem ich fast fünf Jahre an der University of Pennsylvania verbracht hatte, reisten Elliot und ich nach Princeton, wo wir eine Investorengruppe für unsere Forschung zu interessieren versuchten. Die Besprechung lief gut, eigentlich großartig. Männer in teuren Anzügen mit Seidenkrawatten hörten aufmerksam zu, stellten gute Fragen und schüttelten uns zuletzt begeistert die Hand. Sie meinten, sie würden uns Geld geben – ich glaube, sie versprachen uns etwa siebzigtausend US-Dollar. Elliot und ich kehrten selbstsicher nach Philadelphia zurück, weil wir endlich Geld für meine Arbeit aufgetrieben hatten.

Und dann … nichts. Wir hörten nie wieder etwas von diesen Leuten. Sie ignorierten unsere Anrufe und E-Mails. Meines Wissens gab es den Begriff des *Ghosting* damals noch nicht, aber genau das machte man mit uns. Wir wurden geghostet. (Heute frage ich mich manchmal, ob diese Investoren sich jetzt am liebsten in den Hintern treten würden, denn das wären vermutlich die rentabelsten siebzigtausend Dollar gewesen, die sie je ausgegeben hätten.)

Wie auch immer, ich bekam nie auch nur einen Cent für mein mRNA-Projekt. Wie Sie sich vielleicht vorstellen können, kam das bei der Penn gar nicht gut an.

In jenen Jahren gab es so einige Schwierigkeiten – und zwar für alle, wie es schien. Im Fachbereich Kardiologie der Fakultät herrschte eine extreme Fluktuation – manche sprachen gar von einem Massenexodus. In kürzester Zeit bekam man das Gefühl, als wäre die ganze Abteilung schlichtweg ausgetauscht worden.

Glücklicherweise war Elliot einer der wenigen, die blieben. In seinem Labor lernte ich weiter, Tag für Tag. Ich forschte an Dingen, die sich – da war ich mir sicher – eines Tages als nützlich erweisen würden. Irgendwann, für irgendwen, auch wenn es vielleicht nicht mehr zu meinen Lebzeiten passieren würde. Ich war froh, dort bleiben zu können, so lange es nur ging.

Im Januar 1995 entdeckten die Ärzte zwei Knoten in meiner Brust. Man nahm an, es seien Tumore. Die Ärzte versuchten, eine Biopsie zu machen, aber die Knoten waren zu sehr verhärtet. Das waren keine guten Nachrichten, denn es bedeutete, dass ich eine Lumpektomie benötigte, bei der die Knoten auf der Stelle entfernt wurden. (Glücklicherweise erwiesen sie sich als gutartig.) Ich fuhr mit Béla zu dem Eingriff und dann wieder nach Hause. Dann setzte ich mich hin und schrieb einen Förderantrag, der nicht bewilligt wurde.

Bald nach meiner Diagnose erhielt Béla einen Brief. Es war Zeit, seine Ausweispapiere zu verlängern. In der US-Botschaft in Ungarn würde er die Greencard erhalten. Also kehrte er dorthin zurück und wohnte in dieser Zeit bei meiner Schwester in Budapest. Wir dachten, es würde ein kurzer Aufenthalt sein. Aber als Béla nach seinem Besuch in der Botschaft zu Zsókas Wohnung zurückkehrte, schüttelte er traurig den Kopf. »Du bist jetzt schon sehr lange meine Schwägerin«, meinte er. »Daher wollte ich dich fragen: Hast du mich gern?«

Zsóka warf ihm einen schrägen Blick zu. »Sicher …«, sagte sie zurückhaltend.

»Gut«, erwiderte Béla. »Denn so wie es aussieht, muss ich ein paar Monate lang hierbleiben.« Offensichtlich würde es sehr viel länger dauern als gedacht, eine Greencard zu bekommen.

Bald nachdem Béla erfahren hatte, dass er für längere Zeit in Budapest bleiben musste, rief Elliot mich in sein Büro. Er war stiller als üblich, und sein Gesicht war schmerzlich verzogen. Nach einigen langen Minuten schüttelte er den Kopf und sagte, es täte ihm sehr leid, aber er müsse mir von Judy etwas mitteilen.

Meine Zeit sei abgelaufen. Fünf Jahre waren mittlerweile seit meiner Anstellung vergangen. Und nun war der Moment gekommen: Beförderung oder Rauswurf. Die Kalkulation war offensichtlich einfach gewesen. Ich hatte kein Geld eingebracht. Keine Forschungsstipendien, keine privaten Finanzmittel. Offensichtlich maß man daran meinen Wert für die Institution. Ich hatte schlicht keinen. Die Botschaft von Judy, der Leiterin, fiel dementsprechend aus: Ich würde nicht zum Associate Professor befördert werden.

In meinem Kopf drehten sich die Gedanken im Kreis. Schließlich hätte meine Bewertung auch *anders* aussehen können. Ich hatte hervorragende Experimente gemacht. Ich hatte viele Aufsätze veröffentlicht und noch mehr in petto. Meine Kollegen und Kolleginnen hatten sich wieder und wieder an mich gewandt, damit ich ihnen beim Entwurf ihrer eigenen Experimente half. In der Zwischenzeit arbeitete ich intensiv an einer großartigen Idee, nämlich dass mRNA irgendwann therapeutisch genutzt werden könnte. Gut, dieser Forschungsbereich hatte in den hohen Hallen der Penn nicht viel Aufmerksamkeit erregt. Noch nicht. Aber es war wirklich eine *großartige Idee*.

Leider waren dies nicht die Kriterien, die zählten.

»Es tut mir leid«, sagte Elliot. Ich konnte ihm ansehen, dass er die Wahrheit sagte. Aber die Forschungsinstitution einer Ivy-League-Universität war eben so viel mächtiger, als ein einzelner klinischer Forscher. Für Leute wie mich gab es einfach keinen Platz. Wenn ich nicht befördert wurde, musste ich gehen.

Aber … Was, wenn ich das nicht täte? Wenn ich einfach … bleiben würde? Das war die Frage, die ich Elliot gleich als Erstes stellte. Musste ich wirklich meinen Platz räumen?

Wie gesagt: Niemand, der keine Beförderung erhalten hatte, war jemals länger geblieben. Es gab noch nicht mal einen Jobtitel für eine ehemalige Research Assistant Professorin, die ohne Beförderung geblieben war. Einen solchen hatte man bis dato schlicht noch nie gebraucht. Wir betraten hier also absolutes Neuland.

Natürlich würde es eine Degradierung sein. Aber trotzdem: Was, wenn ich einfach bleiben würde?

Im Februar hatte man einen neuen Titel für mich gefunden: Senior Research Investigator. Béla war indes immer noch in Ungarn und wartete auf sein Visum. Aber natürlich telefonierten wir regelmäßig. Als ich ihm von meinem neuen Titel erzählte, hielt er einen Augenblick inne. »Das heißt, dass niemand an der Penn je so bezeichnet wurde?«

»Nein, ich glaube nicht.«

Da fing er an zu glucksen, ein Laut, der mir stets das Gefühl gab, die Welt sei immer noch in Ordnung. »Dann hast du also Geschichte geschrieben! Gratuliere!«

Ich hätte so gerne länger mit Béla gesprochen. Ich vermisste ihn schrecklich. Aber zu jener Zeit waren Ferngespräche ungeheuer kostspielig. Wir konnten nie lange miteinander telefonieren. Um mich herum erinnerte mich so vieles an seine Abwesenheit: Renovierungsarbeiten im Haus, die er nicht hatte abschließen können, und Werkzeuge, die monatelang unberührt herumlagen. Béla hatte einen abgewrackten Wagen gekauft und war dabei, ihn instand zu setzen, als er fortmusste. All die Motorenteile in der Garage herumliegen zu sehen, bereitete mir einen nahezu körperlichen Schmerz.

Weil Béla fort war, wollte ich für Susan wirklich da sein. Das hieß, ich musste die Anforderungen der wissenschaftlichen Forschung mit denen einer Alleinerziehenden unter einen Hut bringen. Ich tat, was ich konnte. Ich hörte zu, wenn sie Saxofon übte – sie hatte sich in der Schule einer Jazzband angeschlossen und spielte mittlerweile richtige Songs, was nach all den Tonleitern eine veritable Erholung war. Ich holte sie vom Basketballtraining ab, stand bei Matches am Spielfeldrand und brüllte (manchmal so lautstark, dass sie mir während des Spiels tadelnde Blicke zuwarf). Ich half ihr mit den Hausaufgaben.

Doch jetzt, da ich ohne Béla auskommen musste, wurde mir klarer als je zuvor, wie beschränkt meine Möglichkeiten waren.

Im Februar bekam Susan eine Aufgabe im Sozialkundeunterricht. Das Thema war Südamerika. Sie sollte einen Aufsatz in Form eines Reiseberichts schreiben. Als hätte sie den Kontinent besucht und würde ihre Eindrücke schildern. Dabei sollte ich ihr helfen.

1995 gab es noch jede Menge Reisebüros, in denen man Broschüren über alle möglichen Länder und Regionen bekommen konnte. War die Entscheidung für ein bestimmtes Ziel gefallen, übernahm das Reisebüro die gesamte Planung. Sie schlugen eine Route vor, buchten die Hotels und die Flugtickets. Natürlich konnten wir uns keinen Trip nach Südamerika leisten, aber ich fuhr trotzdem zu einem Reisebüro und brachte Prospekte mit nach Hause – über Chile, Brasilien, Peru und alle anderen südamerikanischen Länder.

Abends saß ich mit Susan zusammen, während sie die Bilder ausschnitt und dazu ihren Bericht schrieb. Wir studierten Landkarten und überlegten, welche Route sie auf dieser imaginären Reise am besten nehmen würde. Da ich zu jener Zeit viel mit Schaubildern arbeitete, wenn ich auf Konferenzen meine Ideen präsentierte, hatte ich Sprühkleber und Marker parat. Ich sah zu, wie Susan Seite für Seite gestaltete.

Wir waren davon ausgegangen, dass sie höchstens ein paar Stunden brauchen würde, um ihr Projekt fertigzustellen. Aber als Susan in den Schlafanzug schlüpfte und sich die Zähne putzte, war immer noch jede Menge zu tun.

Die Stunden vergingen. Susan schrieb und schrieb, während ich die Bilder herumschob und Korrektur las. Immer wieder fiel unser Blick auf die Uhr. Wenn sie bald fertig wäre, würde sie immer noch sieben Stunden Schlaf bekommen. Aber die Minuten tickten weiter, und wir korrigierten unsere Vorhersagen. Vielleicht würden es fünf Stunden werden. Viereinhalb Stunden. Dreieinhalb Stunden.

Ich hatte mich längst daran gewöhnt, wie still und ruhig es in den Stunden zwischen Nacht und Morgen in der Nachbarschaft war. Susan aber erlebte das zum ersten Mal. Offensichtlich hatte sie meine Fähigkeit geerbt, mit wenig Schlaf auszukommen. Sie wirkte kein bisschen müde. Ganz im Gegenteil: Je länger sie arbeitete, desto entschlossener schien sie, dieses Projekt zu etwas ganz Besonderem zu machen. Ihr angespannter Unterkiefer, ihr Ehrgeiz und ihre Konzentration waren deutlich erkennbar.

Ehe wir uns versahen, erhob sich das Morgenlicht im Osten. Susan steckte immer noch im Pyjama und verpasste ihrem Projekt den letzten Feinschliff, als es Zeit wurde, sich auf den Weg zu machen. Wir packten den Bericht und einige Sachen ein, die sie für die Schule noch brauchte. Sie zog sich im Auto an.

Als wir ankamen, ließ ich sie aussteigen und schaute ihr nach, während sie auf den Eingang zuging. Irgendwie sah ich sie jetzt in einem ganz neuen Licht – nicht als das Kind, das sie noch war, sondern als den Menschen, der sie einmal sein würde. *Sie ist unglaublich entschlossen*, freute ich mich.

Im folgenden Monat war Béla immer noch nicht zurück. Ich vermisste ihn so sehr, dass ich überhaupt nichts mit mir anfangen konnte. Ich schrieb Briefe an den damaligen US-Präsidenten Bill Clinton. An die First Lady, Hillary Rodham Clinton. Ich schrieb an die amerikanische Botschaft in Ungarn, an Anwälte und Einwanderungsbehörden. Ich teilte ihnen mit, dass mein Mann in Europa festsaß und dass wir ihn brauchten. Gab es irgendetwas, das sie unternehmen konnten?

Wenn ich überhaupt eine Antwort bekam, fiel diese immer gleich aus: *Haben Sie Geduld, dieses Verfahren beansprucht nun einmal Zeit.* Aber ich hatte noch nie viel Geduld mit langwierigen Verfahren gehabt.

Bélas Geburtstag – er würde am 18. März fünfunddreißig werden – fiel dieses Jahr auf einen Samstag. Susan und ich stiegen ins Auto und fuhren nach Washington, wo wir eine Zwei-Personen-Protestdemonstration vor dem Weißen Haus starteten.

Natürlich fiel unsere Aktion vergleichsweise leise aus. Susan und ich hielten lediglich Schilder hoch. (Auf Susans stand: *LASSEN SIE MEINEN VATER NACH HAUSE KOMMEN!*) Natürlich würde keine einflussreiche Persönlichkeit – schon gar nicht Bill Clinton –, uns je zu sehen bekommen. Aber es war ein offizieller Protest. Und sogar genehmigt. Ich wollte, dass meine Tochter das sah: In Amerika konnte man so etwas machen. Man konnte sich vor das Haus stellen, in dem der Präsident lebte, und seiner Meinung Ausdruck verleihen. *Etwas gefällt mir nicht. Ich möchte, dass Sie es anders machen.* Während meiner Kindheit im kommunistischen Ungarn wäre das unmöglich gewesen.

Vor dem Weißen Haus packte Susan ihr Saxofon aus. Sie spielte die Stücke, die sie in ihrer Jazzband gelernt hatte. »Turn the Beat Around« von Gloria Estefan, »Colors of the Wind« aus dem Disney-Film *Pocahontas* und den Titelsong von *Forrest Gump*. Ein paar Kinder, die auf Klassenfahrt waren, kamen auf Susan zu und fragten sie, wofür sie demonstrierte. »Mein Vater sitzt in Ungarn fest«, erklärte sie. »Ich möchte, dass er nach Hause kommt.«

Als Béla endlich seine Greencard bekam, waren viele Monate vergangen. Er kehrte im Sommer zurück nach Hause. (Hatte er die Sonne mitgebracht oder hatte die Sonne ihn uns wiedergegeben? Wie auch immer, nun war die Wärme wieder da.) Laszlo Bagi malte ein riesiges Transparent mit der Aufschrift *WELCOME HOME, BÉLA.* Wir spannten es zwischen den Bäumen vor unserem Haus auf. Als Béla endlich diesen Weg heraufkam, so gut aussehend und lässig wie an unserem ersten Abend, begrüßten wir ihn mit Jubelrufen.

Susan besaß kein eigenes Saxofon, sondern benutzte ein geliehenes, das immer wieder gegen ein neues ausgetauscht wurde. Und da die Mietverträge für das alte und das neue sich einmal überschnitten, hatten wir kurz nach Bélas Rückkehr plötzlich zwei Saxofone im Haus. Während Susan auf ihrem neuen Instrument übte, schnappte sich Béla das alte und versuchte, ihm einige Töne zu entlocken. Ich hatte schon ganz vergessen, wie grässlich es klingen konnte, wenn jemand zum ersten Mal in ein Saxofon bläst. Susan versuchte einzugreifen und zeigte ihm, wie er die Lippen schürzen, die Wangen aufblasen und die Finger bewegen sollte. Aber ihre Instruktionen machten alles nur noch schlimmer. »Schluss mit dem Krach!«, flehte ich. Aber da jagten Béla und Susan mich schon mit ihren Instrumenten lautstark durchs Haus. Ich hielt mir die Ohren zu und flüchtete von Zimmer zu Zimmer, um dieser grausigen Kakofonie zu entkommen. Und gleichzeitig dachte ich: *Ich bin so glücklich. Ich bin so unendlich glücklich, dass meine Familie wieder vereint ist.*

Manche Augenblicke im Labor vergisst man nicht. Dann nämlich, wenn Sie die Grenzen menschlichen Verstehens austesten. Noch ein Schritt, und Sie überschreiten die Schwelle – und schaffen den Durchbruch – zu einer neuen Entdeckung.

Im Dezember 1996 standen Elliot, ich und Alice, die Labortechnikerin, vor einem Matrixdrucker. Es war kurz vor Weihnachten. Überall waren Straßen und Gebäude entsprechend illuminiert. Für Philadelphia war das Wetter ungewöhnlich warm. Als wir uns Heiligabend zum Weihnachtsessen bei Betty und Laszlo trafen, hätte man meinen können, es sei Frühling.

Aber darüber dachte ich nicht groß nach.

Vor mir sprang der Drucker an. Wieder und wieder hörten wir das insektenähnliche *Zzzzzck*, immer für drei Sekunden, dann das laute *Kla-klank*, wenn der Druckkopf an den Anfang der nächsten Zeile zurückfuhr.

Wir hatten ein wichtiges Experiment durchgeführt, das den Höhepunkt jahrelanger Arbeit darstellte. Seit ich vor sieben Jahren zu Elliots Team gestoßen war, hatten wir darauf hingesteuert.

Wir testeten, ob wir Zellen dazu bringen konnten, einen Urokinaserezeptor herzustellen, indem wir ihnen die mRNA mit dem entsprechenden Code verabreichten.

Wir hatten mit Zellen angefangen, die von selbst keine Urokinaserezeptorproteine herstellten. Diese Zellen teilten wir in zwei Gruppen auf: An der einen führten wir unser Experiment durch, die andere wurde unsere Kontrollgruppe. Den Zellen der Experimentgruppe verabreichten wir die für das Urokinaserezeptorprotein kodierende mRNA in einer Lipidhülle. Die Kontrollgruppe erhielt eine andere Art von RNA, die *keine* Information für ein solches Protein trug, ebenfalls in der gleichen Lipidhülle.

Bei jedem einzelnen Schritt unserer Forschungsarbeit hatten wir größte Sorgfalt walten lassen.

Wir gaben den Zellen genügend Zeit, um die Translation der mRNA auszuführen. Da Urokinaserezeptoren unter dem Mikroskop nicht sichtbar sind, gaben wir beiden Gruppen Spuren von radioaktiven Molekülen zu, die speziell an Urokinaserezeptoren binden. Alice war eine Meisterin in der Herstellung solcher Moleküle. Sollte es zur Bindung kommen, dann würde es nach dem Schlüssel-Schloss-Prinzip funktionieren: Die Urokinaserezeptoren waren das Schloss, die gezeichneten Moleküle der Schlüssel. Hatten die Zellen Urokinaserezeptoren hergestellt, dann würden diese die radioaktiven Moleküle am Ort halten.

Auch dafür ließen wir ausreichend Zeit.

Dann begann Alice, die Zellen zu »waschen« – sie spülte die radioaktiven Moleküle fort, die nicht an einen potenziellen Urokinaserezeptor gebunden waren. Sie wusch die Zellen mehrfach, damit wir uns der Resultate sicher sein konnten.

Wenn danach noch radioaktive Moleküle vorhanden waren, dann nur aus einem Grund: Sie waren eine Bindung mit den Urokinaserezeptoren eingegangen. Und wenn nun tatsächlich Urokinaserezeptoren vorhanden waren? Dann hieß das, dass die mRNA funktionierte.

Zzzzzck, kla-klank. Die radioaktiven Moleküle wurden mit etwas gemessen, was sich Gamma-Zähler nannte. Der war mit dem Drucker verbunden. Wir beugten uns drüber und sahen, wie eine Zeile mit Punkten erschien.

Zzzzzck, kla-klank. Wie auch immer die Resultate aussahen, alles was zählte, war bereits geschehen. Es hatte funktioniert oder eben nicht. Wie auch immer die Resultate ausfallen würden, wir würden daraus lernen. Ich klammerte mich an diesen Gedanken: Man lernt immer dazu.

Zzzzzck, kla-klank. Elliots Blick traf meinen und dann den von Alice. Überall blinkte die Weihnachtsbeleuchtung. An und aus.

An und aus. War das eine Zahl, die sich vor uns auf dem Papier zeigte? Ja!

Zzzzzck, kla-klank. Allmählich formten sich Daten auf der Seite. Die Experimentgruppe zeigte Unmengen radioaktives Material. Die Kontrollgruppe? Keines.

Oh my God. (Wir sagten das wieder und wieder. *Oh my God. Oh my God. Oh my God.*) Die Resultate ließen keinen Zweifel zu. Die Zellen in der Experimentgruppe *stellten tatsächlich an ihrer Oberfläche Urokinaserezeptoren her.* Wir hatten mRNA erfolgreich eingesetzt, um ein spezifisches Protein im Inneren einer Zelle zu produzieren. Und wir hatten dies mit einer Technik erreicht, die sowohl einfach als auch billig war.

Das klinische Potenzial dieser Entdeckung war enorm.

Es gibt da diese berühmte Geschichte, die vielleicht nicht wirklich passiert ist. Sie handelt von Archimedes, der sich in die Badewanne sinken lässt und dabei erkennt, wie der Auftrieb in Flüssigkeiten funktioniert. In seiner Begeisterung über die Entdeckung soll er nackt durch die Straßen von Syrakus gelaufen sein und »Heureka!« gebrüllt haben.

Manche Wissenschaftler haben immer eine Flasche Champagner im Kühlschrank, die dort manchmal Jahre, ja sogar Jahrzehnte lang liegt – nur um einen solchen Durchbruch angemessen feiern zu können.

Und was wir hier erzielt hatten, war ein Durchbruch. Ein gigantischer noch dazu.

Aber Elliot, Alice und ich tranken keinen Champagner. Wir rannten auch nicht – bekleidet oder unbekleidet – durch die Straßen von Philadelphia, noch nicht einmal durch den Johnson Pavilion, in dem unser Labor lag.

Ich tat schlicht, was ich immer tat. Ich kehrte zurück zu meiner Arbeit. Ich wollte das gleiche Experiment mit anderen Zelllinien und mit unterschiedlichen Mengen von mRNA durchführen. In meinem Kopf überschlugen sich die Gedanken. Ich fragte mich, wie ich das Experiment optimieren konnte, um den Test noch einmal laufen zu lassen und die Resultate wieder und wieder zu reproduzieren. Wie immer kam es mir in erster Linie darauf an, dass das Ergebnis über jeden Zweifel erhaben war, dass jeder andere mit denselben Arbeitsschritten zu exakt demselben Resultat kommen würde. Und ich wollte sehen, ob wir nicht noch ein besseres Ergebnis erzielen konnten, mit mehr Proteinen.

Trotzdem: Nichts kommt diesem Gefühl gleich, die erste Person zu sein, die etwas weiß, was bis dato niemand anders erkannt hat. (In diesem Fall, wie man einen Urokinaserezeptor aus einer mRNA macht, die im Labor hergestellt wurde. *Schaut nur, was man Zellen alles tun lassen kann!*) In diesem Augenblick, als die für die Jahreszeit ungewohnte Wärme die Stadt der brüderlichen Liebe umfing und uns unglaublich frühlingshafte Weihnachtsferien bescherte, überkam mich ein Gefühl der Macht, ja des Triumphs.

Elliot war ein guter Mensch und ein guter Wissenschaftler. Aber er hatte noch eine andere Gabe: ein Händchen fürs Geschäft.

Er hatte für seine Forschungsarbeiten über Medikamente, die Blockaden der Herzkranzgefäße auflösen halfen, Patente angemeldet. Für diese Patente hatte ein Biotech-Unternehmen eine Lizenz erworben und war damit an die Börse gegangen. So ein Börsengang ist ein aufwendiger Prozess, und Elliot hatte sich dabei als kluger und vernünftiger Partner des Teams erwiesen. Er hatte viele externe Besprechungen mit Risikokapitalgebern und Pharma-Unternehmen geleitet, wobei er von der wissenschaftlichen Planung bis zur Präsentation vor den Investoren buchstäblich alles übernahm.

Auch innerhalb der Penn hatte er sich als kluger Kopf mit einem Riecher fürs Geschäft herausgestellt. Und so koordinierte er die Zusammenarbeit zwischen unserem Labor, einem Chemielabor, einem Gefäßchirurgen und der Abteilung für die technologische und kaufmännische Verwertung der Resultate.

Elliot konnte wunderbar mit Menschen umgehen. Er hatte echt was im Kopf und konnte große Ideen verständlich erklären. Dabei ging er auf die verschiedensten Menschen ein: Anwälte und Chemiker, Biologen und Manager, Investoren und Ärzte. Viele Arbeitgeber könnten einen Mann wie Elliot sehr gut gebrauchen.

Vor diesem Hintergrund hätte ich wohl ahnen müssen, was dann kommen sollte.

Ein paar Monate nach dem entscheidenden Augenblick am Drucker erhielt Elliot das Angebot, eine Kardiologiegruppe bei Centocor aufzubauen, einem Biotech-Unternehmen, das für seine monoklonalen Antikörper bekannt war.

Monoklonale Antikörper sind wie die Antikörper, die unser Körper selbst herstellt: Sie neutralisieren Krankheitserreger oder schädliche Stoffe. Aber man kann sie auf standardisierte Weise im Labor herstellen. Monoklonale Antikörper sind hochwirksam, und sie lassen sich gut auf einzelne Krankheiten abstimmen.

Die Aufgabe war wie für ihn gemacht. Centocor arbeitete an der Entwicklung einer Therapie mit monoklonalen Antikörpern. Das Medikament sollte ReoPro heißen und Blutgerinnsel verhindern. 1997 wurde ReoPro von der FDA zugelassen. An dem Tag, als die Zulassung bekannt gegeben wurde, schoss der Kurs der Centocor-Aktie von 2,56 Dollar auf 52 Dollar.

Natürlich war dies für Elliot eine großartige Chance.

Was ich sagen will: Ich verstehe, *warum* Elliot das Angebot von Centocor annahm.

Ich wusste nur nicht, was mit mir passieren würde, wenn er die Universität verließ.

Ich tat nichts lieber, als Susan zu ihren Sportveranstaltungen zu begleiten. Schon die Geräuschkulisse fand ich toll. Das Quietschen der Sneakers auf dem Boden der Halle, das Geschrei auf der Tribüne, wenn sich ein besonders aufregender Moment abzeichnete. Oder der Knall, wenn der Softballschläger den Ball genau richtig traf, die Ermutigung nach einem dritten Strike. *Okay, okay. Guter Versuch.*

Es gefiel mir, wie die Erwachsenen völlig ausrasten konnten, obwohl es nicht wirklich um etwas ging und die Kinder sich an diesen Tag vielleicht nicht mal erinnern würden. Und ich genoss diese Alles-oder-Nichts-Momente, wenn sich eine Chance auftat und man einfach nicht wusste, ob die junge Sportlerin es draufhatte, ob sie die Herausforderung meistern würde. Häufig ging das daneben. Doch hin und wieder konnte eine Spielerin einen überraschen. Dann brachen alle Eltern und der Trainer in lautes Gebrüll aus.

Ich stand ständig an der Seitenlinie und war eine von »diesen« Müttern: Ich schrie immer viel zu laut. Es hielt mich nicht auf der Bank. Ich sprang auf, fuchtelte mit den Armen wie ein aufgeregter Verkehrspolizist und brüllte Anweisungen aufs Feld. Natürlich war Susan das peinlich. Sie ignorierte mich entweder vollständig oder warf mir wütende Blicke zu, sodass die anderen Eltern mich mit hochgezogenen Brauen musterten. Dann hieß es unweigerlich: »Oje, Sie haben sie verärgert!« Und alle lachten. Da ich immer auf Ungarisch brüllte, fragte man mich oft, was ich gesagt hatte.

Als Sportlerin war Susan … in Ordnung. Sie spielte voller Leidenschaft, hatte eine gute Intuition und war eine begeisterte Teamplayerin. Ich merkte, dass ein Teil von ihr unbedingt gewinnen wollte. Andererseits schien sie nicht recht an sich zu glauben. Ich sah, wie sie auf dem Spielfeld zögerte, wie sie sich zurückhielt, als hätte sie Angst, einen Fehler zu machen. Und dann schrie ich natürlich noch lauter.

Ich kann mich noch gut an eines ihrer Basketballspiele erinnern, als sie gerade in die Oberstufe gekommen war. Ich hatte die gesamte erste Halbzeit damit zugebracht, sie auf Ungarisch anzufeuern. Damals hatten wir zwar eine Abmachung getroffen: kein ungarisches Gebrüll. (»Es ist einfach peinlich, Mom!«) Aber es war eben stärker als ich. Wenn ich mich aufregte, was bei Susans Spielen immer der Fall war, fiel ich einfach in die Sprache zurück, die mir am leichtesten von der Zunge ging. In diesem Match spielte Susan auf der Angriffsposition, aber aufgefallen wäre das keinem. Sie war mittlerweile größer als ich, gut einen Meter neunzig. Aber sie versteckte sich in der ersten Halbzeit ständig hinter den Verteidigern. Offensichtlich wollte sie nicht, dass irgendjemand ihr den Ball zuwarf. Ich wusste, dass sie sich das Spiel mit dem Ball nicht zutraute und dass sie vermutlich einen Fehlwurf machen würde, wenn sie ihn bekam. Das würde sie fertigmachen. Aber ich wusste auch, dass sie nie besser werden würde, wenn sie sich ständig wegduckte.

»Gyere előre, ne bujjál el!«, schrie ich. »Geh nach vorne. Versteck dich nicht!« Und: »Sei aggressiv! Du *kannst* das!«

Ich schrie und schrie und hörte bis zur Halbzeit nicht damit auf. Dann drehte Susans Trainer sich um und deutete auf mich. »Was immer deine Mom dir da zubrüllt«, befahl er. »*Tu es.*«

Susan hatte eine Teamkollegin namens Holly. Deren Mutter Janet war genauso laut wie ich. Wir saßen bei den Spielen normalerweise nebeneinander und veranstalteten einen Höllenlärm. Janet brachte manchmal Cheerleader-Pompons mit zum Match.

Diese Pompons waren für Holly offensichtlich das, was mein Ungarisch für Susan war: *so was von peinlich.*

Etwa um dieselbe Zeit, als Susan mir verboten hatte, ihr weiter auf Ungarisch Tipps zuzubrüllen, verbannte Holly die Pompons ihrer Mutter vom Spielfeldrand. Also gab Janet *mir* die Pompons, und ich fuchtelte damit wie wild in der Luft herum. Schließlich verboten die Mädchen es uns, weiterhin zu den Spielen zu kommen.

Und doch würde ich es immer wieder tun: der Jubel, die Pompons, all die lauten und peinlichen Momente. Ich glaube, es ist einfach wichtig, einen persönlichen Cheerleader zu haben. Jeder Mensch verdient es, zu wissen: *Hier ist jemand, der an mich glaubt. Jemand, der denkt, ich bin zu Großem fähig. Jemand, der nie aufhören wird, mich anzufeuern.*

Als Elliot die Penn verließ, um zu Centocor zu gehen, erhielt ich Hilfe in Gestalt eines alten Freundes.

David, der Medizinstudent, dessen Arbeit ich mal dem Mülleimer überantwortet hatte, weil sie »Scheiße« war, hatte sein Forschungsstipendium in Elliots Labor schon lange abgeschlossen. Er kehrte an die medizinische Fakultät zurück, machte seinen Abschluss als Doktor der Medizin und beendete sein praktisches Jahr. Nun war er Neurochirurg an der Penn.

Über die Jahre waren wir in Kontakt geblieben und hatten sogar ein paar Aufsätze zusammen veröffentlicht. David las immer noch alles, was ich ihm schickte, und stellte mir dazu Millionen Fragen. Manchmal war es, als versuche er, den Inhalt meines Gehirns zu downloaden. Ich vermute mal, das hätte er auch getan, wenn er eine Möglichkeit dazu gefunden hätte.

»Eines Tages, Kate«, – er nannte mich immer Kate, als wäre ich in seiner Nachbarschaft in Cherry Hill, New Jersey, aufgewachsen –, »eines Tages werde ich alles wissen, was du weißt.« Und dann strahlte er von einem Ohr zum anderen.

Ich schüttelte in solchen Momenten den Kopf. »Ah, aber ich lerne ja immer noch dazu«, neckte ich ihn. »Wenn du so weit bist, dass du alles weißt, was ich jetzt weiß, habe ich schon wieder einen Vorsprung!«

David leistete seine Assistenzzeit an der Penn. Wenn er sie in zwei Jahren beendet hätte, wollte er zum klinischen Teil der Fakultät stoßen. Das würde ihm noch ein weiteres Opfer abverlangen. Denn eigentlich wollte er vaskulärer Neurochirurg werden – hoch spezialisiert auf Operationen der Blutgefäße im Gehirn und am Rückenmark –, um Menschen das Leben retten zu können, die von Schlaganfällen oder einem Aneurysma im Gehirn betroffen waren. Natürlich lag ihm diese Arbeit so sehr am Herzen, weil sein Vater einen Schlaganfall erlitten hatte. Die vaskuläre Neurochirurgie wäre aber auch in anderer Hinsicht ideal für ihn gewesen: Diese Operationen sind extrem fordernd, darum braucht man dafür ganz bestimmte Persönlichkeitsmerkmale. Vaskuläre Neurochirurgen müssen in Situationen, in denen alles auf dem Spiel steht, schnell kluge Entscheidungen treffen können. Sie müssen geschickt sein und eigenständig denken können. Das Wichtigste aber ist, dass sie ständig dazulernen und sich verbessern müssen.

David hatte mittlerweile bewiesen, dass er all das konnte.

Das Problem war nur, dass die Penn keinen weiteren vaskulären Neurochirurgen brauchte – sondern einen Wirbelsäulenchirurgen. David schien damit einverstanden zu sein. Er würde künftig seine Zeit zwischen klinischer Arbeit und Grundlagenforschung aufteilen … und er wollte mit mir arbeiten.

Obwohl wir weder im selben Labor noch in derselben Abteilung arbeiteten, war David komplett im Bilde, was die mRNA-Therapie anging. Tatsächlich hatte er eine ganz neue Idee beigesteuert: Möglicherweise ließ sich die mRNA auch verwenden, um zerebrale Vasospasmen zu verhindern, gefährliche Verengungen der Blutgefäße, die nach einem geplatzten Aneurysma oder einem Schlaganfall auftreten können. Er erklärte, dass diese Gefäßspasmen im Gehirn tödlich sein können und leider häufig auftreten. Bislang gab es keine gute Möglichkeit, sie zu verhindern.

Die Gabe von Stickstoffmonoxid (NO) führt dazu, dass die Gefäße sich erweitern. Wenn man also Stickstoffmonoxid in diese verengten Blutgefäße einbringen könnte, ließe sich dem Vasospasmus entgegenwirken. Doch weil Stickstoffmonoxid ein Gas ist, dessen Halbwertzeit nur Millisekunden beträgt, kann es nicht injiziert werden. Davids Hypothese war, dass wir ein mRNA-Therapeutikum finden könnten, welches für ein Protein kodiert, das Stickstoffmonoxid herstellt. Das wäre eine Therapie mit lebensrettender Wirkung.

Als Elliot seinen Abschied bekannt gab, hatten David und ich schon lange Zeit über die Abteilungsgrenzen hinweg zusammengearbeitet. Und das war gar nicht mal so ungewöhnlich. Ich galt ja an der Penn seit Jahren als »die verrückte mRNA-Frau«. Wann immer ich einen Arzt oder einen Wissenschaftler kennenlernte, verkündete ich, dass ich mRNA herstellen und ich mit jeder Art von RNA arbeiten konnte. Könnten sie nicht zufällig RNA brauchen?

Ungewohnt war nur, wie sehr David an diese Arbeit glaubte. Er hatte ein kleines Forschungsstipendium dafür eingeworben – wenn ich mich recht erinnere, waren es 25000 Dollar. Und er hatte auf einer Konferenz in Arizona einen Vortrag darüber gehalten: *Wie man den Zellkern umgeht: mRNA als Gentherapie*. Man kann durchaus sagen, dass David an die mRNA-Therapie nicht nur glaubte, er war zu ihrem Verkünder geworden.

David wusste, dass ich an der Penn nicht mehr viel zu erwarten hatte, seit Elliot fort war. Ich bekam kein Stipendium, keine Finanzierung und keine Achtung von jenen Menschen, die formal das Sagen hatten. Das Institute for Human Gene Therapy an der Penn lief mittlerweile und hatte ein Budget von 25 Millionen Dollar. Dort verfügte man über Kontakte zu zahlreichen Biotech-Unternehmen, und es gab Pläne für erste klinische Versuche in puncto Mukoviszidose, Brustkrebs, Muskeldystrophie, Gehirntumor und einer seltenen Erbkrankheit namens OTC-Defizienz (Ornithine-Transcarbamylase-Defizienz). Die gesammelte Aufmerksamkeit richtete sich auf diese Projekte.

Elliots Labor war bis dahin ein schützendes Energiefeld für mich gewesen – wie eine Lipidhülle, die mich gegen Kräfte abschirmte, die mich ansonsten sicher längst abgebaut hätten. Ohne Elliot waren meine Tage an der Penn gezählt.

David nahm diese Bedrohung meiner Laufbahn ebenso ernst wie seine Literaturstudien über Gehirnchirurgie. »Aber die Uni kann dich nicht aufgeben, Kate«, schimpfte er. »Und *ich* schon gar nicht. Und was willst du wegen deiner Greencard machen?«

Ich versicherte ihm, dass mir da schon etwas einfallen würde. Vielleicht konnte ich ja in ein anderes Labor gehen. Schließlich war mir das damals in Bethesda auch gelungen. Irgendwo würde ich schon eine Laborzeile finden. Was ich ansonsten dachte, behielt ich für mich: Susan war in der Oberstufe der Highschool und sie wollte an der Penn studieren. Ich wusste nicht, ob sie einen Studienplatz bekommen würde, aber ich war sicher, dass wir uns das Studium nicht leisten konnten. Zumindest nicht ohne den Rabatt auf die Studiengebühren, den man als Fakultätsmitglied und Angestellte der Universität bekam.

David war stocksauer. Und das hatte nicht nur mit meiner Situation zu tun. Auch sein Vater hatte viele der Penn-Kardiologen gekannt, die unter der neuen Leitung gegangen waren. Der beste Freund seines Dads – und Davids Patenonkel – war Mark Josephson, der Leiter der Kardiologie, der gefeuert und durch Judy Swain ersetzt wurde. Was David anging, war das, was mit mir geschah, nur die Fortsetzung dessen, was er schon viele Male mitangesehen hatte.

»Kate«, meinte David, »du bist eine ausgezeichnete Wissenschaftlerin. Du reißt dir für die Arbeit den Arsch auf. Dir geht es um die richtigen Dinge. Und du hast eine großartige Idee. Also scheiß auf die Politik. Scheiß auf Bill Kelley. Scheiß auf Judy Swain. Wenn die Kardiologie dich nicht mehr haben will, werde ich dafür sorgen, dass du einen anderen Platz bekommst.«

David wandte sich an Eugene Flamm, den Leiter der Neurochirurgie. Er bestand darauf, dass die Abteilung nun *wirklich* eine Molekularbiologin brauchte. Dass sie *mich* brauchten. Wohlgemerkt, damals war David noch Assistenzarzt. Was er da tat – dem Leiter seines Fachbereichs zu sagen, welches Personal er brauchte, wie er die dort gültigen Strukturen ändern sollte und damit auch den Arbeitsablauf und die Prioritäten und die Finanzierung – war so unüblich, als hätte er dem Cheftrainer der Philadelphia 76ers gesagt, welchen Nachwuchsspieler er beim NBA-Draft einkaufen sollte.

Aber David hatte nun mal dieses Selbstbewusstsein. Er liebte die Penn und wollte, dass sie glänzte. Mich einzustellen, sagte er Eugene Flamm, würde der Universität Renommee verschaffen. David hatte vor, mit mir zusammen Forschungsarbeiten zu betreiben. Schulter an Schulter. Bis in alle Ewigkeit. Und das ließ sich nur machen, wenn ich Mitglied des Fachbereichs für Neurochirurgie werden konnte.

David steckte voller Leidenschaft, und das war ansteckend. Er wusste außerdem, wie man andere Menschen überzeugte. Offensichtlich war Eugene Flamm dagegen nicht immun. Und so bekam ich eine Vollzeitstelle am Fachbereich für Neurochirurgie.

Ich war so unendlich dankbar, aber David wischte meine Dankesbezeigungen einfach vom Tisch. »Hör damit auf, Kate!«, meinte er. »Ich bin bloß egoistisch. Ich habe nun einen wunderbaren Menschen, mit dem ich für den Rest meines Lebens arbeiten kann. Die Neurochirurgie profitiert von deiner Expertise. Und die Penn bekommt die Forschungsarbeiten, die wir zusammen machen. Das ist nicht bloß eine Win-win-Situation. Das ist *win, win, win, win, win.*«

Wenn andere Ärzte ihn später fragten, warum er mit mir arbeitete (immer wieder in dieser Form: »Warum arbeitest du bloß mit *der*?«), antwortete er unweigerlich: »Weil sie brillant ist.« David, der Superstar in jenen heiligen Hallen, der dort mit jedem hätte arbeiten können, sagte: »Weil sie nicht nur nach Forschungsgeldern schielt, sondern wirklich etwas bewirken will.« Oder ganz einfach: »Weil ihre Idee funktionieren wird. Ich sage euch, wir bekommen das hin.«

Wie gesagt, es ist wichtig, einen persönlichen Cheerleader zu haben. Der an einen glaubt und auch dann nicht im Stich lässt, wenn die Dinge nicht so gut laufen.

David und ich waren wie die zwei höchst unterschiedlichen Charaktere eines Ermittlerduos: ich zwanghaft und fordernd, David voller Energie und Bewegung. Ich war praxisorientiert und sachlich. David hingegen trug seine Gefühle und seine Leidenschaft nach außen. Ich hatte stets die Langzeitperspektive im Blick. David aber war so voller Enthusiasmus, dass er jede sich bietende Gelegenheit ergriff.

Einmal lud man ihn ein, um bei einer großen Ärztekonferenz in Washington einen Kurzvortrag über mRNA zu halten. Er hatte sich den Tag freigenommen und fuhr mit dem Zug dorthin, das Schaubild, das er präsentieren wollte, unter dem Arm. Voller Begeisterung kam er am Konferenzzentrum an, und fand ... nichts. Das riesige Gebäude war gähnend leer. Der einzige Mensch, den er antraf, war ein älterer Herr, der die Eingangshalle saugte. David fragte ihn verblüfft: »Ist denn heute nicht die große Ärztekonferenz?«

Der Typ zuckte mit den Schultern. »Nicht heute.«

Es stellte sich heraus, dass David eine Woche zu früh gefahren war. Ich war so überwachsam, so zwanghaft, mir hätte das nie passieren können!

Aber Davids Überschwang hatte Vorteile. Als wir nach der richtigen Zusammensetzung der Lipidhülle suchten, um die mRNA in die Zelle zu bekommen, setzte David sich einfach ans Telefon und rief jeden Wissenschaftler an, der möglicherweise helfen konnte. Ich hörte ihm zu, wie er sich ohne Zögern selbst einlud, in ihr Labor oder zu ihnen nach Hause zu kommen. Ich fand es beeindruckend, dass jemand so etwas beherrschte.

Obwohl wir sehr unterschiedlich waren, hatten David und ich doch auch vieles gemeinsam. So teilten wir beide eine starke Abneigung gegen Bequemlichkeit.

Es gab zahlreiche Wissenschaftler, die sich innerhalb des Systems akademisch-medizinischer Forschung behaglich eingerichtet hatten. Sie kamen mit allen Kollegen aus, schlossen sich Gremien an und sammelten die nötigen Pluspunkte ein. Nach allgemeinen Maßstäben waren sie erfolgreich. Andererseits waren sie einfach unglaublich *desinteressiert*! Sie hatten Stipendien für ihre Forschung und waren zufrieden, damit ihren Lebensunterhalt zu bestreiten. Sie wollten ein schönes Leben. Und wenn sie es dann hatten, war ihnen das genug. Vermutlich ist das auch in Ordnung so.

Aber David und ich waren hungrig. Wir wollten alles lernen, präzise forschen, nichts unversucht lassen, wirklich etwas bewegen. Wir waren wohl oder übel mit dem ausgestattet, was Hans Selye als »verzehrende unbezähmbare Neugier« bezeichnet hatte. Wir jagten *nur noch einer Sache* hinterher, und dann noch einer und noch einer. Manchmal beklagte ich mich bei David über den merkwürdigen Mangel an Neugier, den ich bei Menschen sah, die theoretisch an der Spitze der wissenschaftlichen Hierarchie standen. Dann rückte er meine Perspektive zurecht: »Ärzte werden auf Tunnelblick getrimmt«, sagte er. »So sind sie nun mal.«

»Ja, aber …«

»Ich sage dir, Kate, es macht dich nur verrückt, wenn du versuchst, das zu ändern.«

Ich seufzte, und dann wandten wir uns wieder dem Puzzle zu, das wir an diesem Tag lösen wollten.

Wir kamen frühmorgens und gingen spätabends. Wenn David das Labor verließ, begab er sich zum Schuylkill River, wo er rudern ging – mit der gleichen Begeisterung, die er unserer Arbeit im Labor entgegenbrachte. Dann kehrte er an die Arbeit zurück, und ich war immer noch da und pflügte mich durch Unmengen von Daten.

Wir klonierten das Gen, das die Herstellung der induzierten Stickstoffmonoxid-Synthase (iNOS) lenkt. Dabei handelt es sich um jenes Protein, das Stickstoffmonoxid produziert, und wir benutzten es, um Tag für Tag für Tag mRNA zu machen. (David konnte mittlerweile perfekt mRNA machen. Für den Rest meiner Laufbahn verglich ich die Arbeit anderer Leute immer mit seiner.) Wir behandelten Zellen aus Zellkulturen in vitro mit der mRNA von iNOS, um zu sehen, ob sie daraufhin Stickstoffmonoxid herstellten. Als sie das taten, bedeutete das, dass wir die mRNA korrekt produziert hatten. Dann war es an der Zeit, dies an Tieren zu testen. Wir brachten die iNOS-mRNA in das Gehirn von Schweinen ein und beobachteten durch ein kranielles Fenster (im

Schädel), ob sich die Blutgefäße entspannten. Unsere Ergebnisse sprachen wir auf Band, um sie zu dokumentieren.

David kannte einige herausragende Wissenschaftler an der University of Chicago, die sich mit zerebralen Vasospasmen bei Affen beschäftigten. Wir besuchten gemeinsam deren Labor und hatten unsere iNOS-mRNA in einem Eiskübel dabei. (Leider funktionierte das System an dem Tag nicht, als wir dort waren. Wir konnten also nicht überprüfen, ob die mRNA bei den Tieren funktionierte.) David stellte außerdem den Kontakt zu einem Forscher namens John German her, der am Toshiba Stroke Research Center in Buffalo, New York tätig war. Und so reiste ich eines Tages durch einen tobenden Schneesturm nach Buffalo, um unsere mRNA an Kaninchen zu testen. Dort gab man mir genaue Anweisungen, wie ich mich zu säubern hatte. Sie waren so detailliert, dass sie mich an meinen Vater in Kisújszállás erinnerten, der sich immer von oben bis unten wusch, bevor er mit seiner Arbeit anfing. Als ich Dr. German erzählte, die Operation an dem Kaninchen erinnere mich an den Beruf meines Vaters, strahlte er übers ganze Gesicht. »Tatsächlich?«, rief er aus. »Mein Vater ist auch Neurochirurg. Und mein Großvater ebenso.« Er erklärte mir, dass sein Großvater William German tatsächlich dabei geholfen hatte, den ersten neurochirurgischen Fachbereich der Vereinigten Staaten anzulegen, an der Universität Yale.

Ich lachte über das Missverständnis. Nein, sagte ich. Mein Vater hätte einen völlig anderen Beruf gehabt. Jedenfalls lieferte auch dieser Test keinen Beleg dafür, dass die iNOS-mRNA den gewünschten Effekt erzielte.

Trotzdem hatten David und ich einige Erfolge zu verzeichnen. Bevor wir die iNOS-mRNA an Tieren testeten, konnten wir belegen, dass sie in Kulturzellen in ein funktionierendes Protein übersetzt wurde. Doch die Wirkung auf Tiere war seltsamerweise begrenzt. Wir veröffentlichten einige Artikel über unsere Arbeit. So publizierten wir eine Studie, in der wir zeigten, dass mRNA ein Rattengehirn dazu brachte, Luciferase zu exprimieren. Und eine zweite, in der wir darlegen konnten, dass ein Phosphatpuffer die mRNA zu einem hohen Maß an Proteinexpression anregte. Aber wir waren uns einig, dass wir bessere, schlüssigere und vor allem besser *reproduzierbare* Ergebnisse brauchten. Wir wollten die mRNA nicht nur in vitro (in vom Körper isolierten Zellen) funktionieren sehen, sondern auch in vivo (in einem lebendigen Tier).

Glücklicherweise waren wir beide jung … zumindest einigermaßen. Es würde noch Jahre dauern, bevor wir den Dreh heraushatten.

Wie ich bereits sagte, wollte David eigentlich vaskulärer Neurochirurg werden, woraus an der Penn allerdings nichts wurde. Er hatte seinen Frieden damit gemacht, dass er Wirbelsäulenchirurg bleiben würde. Und er schien glücklich zu sein. Aber als Eugene Flamm eine Stellung in einem neuen neurologischen Institut in New York annahm, lud er David ein, mit ihm zu kommen. David sagte Ja.

An diesem Punkt war ich gerade mal zwei Jahre am Fachbereich für Neurochirurgie.

Es war ein schwerer Abschied. »Ich werde beim neuen Leiter ein gutes Wort für dich einlegen«, sagte David. Dieser neue Leiter kam von der University of Washington und hieß Sean Grady. Er brachte erstklassige Referenzen mit. So hatte er nicht nur sein Medizinstudium in Georgetown abgeschlossen, sondern auch als Assistenzarzt an der University of Virginia gearbeitet. Dort war er Schüler des prominenten Neurochirurgen gewesen, der Christopher Reeve nach seinem schweren Unfall behandelte.

Außerdem besaß er das markante Kinn, die blauen Augen und das perfekt symmetrische Gesicht eines Nachrichtensprechers.

Ich schüttelte den Kopf. »Aber niemand kann RNA machen wie du«, sagte ich zu David. »Alle anderen werden mich enttäuschen. Das weiß ich jetzt schon.«

David lächelte, doch seine Augen waren rot. »Ich habe doch im Lauf der Jahre so einiges gelernt, nicht wahr?«

Ja, das hatte er.

Als er weitersprach, brach ihm die Stimme. »Ich dachte immer, ich würde mein Leben lang an der Penn bleiben. Ich dachte, du und ich, wir würden gemeinsam die Welt retten mit unseren mRNA-Therapien. Wirklich!« David fuhr sich mit den Fingern durchs Haar. »Aber vielleicht soll ich die Welt ja auf andere Weise retten.«

Ich dachte an Davids Vater, dem der Schlaganfall alles genommen hatte. Dieses Ereignis, das die ganze Familie durchrüttelte, war Teil von Davids Herkunft, so wie das Handwerk meines Vaters und sein plötzlicher Herztod zu meiner gehörten.

David musste es machen. Selbstverständlich. Aber die Entscheidung war ihm ganz offensichtlich nicht leichtgefallen.

Als ich David kennenlernte, hatte ich das Gefühl, dass ihm unglaublich viele Möglichkeiten offenstanden. Nun aber fragte ich mich, ob es nicht bloß eine andere Art von Belastung war, die Qual der Wahl zu haben. Wenn einem so viele Türen offenstehen, man im Laufe des Lebens aber trotzdem nur durch einige wenige gehen kann, lebt man dann nicht immer mit der Frage: *Was wäre gewesen, wenn …?*

Schließlich setzte David dieses breite, ansteckende Grinsen auf, das ich in den letzten zehn Jahren so gut kennengelernt hatte. »Aber weißt du, Kate, so richtig loswerden wirst du mich nie«, meinte er. »Ich rufe dich unter Garantie ständig an.«

»Das weiß ich doch, David.« Dann fügte ich hinzu: »Es wird schon alles gut gehen für mich. Und ich freue mich für dich.« Was hätte ich sonst auch sagen können? David war mein Cheerleader gewesen, als ich ihn am dringendsten brauchte. Nun war es an der Zeit, dass ich ihn auf seinem Weg in ein neues Leben anfeuerte.

Nur fürs Protokoll: Ich hatte recht. Niemand, mit dem ich seitdem zusammengearbeitet habe, hat mRNA so gut hinbekommen wie David.

TEIL 5

—

Susans Mom

Die Welt wandelte sich schnell. Als ich an der Penn anfing, bestanden die Bibliothekskataloge noch aus Kärtchen in Holzkästen, und wissenschaftliche Zeitschriften gab es nur auf Papier. 2002, etwas mehr als zehn Jahre später, vollzog sich ein tiefgreifender Wandel. Wissenschaftliche Publikationen – auch alte Ausgaben – wurden digitalisiert. Ich konnte sie nun überall auf der ganzen Welt lesen und auf meinem Laptop speichern. 1997 aber, als ich zur Neurochirurgie stieß, wanderte ich immer noch durch entlegene Gänge der Bibliothek, holte mir die gedruckten Ausgaben von *Cell* und Dutzenden anderer Zeitschriften und blätterte sie eine nach der anderen durch.

Wenn ich einen Aufsatz fand, der mich interessierte, ob nun zu Hause oder an der Penn, machte ich eine Kopie. Ich war also nie weit vom Fotokopierer entfernt. Einen der Kopierer an der Penn betrachte ich mehr oder weniger als *meinen*. Meistens hatte ich ihn ganz für mich.

Eines Tages aber sah ich jemanden, der hier neu war und meinen Kopierer benutzte: ein ernsthaft wirkender Mann undefinierbaren Alters. Er hatte nicht viele Haare auf dem Kopf, andererseits hatte er weder Hängebacken noch Falten. *Jünger als ich*, dachte ich. *Aber vielleicht nicht viel.* Er trug ein Oberhemd, das fein säuberlich in faltenfreien Khakihosen steckte. Bequeme, gut gemachte Schuhe. Das Outfit eines pragmatischen, unauffälligen Mannes. Er nickte kurz, um mir zu signalisieren, dass er mich bemerkt hatte. Dann kopierte er weiter.

Ich wartete, bis ich dran war, aber das gefiel mir ganz und gar nicht.

Er kopierte Seite um Seite, dann kam ein neuer Aufsatz. Wer war dieser Störenfried? Wollte er hier vielleicht noch länger rumstehen? Würde ich in Zukunft vielleicht noch öfter auf meinen Kopierer warten müssen?

Ich tat das Einzige, was mir unter diesen Umständen übrig blieb. Ich stellte mich vor.

Der Mann hieß Drew Weissman, und sein Name würde künftig für immer mit meinem verbunden sein. Drew war von den National Institutes of Health an die Penn gekommen, wo er im renommierten Labor von Dr. Tony Fauci gearbeitet hatte. Dr. Fauci war mir damals noch unbekannt, aber obwohl Drew dazu keine Erklärungen lieferte, wurde mir schnell klar, dass »Tony« jemand Besonderes war. Ich stellte Fragen. Drew beantwortete jede höflich und knapp. Drew war Arzt und hatte einen Doktortitel. Er besaß einen Abschluss in Immunologie und Mikrobiologie. An der Penn hatte er soeben ein eigenes Labor bekommen. Es war klein, aber Drew hatte Großes damit vor. Er wollte neue Impfstoffe für Infektionskrankheiten entwickeln: Grippe, Herpes, HIV, Malaria. Im Moment, so sagte er, arbeite er an einem HIV-Impfstoff.

In jenen Tagen redete ich mit allen Menschen, die mir ihr Ohr liehen, über mRNA, ganz egal, woran sie arbeiteten oder forschten. Ich gebe gern zu, dass ich mir das Straßenhändlerprinzip zu eigen gemacht hatte. Ich haute jedem, der es hören wollte, meine große Idee um die Ohren: *mRNA! Holen Sie sich Ihre mRNA bei mir! Ich habe mRNA für Herzoperationen! mRNA für Eingriffe am*

Gehirn! Ich kann Ihnen mRNA für jeden gewünschten Zweck besorgen! Vertrauen Sie mir: Nirgendwo bekommen Sie bessere mRNA!

Bis zu diesem Moment war ich so beschäftigt damit gewesen, Medikamente aus mRNA herzustellen, dass ich auf die Idee, sie für Impfstoffe zu nutzen, gar nicht erst gekommen war. Nun aber, da ich am Kopierer stand und missmutig darauf wartete, dass ich endlich an die Reihe kam, zeichneten sich vor meinem inneren Auge ganz neue Möglichkeiten ab.

Sie brauchen mRNA für Impfstoffe? Kein Problem, das bekomme ich auch hin!

Als ich Drew meine Arbeit beschrieb, veränderte sich sein Pokerface auf einmal. Diese Veränderung war kaum wahrnehmbar, nur seine Augen weiteten sich ein bisschen. Bei jedem anderen hätte es vermutlich nichts bedeutet. Aber bei einem derart zurückhaltenden Typen wie Drew war diese winzige Muskelbewegung so, als hätte er laut nach Luft geschnappt: Ich konnte sehen, dass ich seine Aufmerksamkeit erregt hatte.

Es stellte sich heraus, dass Drew erst kürzlich nach Möglichkeiten gesucht hatte, ein *Antigen* – eine molekulare Struktur, die eine Immunantwort auslöst (ein Virus, ein Bakterium, ein Parasit) – in eine Zelle hineinzubekommen, damit der Impfstoff wirken kann. Wie er dabei feststellen musste, hatten er und sein Labor Zugang zu allen Methoden außer einer: *dem Einsatz von mRNA*.

Drew selbst hatte keine Erfahrung in der Herstellung von RNA. Und jetzt stand er durch puren Zufall neben einer mRNA-Forscherin! Wenn ich heute so zurückblicke, verblüfft mich die schiere Zufälligkeit unserer Begegnung immer noch. Manchmal hängt sogar die Wissenschaft mit all ihrer methodischen Strenge am seidenen Faden des Glücks.

Als David, der zweite Arzt an der Penn, mit dem ich je zusammengearbeitet hatte, sein neues Leben in New York begann, arbeitete ich bereits mit dem dritten Mediziner: dem wissbegierigen Immunologen, der den Kopierer belagert hatte.

In der Natur gibt es zahllose Kooperationen, bei denen die beteiligten Elemente zueinander passen wie Schlüssel und Schloss. Zum Beispiel wenn zwei sehr verschiedene Moleküle – ein Enzym und der Stoff, auf den es einwirkt – exakt zueinander passen. Treffen die beiden komplementären Elemente aufeinander, so schnappen sie sicher ein, und es beginnt eine bemerkenswerte Kette von Ereignissen.

In der Biologie geschieht dies immer wieder: Der Schlüssel passt ins Schloss, und große Dinge geschehen.

Damals wusste ich das nicht, aber als ich da so am Kopierer stand, machte es klick. Ich hatte mein eigenes Schlüssel-Schloss-System gefunden. Drew und ich waren sehr verschieden, aber jeder verfügte exakt über das Wissen und die Fähigkeiten, die der andere brauchte. Ich war die RNA-Forscherin, die von Immunologie keine Ahnung hatte. Er war der Immunologe ohne jede RNA-Erfahrung. Unsere Verbindung würde eine Kette von Ereignissen in Gang setzen, die am Ende … nun, einfach alles ändern würde.

Auch Susan veränderte sich. Sie fing an, über Unis nachzudenken.

Ich wollte immer noch, dass Susan an die Penn ging. Fast ein Jahrzehnt lang war ich von Menschen umgeben gewesen, die mir erzählten, es gäbe keinen besseren Ort zum Studieren. Die Penn gehörte zur Ivy League, also zu den besten Universitäten des Landes. Sie war das Szeged Amerikas. Außerdem waren die Studiengebühren für die Kinder von Mitarbeitenden sehr niedrig. Für mich war somit alles in trockenen Tüchern.

Susan aber war mittlerweile nicht mehr so überzeugt. Sie

wollte lieber in Kalifornien studieren. Als die University of California in Los Angeles ihr Broschüren und einen Parkausweis schickte, tanzte sie damit durch die Küche. »Schau nur, Mom!«, rief sie. »Ich hab schon einen Parkausweis! Ich bin fast schon Studentin!«

Nein, sagte ich. Kalifornien, das hieße, dass sie durchs ganze Land fliegen musste. Und Flüge waren teuer. Wenn nicht irgendetwas völlig Unvorhergesehenes dazwischenkam, würde sie an der Penn oder an der Penn State studieren. Natürlich wäre beides großartig, aber ich hatte klare Präferenzen, wo ich sie lieber sähe.

Und so begannen Susan und ich zum ersten Mal über schulische Dinge zu streiten – über Hausaufgaben, darüber, wie gut sie sich auf mündliche Prüfungen vorbereitet hatte und ob ihre Noten so gut waren, wie sie sein mussten. Ach, und diese Studierfähigkeitstests (SAT)! Ich kaufte jedes vorbereitende Buch, das ich kriegen konnte, und in der wenigen Freizeit, die wir gemeinsam hatten, malträtierte ich sie mit Englisch-Vokabeln. *Accede, berate, dearth, hackneyed, perfidious, restive, vindicate.*

Das Vokabelspiel ging immer weiter, genau wie unsere Auseinandersetzungen über die SAT-Prüfungen.

Susan hätte natürlich alles andere lieber getan, als für die Tests zu lernen. Und mehr als alles, was wir sonst zusammen erlebt hatten, verursachten die SAT-Prüfungen und meine Erwartungen, die ich an sie herantrug, Reibereien zwischen uns. Jeden Abend fragte ich sie: »Wie viele Stunden hast du für die SATs gelernt?«

Sie antwortete: »Ich habe ein Buch gelesen.« Das war in Ordnung, aber sie hatte meine Frage nicht beantwortet. Würde dieses Buch ihr zu einem Studium an der Penn verhelfen? Ich erinnerte mich noch gut, wie besessen ich in der Oberstufe gelernt hatte – und wie viel auf dem Spiel stand. Ich konnte einfach nicht begreifen, warum sie nicht ebenso hart arbeiten wollte.

Béla allerdings sagte mir immer, ich solle sie in Frieden lassen. »Sie macht das prima«, versicherte er mir. »Alles bestens.«

»Ist es nicht!«, beharrte ich. »Die Penn ist eine der Universitäten, in die landesweit am schwersten hineinzukommen ist.«

Bei diesen Kämpfen ging es natürlich um mehr als eine Prüfung. Ich wollte alles für Susan – nicht nur die Penn, nicht nur eine exzellente Ausbildung, sondern vor allem das Feuer und das Durchhaltevermögen, das sie in einer Welt brauchte, die ihr gleichgültig gegenüberstand. Ich wollte, dass sie mit allem, was sie hatte, um das kämpfte, was sie sich wünschte. Wenn sie sich jetzt schon für die SATs nicht anstrengte, dann würde sie das vielleicht später auch nicht tun. Also drängte ich sie, und sie widersetzte sich. Wir warfen uns gegenseitig Sturheit vor.

Manchmal allerdings ließen wir unsere Streitigkeiten über Noten und Prüfungen und Hochschulbewerbungen einfach ruhen. Dann gingen wir nach dem Abendessen raus und spielten eine Runde Basketball, alle drei. Aber selbst dabei ließ ich nicht locker. Ich weiß, dass manche Eltern beim gemeinsamen Sport ihre Kinder gewinnen lassen. Sie stellen sich einfach ein bisschen ungeschickter an, als sie sind. Sie geben nicht alles, verlieren absichtlich, damit ihr Kind das Gefühl hat, Sieger zu sein. Ich konnte das nicht mit Susan. (Und zu meiner Erleichterung tat Béla das auch nicht.)

Was hätte es ihr gebracht, wenn wir sie immer gewinnen ließen? Kurzfristig hätte sie sich vielleicht besser gefühlt, aber auf Dauer? Wie gesagt: Ich wollte alles für sie. Und meiner Erfahrung nach war »alles« ein Langzeitprojekt.

Die Penn selbst allerdings schien zu jener Zeit eher kurzfristige Erfolge anzuvisieren. 1999 waren das Gesundheitssystem der Universität und die medizinische Fakultät in die Krise geraten. Bill

Kelley, der für beide verantwortlich war, hatte einige riskante Investitionen getätigt. In den zehn Jahren seiner Leitung hatte er nicht nur das Institute for Human Gene Therapy gegründet, sondern auch Krankenhäuser und Hunderte Arztpraxen aufgekauft. Er hatte einige neue Gebäude errichten sowie mehr als 90 000 Quadratmeter Forschungs- und Klinikräume renovieren lassen. Er hatte ein Dutzend neue Institute gegründet und viele neue Fakultätsmitglieder eingestellt. Auch eine neue Leitung für jeden einzelnen Fachbereich.

Diese Investitionen hatten sich nicht ausgezahlt.

Das gesamte Gesundheitssystem der Penn (und mit ihm die medizinische Fakultät) hatte in den vergangenen drei Jahren Verluste in Höhe von mehreren Hundert Millionen Dollar gemacht. Die Krise hatte Auswirkungen auf die gesamte Universität. Der neue Campus-Masterplan mit neuen Studierendenwohnheimen musste aufgeschoben werden. Und Moody's Investors Service stufte das Kreditrating der Penn herab.

Sean Grady, der neue Leiter der Neurochirurgie, eröffnete uns, er würde genauestens überprüfen, wofür wir Geld ausgaben.

Ressourcenallokation. Das bedeutete konkret: Wer würde einen Platz im Labor erhalten und wer nicht?

Bald nach seiner Ankunft rief Sean mich in sein Büro. Er war sehr höflich. Er hörte mir zu, während ich meine Arbeit beschrieb. Er stellte ein paar Fragen und meinte dann, das höre sich alles sehr aufregend an. Seiner Stimme war das allerdings nicht anzumerken. Er meinte, ich hätte ja einige Veröffentlichungen in renommierten, wenn auch kleinen Zeitschriften vorzuweisen. Aber, fuhr er fort, er stehe finanziell unter enormem Druck, und dass ich kein Geld für meine Forschungen eingeworben hatte, bereite ihm Sorge. Ob mir bekannt sei, hakte er nach, dass da ein Faktor namens »Dollar pro Netto-Quadratmeter« existiere. Diese Verhältniszahl sage aus, wie viel Laborraum Forscher aufgrund ihrer eingeworbenen Gelder in Anspruch nehmen durften. »Die Universität wird unnachsichtig auf Basis dieser Kennzahl entscheiden«, warnte er mich. »Ich möchte also, dass Sie sich wirklich um Drittmittel bemühen.«

»Selbstverständlich«, sagte ich. »Natürlich. Aber ich würde Ihnen gern mehr über meine Arbeit mit der mRNA erzählen.«

Bei der Impfstoffherstellung wollte Drew vor allem *dendritische Zellen* ansprechen. Als wir zum ersten Mal miteinander sprachen, wusste ich nicht mal, was das war. Ich nahm an, er meinte damit einen bestimmten Typ von Neuronen, Zellen des Nervensystems, die mit ihren Axonen und Dendriten baumähnliche Auswüchse zeigen. Tatsächlich aber handelte es sich bei diesen dendritischen Zellen um Zellen des Immunsystems, die gerade erst entdeckt worden waren. Sie gehören zu den sogenannten »professionellen antigen-präsentierenden Zellen«.

Das Immunsystem ist auf faszinierende Weise komplex. Die Immunreaktion umfasst den ganzen Körper und viele Organsysteme. Es gibt sozusagen mehrere Verteidigungslinien. Seit meinem Studium hatte die Wissenschaft enorme Fortschritte beim Verständnis des Immunsystems erzielt. So große, dass nur zwei Jahrzehnte später der Großteil dessen, was ich an der Uni gelernt hatte, veraltet war. Doch die Zusammenarbeit mit Drew war eine Art Crashkurs in Immunologie. Drew sprach nur selten ohne konkreten Grund. Seine Frau scherzte immer, er hätte eine tägliche Obergrenze für Worte, die er nie überschreite. Aber wenn Drew etwas sagte, dann brachte er komplexe Ideen mit einer umwerfenden Klarheit zum Ausdruck.

Drew erklärte, dass dendritische Zellen für Impfstoffe ein gutes Ziel seien, weil sie die *angeborene Immunantwort* – eine Reihe allgemeiner und unmittelbarer Reaktionen auf eine Infektion – mit der *adaptiven Immunantwort* verbinden.

Ihr Immunsystem ist dafür da, Sie vor gefährlichen *Pathogenen* (Krankheitserregern) zu schützen: Milliarden von Bakterien, Viren, Pilzen und Parasiten, die auf Ihren Körper einstürmen und ihn schädigen können. Auch bei Verletzungen erweist sich das Immunsystem als nützlich. Die erste Verteidigungslinie ist eine ganz konkrete. Ihre Haut ist eine Barriere, die für die meisten Pathogene bereits unüberwindbar ist. Die Schleimhäute in der Nase und in den Atemwegen fangen die Eindringlinge wie Fliegen auf Klebefallen. Enzyme im Speichel, in den Augen und im Schweiß lösen Mikroben beim ersten Kontakt auf. Ihre Magensäure tut dasselbe. Feinste Härchen in der Lunge, die Zilien, transportieren Fremdkörper aus Ihrem System, bevor sie sich irgendwie festsetzen können.

Manchmal aber durchbricht ein Krankheitserreger diese erste Barriere. Dann werden die Zellen des *angeborenen Immunsystems* aktiv. Innerhalb von Minuten, nachdem die Erreger eingedrungen sind, werden sie von Fresszellen umringt und vertilgt. »Natürliche Killerzellen« (Ja, die heißen wirklich so!) steuern jene Zellen des Körpers an, die offensichtlich von den Erregern befallen sind. Eine Unmenge von Proteinen, die Zytokine, treten in Aktion. Einige davon (wie die Interferone, die ich in Ungarn und in Suhadolniks Labor studiert hatte) hindern das Virus daran, sich zu vervielfältigen. Andere Zytokine rekrutieren neue Zellen für die Immunantwort. (Ähnliche Reaktionen gibt es bei der sterilen Infektion, bei der keine Krankheitserreger vorhanden sind.)

Die Zellen und Proteine der angeborenen Immunantwort sind wie Grenzschutzbeamte, von denen jeder eine spezielle Aufgabe hat. Jeder Akteur macht seine Arbeit, *ganz egal, mit welchem Erreger er es im Körperinneren zu tun hat.* Dass es keine erregerspezifische Reaktion gibt, hat einen Vorteil: Schnelligkeit. Das angeborene Immunsystem wird quasi schon im Moment der Infektion hochgefahren.

Aber Sie haben ja noch eine Verteidigungslinie: die *adaptive Immunantwort.* Das angeborene Immunsystem ist der Generalist, das adaptive hingegen die Spezialeinheit, die sich auf ganz *bestimmte Erreger* einschießt. Ein Typ der adaptiven Immunzellen sind die B-Zellen, die *Antikörper* produzieren. Diese wiederum besitzen exakt jene physischen Merkmale, um einen bestimmten Eindringling unschädlich zu machen. Dann kommen auch die T-Zellen ins Spiel. Manche T-Zellen sind hoch spezialisierte Killerzellen, welche jene Zellen angreifen, die von den Pathogenen infiziert sind. Andere Zellen wiederum stellen neue Zytokine her, die wiederum mehr Immunzellen aktivieren.

Da das adaptive Immunsystem seine Reaktion auf einen bestimmten Krankheitserreger zuschneidet, braucht es ein paar Tage, bis es seine volle Leistungsfähigkeit erreicht hat. Aber dann ist es erstaunlich präzise, unglaublich stark und erzielt eine dauerhafte Wirkung. Denn das adaptive Immunsystem hilft Ihnen nicht nur, die aktuelle Infektion zu *überwinden*, sondern es *merkt* sich auch den Erreger. Manche adaptive Immunzellen – die Gedächtniszellen – bilden vielleicht für den Rest Ihres Lebens eine Art Reservistentruppe, die abwartet, ob sie wieder gebraucht wird. Sollten Sie je wieder von diesem Erreger befallen werden, erkennen ihn die Gedächtniszellen und leiten die adaptive Immunantwort ein, nur schneller als beim ersten Mal.

Dendritische Zellen sind, wie Drew erklärte, ein ideales Ziel für Impfungen, weil sie *alle* diese Immunreaktionen anstoßen können.

In Ihrem Körper gibt es etwa 50 Millionen dendritische Zellen. Jede von ihnen hat Auswüchse, die den Ästen eines Baumes ähneln. (Daher der Name, der im Griechischen für »verzweigt« steht.) Diese Zellen patrouillieren durch den ganzen Körper – Haut, Lungen, Magen, Darm – und suchen nach Krankheitserregern. Stößt eine dendritische Zelle auf einen Krankheitserreger, zerlegt sie ihn in einzelne Stücke. Dann »präsentiert« sie diese auf ihrer Oberfläche wie ein Krieger, der sich mit Körperteilen seines besiegten Feindes schmückt. Damit »marschiert« sie zu den Lymphknoten, wo sie diese Teile den Zellen des adaptiven Immunsystems »zeigt«. Es ist etwa so, als würde die dendritische Zelle laut verkünden: *Das ist euer Feind. Schaut ihn euch genau an. Gegen ihn habt ihr zu kämpfen. Und zwar so. Also los, auf ihn mit Gebrüll!*

Alle Impfstoffe funktionieren auf dieselbe Weise: Man schleust auf sicheren Wegen ein spezifisches Antigen in den Körper ein, zusammen mit einem Immunaktivator, den man Adjuvans nennt. Es gibt viele verschiedene Methoden, wie man dies zuwege bringt. Manche Impfstoffe enthalten eine abgeschwächte Version eines lebenden Virus, andere verwenden ein abgestorbenes oder inaktives Virus. Und wieder andere bedienen sich eines rekombinanten Proteins (biotechnologisch hergestellte Proteine), das aus einem erkennbaren, aber nicht infektiösen Teil des Erregers besteht.

Aber es ist sehr schwierig, einen Impfstoff herzustellen, der gegen mehrere Pathogene wirkt.

HIV (Humanes Immundefizienz-Virus) zum Beispiel, das AIDS (Acquired Immunodeficiency Syndrome) verursacht, ist unglaublich schlau. Zum Beispiel kapert HIV das Immunsystem, indem es in T-Zellen eindringt und sich dort vermehrt – ausgerechnet in jenen Zellen, die das Virus bekämpfen sollen. Außerdem ändert das Virus sein Genom (seine Nukleoside) jedes Mal, wenn es sich repliziert. Daher gibt es nahezu endlose Varianten von HIV.

Außerdem tarnt es sich mit Zuckermolekülen, weshalb es schwer aufzuspüren ist. Und HIV *führt sein eigenes Genmaterial in die Chromosomen des Wirtsorganismus ein.* Was zur Folge hat, dass es nicht mehr verschwindet, wenn es sich dort einmal verankert hat.

Aus diesen Gründen konnte bislang – trotz vierzigjähriger Forschung – niemand einen wirksamen Impfstoff gegen HIV finden.

Drew aber hatte eine Idee. Er meinte, wir könnten mRNA einsetzen, um dendritische Zellen dazu zu bringen, dass sie das wichtigste Strukturprotein des HIV herstellen (das jemand mal als Gag-Protein bezeichnet hat). So ließe sich vielleicht die Körperabwehr gegen das Virus in Stellung bringen. (Kurze Anmerkung: »Gag« hat nichts mit »würgen« zu tun, wie man vielleicht annehmen könnte. Es ist eine Abkürzung für »gruppenspezifisches Antigen«.)

Der Prozess sollte wie folgt ablaufen:

1. Man produziert im Labor mRNA, die für das HIV-Gag-Protein kodiert.
2. Man schleust diese mRNA in den Körper ein, zusammen mit einem Adjuvans, das die Immunreaktion stimuliert.
3. Sobald diese mRNA in die Zellen gelangt ist, steuert sie direkt auf die Ribosomen zu, die »Proteinfabrik« der Zellen.
4. Dann stellen die Ribosomen nach den Informationen der mRNA Gag-Proteine her. *Da diese Proteine vom Rest des HI-Virus isoliert sind, sind sie nicht infektiös.*
5. Während die Zellen diese Gag-Proteine herstellen, alarmiert das Adjuvans das Immunsystem. Dieses erkennt von nun an das Gag-Protein und lässt die Immunantwort anlaufen.

6. Das Immunsystem erledigt die Gag-Proteine mit den üblichen zellulären Prozessen.
7. Dank der adaptiven Immunantwort erinnert sich der Körper für immer an dieses Gag-Protein. Sollte er eines Tages mit einem echten HI-Virus konfrontiert werden, kann er es neutralisieren, bevor es in die Zellen eindringt, und/oder bereits infizierte Zellen schnell eliminieren.

In gewisser Weise würde ein solcher mRNA-Impfstoff genauso funktionieren wie jeder andere Impfstoff. Er würde den Körper mit dem Antigen (in diesem Fall dem Gag-Protein) konfrontieren und das Immunsystem stimulieren. Danach übernimmt der Körper die ganze Arbeit. Doch statt das Antigen selbst in den Körper einzuschleusen, würde man diesem lediglich die Anweisungen übermitteln, *wie er das Antigen in der Zelle selbst herstellen könnte.*

Der Körper wäre also beides: Antigen-Fabrik *und* Ort der Immunantwort auf dieses Antigen.

Ein solcher Impfstoff wäre tatsächlich ein Durchbruch, der auch eine ganze Reihe praktischer Vorteile mit sich brächte. Die höchste Zahl an HIV-Erkrankungen weisen Länder mit niedrigen oder mittleren Einkommen auf, am häufigsten die Länder südlich der Sahara, wo es kaum Zugang zu bezahlbaren Impfstoffen gibt. Während die Produktion konventioneller Impfstoffe enorme Investitionen erfordert, lassen sich mRNA-Impfstoffe relativ schnell und kostengünstig herstellen.

Als wir an diesem Kopierer standen, fragte Drew mich, ob ich mRNA machen könnte, die für das Gag-Protein kodierte.

Ich lächelte. »Ich kann jede Art von mRNA machen«, versicherte ich ihm. »Überhaupt kein Problem.«

Wir machten uns bald an die Arbeit. Drew gab mir ein Plasmid, das die Informationen für das Gag-Protein enthielt. Ich klonierte es und stellte in meinem Labor in der Neurochirurgie die entsprechende mRNA her. Wir »vervollständigten« die mRNA mit Lipofectin und führten sie dann in dendritische Zellen einer Zellkultur ein.

Die Resultate waren in vielerlei Hinsicht erfolgversprechend. Wenige Stunden, nachdem wir die mRNA in die dendritischen Zellen eingeschleust hatten, konnten wir sehen, dass sie translatiert worden war. Unsere Zellen stellten tatsächlich Gag-Proteine her! Und es gab außerdem Anzeichen dafür, dass eine Immunreaktion ausgelöst wurde. Das war ein wichtiges Signal, das belegte, dass mRNA ein guter Kandidat für einen Impfstoff war.

Gleichzeitig passierte etwas Merkwürdiges. Drew erzählte mir, dass die dendritischen Zellen *zusätzlich* Unmengen von entzündlichen Zytokinen produzierten – mehr als wir erwartet hatten. »Die Zellen sind aktiviert«, meinte er. »*Unglaublich* aktiviert.« Für einen Menschen, der nicht zu Übertreibungen neigte, war dies eine bemerkenswerte Aussage *unglaublich aktiviert.*

Offensichtlich löste irgendetwas an der mRNA diese massive Entzündungsreaktion aus.

Meine mRNA sollte Entzündungen auslösen?

Ich dachte darüber nach. Seit einem Jahrzehnt versuchte ich, mRNA therapeutisch zu nutzen – als Behandlung nach Schlaganfällen, aber auch für andere ernsthafte Erkrankungen. Aber wenn die mRNA nun Entzündungen auslöste? Das war schlecht.

Wirklich sehr, sehr schlecht.

Am Donnerstag, dem 9. September 1999, bestieg ein Achtzehnjähriger namens Jesse Gelsinger in seiner Heimatstadt Tucson, Arizona ein Flugzeug nach Philadelphia. Er hatte zwei Reisetaschen dabei. Die eine enthielt Sachen zum Anziehen, die andere seine Lieblingsvideos: Wrestlingkämpfe und Filme mit Sylvester Stallone und Adam Sandler. Jesse war in vielerlei Hinsicht ein typischer junger Mann. Er hing gerne mit seinen Freunden ab. Er hatte einen Teilzeitjob in einem Laden. Er liebte Motorräder und hatte einen trockenen Sinn für Humor. Sein Vater wünschte sich, wie das häufig so ist, dass er in der Schule ein wenig mehr Engagement zeigen würde.

Jesse hatte außerdem eine seltene Erbkrankheit: OTC-Defizienz (ein Mangel an Ornithin-Transcarbamylase). Diese trifft nur etwa einen von 40 000 Menschen. Die Krankheit verhindert, dass der Körper Nahrungsproteine verarbeitet, sodass sich Ammoniak (ein Abfallprodukt des Proteinstoffwechsels) im Blut ansammelt. Unbehandelt führt dies zu Koma, Gehirnschäden und schließlich zum Tod. Die OTC-Defizienz wird häufig gleich nach der Geburt entdeckt. In der Hälfte aller Fälle verläuft sie tödlich. Jesse hatte eine »mildere« Form der Krankheit. Man hatte sie bei ihm im Alter von zwei Jahren entdeckt und konnte sie bisher in Schach halten: mithilfe einer Ernährung, die nur wenige Proteine erlaubte, und von fast fünfzig Tabletten pro Tag.

Jesse kam nach Philadelphia, um an einer Studie teilzunehmen, bei der man herausfinden wollte, wie sicher eine Gentherapie bei seiner Erkrankung war.

Diese Studie wurde vom Institute for Human Gene Therapy an der Penn durchgeführt.

Vier Tage nach seiner Ankunft in Philadelphia verabreichten die Forscher Jesse veränderte OTC-Gene, zusammen mit Milliarden abgeschwächter Adenoviren. Diese Viren funktionierten sozusagen wie Trojanische Pferde. Sie schleusten nicht ihr Genom in Jesses Zellen ein, sondern jenes, das für OTC kodierte.

Unglücklicherweise übersteuerten die Adenoviren Jesses Immunsystem total. Es entwickelte sich ein sogenannter *Zytokinsturm* – eine toxische Flut jener Proteine des Immunsystems. Die Folge waren Organversagen und akute Atemnot. Acht Tage, nachdem Jesse in Tucson das Flugzeug bestiegen hatte, war er tot.

Eine überschießende Entzündungsreaktion kann sehr ernste Folgen haben.

Jesses Tod brachte die Gentherapie-Forschung für Jahrzehnte ins Wanken. Auch an der Penn. Im Januar des Folgejahres verbot die FDA dem Human Gene Therapy Institute jede Art von gentherapeutischen Versuchen am Menschen. Die Penn bezahlte eine Strafe und schloss das Institut ganz.

Als Drew mir sagte, dass unsere mRNA eine überschießende Entzündungsreaktion ausgelöst hatte, war ich daher höchst alarmiert. Wenn die mRNA eine solche Immunreaktion verursachte, würde man sie nie therapeutisch einsetzen können. Und trotzdem konnte ein mRNA-Impfstoff vielleicht möglich sein – ein Impfstoff soll ja eine Immunreaktion bewirken. Vielleicht war das Ganze nur eine Frage der Menge. Aber mRNA einzusetzen, um Blutgerinnsel zu verhindern, um Gefäße zu entspannen oder andere therapeutische Wirkungen zu erzielen? Das wäre unmöglich.

Ich hatte zehn Jahre lang daran gearbeitet, mRNA zu therapeutischen Zwecken einzusetzen. In dieser Zeit hatte man mich ignoriert, belächelt, degradiert und mit Ausweisung bedroht. Das alles hatte mich jedoch nicht so sehr erschüttert wie diese neue Tatsache: Wenn wir keinen Weg fanden, die mRNA daran zu hindern, eine überschießende Immunreaktion auszulösen, dann war meine ganze Arbeit umsonst gewesen.

Aber *warum* sollte mRNA eine solche Immunreaktion verursachen? Diesen Punkt verstanden weder Drew noch ich. Unsere Körperzellen enthalten schließlich millionenfach mRNA. Jede

Zelle bringt seit Jahrmillionen Unmengen mRNA hervor, ohne dass das Immunsystem derart getriggert wird. Jede Zelle Ihres Körpers enthält haufenweise mRNA-Moleküle. Das Zeug ist vielleicht erstaunlich, aber es ist eben auch durch und durch *normal.*

Im Labor stellten wir mRNA aus denselben Materialien her, die auch der Körper verwendet: Wir nutzten dazu die üblichen Bausteine – A, C, G und U –, die auch im Reich des Lebens verwendet werden.

Und doch sprachen die Daten eine klare Sprache: Wann immer wir mRNA in dendritische Zellen einbrachten, wurden Entzündungsstoffe ausgeschüttet. Was ging da nur vor?

Wenn ein guter Wissenschaftler auf etwas stößt, das durch die bekannten Tatsachen nicht einfach zu erklären ist, dann gibt es nur eines: mehr Forschung.

Und manchmal braucht man einfach *sehr viel* mehr Forschung.

Haben Sie schon mal Cluedo gespielt? Dabei müssen die Spieler einen Mordfall lösen. Jeder muss drei Fragen klären: Wer hat den Mord begangen? Wo? Und mit welcher Waffe? Bei jeder Runde können die Mitspieler eine einzige Frage stellen, die ihre Hypothese in Bezug auf den Mord testet. (»Colonel Mustard, in der Bibliothek, mit einem Kerzenständer.«) Mit der Zeit ergibt sich per Ausschlussverfahren allmählich ein Bild.

Dies, so sagte man mir, sei ein gutes Beispiel, um Nicht-Wissenschaftlern zu erklären, vor welcher Herausforderung Drew und ich standen. Um unsere mRNA therapeutisch nutzen zu können, mussten wir herausfinden, was an dem Molekül die Entzündung bewirkte, welcher Teil der Zelle reagierte und durch welchen Mechanismus der Sturm ausgelöst wurde. Um das zu klären, mussten wir Ja-oder-Nein-Fragen in Form von Experimenten stellen, und zwar Schritt für Schritt.

Natürlich gibt es bei Cluedo nur sechs mögliche Verdächtige, sechs Tatwaffen und neun Tatorte (was insgesamt 324 möglichen Lösungen entspricht). Wenn Sie dieses Spiel nur lange genug spielen, finden Sie *mit Sicherheit* die Lösung. Für uns gab es keine solchen Garantien. Wir hatten es mit enorm komplexen biochemischen Reaktionen und Prozessen zu tun, die sich außerhalb unseres Sichtbereichs abspielten. Unsere Werkzeuge waren begrenzt, und das Reich der Möglichkeiten von unbekannter Größe. Wir hatten für diese Arbeit keine Blaupause, und der Punkt, an dem wir am besten anfangen sollten, lag keineswegs zweifelsfrei auf der Hand. Wie beim längsten und schwierigsten Cluedo-Spiel überhaupt konnten wir immer nur eine Frage nach der anderen stellen.

Allmählich verabschiedete Susan sich von ihrem kalifornischen Traum. Sie beschäftigte sich mit der Penn, sprach mit Studienberatern und akzeptierte die Besonderheiten unserer finanziellen Situation. Mit der Zeit konnte sie sich für die Penn sogar begeistern … und schließlich sogar immer mehr. Im Dezember ihres letzten Jahres an der Highschool stellte sie den Antrag auf Frühzulassung zur Penn.

Sie war ein tolles Mädchen mit Supernoten und exzellenten Empfehlungsschreiben. Trotzdem war die Zulassung keineswegs sicher. Irgendwie hielten wir alle monatelang den Atem an. An dem Tag, als sie den entscheidenden Brief erhalten sollte, war sie so nervös, dass sie nicht mehr klar denken konnte. (Und ich geb's ja zu: ich auch!) In jenen Tagen wurden Zulassungsbriefe vom U. S. Postal Service zugestellt, und bei uns kam die Post immer erst nachmittags. Um uns abzulenken, fuhr ich mit Susan in ein Einkaufszentrum an der Route 309.

Wir wühlten uns durch Berge von Kleidung. Susan probierte Pullis und Jeans an, Dinge, die sie eigentlich nicht brauchte. Und ich gab meine Kommentare dazu ab. *Das sieht gut aus, ja.* Oder: *Nein, die Hose ist das Geld nicht wert.* Doch ich vermute, dass wir beide währenddessen ständig dasselbe dachten. *Heute ist der Tag. Heute ist der Tag. Heute ist der Tag.*

Als wir wieder zu Hause ankamen, sprang Susan aus dem Auto, das noch gar nicht stand. Sie lief ins Haus. Ich folgte ihr mit einer Einkaufstasche in der Hand. Drinnen saß Béla am Esstisch.

»Ist mein Brief schon da?«, fragte Susan aufgeregt. Ich stand in der Tür, stocksteif, zu angespannt, um auch nur die Tüte abzusetzen.

Béla starrte Susan mit leerem Gesichtsausdruck an. »Brief?«, fragte er verwirrt. Neben ihm lag ein Stapel mit der Post von heute. Nichts sah aus wie einer dieser Briefe von der Universität.

Susan ließ die Schultern hängen. Ich konnte förmlich sehen, was in ihr vorging. Die Penn hatte ein konkretes Datum genannt, wann die Briefe abgeschickt würden. Und wir wussten, wie lange ein Brief von der Uni bis zu uns nach Hause brauchte. Wenn Susan nun keinen Brief bekommen hatte … dann … war sie wohl nicht zugelassen worden.

Oje. Ich ließ den Gedanken wirken. *Susan wurde nicht angenommen.*

Ich überlegte, wie ich sie am besten wieder aufbauen konnte. »Im Leben gibt es hin und wieder Rückschläge …«

»Ach, warte mal«, kam es aus Bélas Mund, als wäre ihm gerade erst etwas eingefallen. Ich sah, wie seine Augen aufblitzten, genauso wie damals, als dieser junge Bursche sich aus seinem Schülerwohnheim geschlichen hatte, um ohne einen Cent in der Tasche zur Disco in Szeged zu gehen. Ich sah, wie sich seine Mundwinkel zu einem diabolischen Grinsen verzogen. »Meinst du vielleicht *den* hier?«

Er hob das Tischtuch an einer Ecke an. Und da lag er nun: so dick, als müsste er gleich platzen. Das konnte nur eines bedeuten. Susan hatte es geschafft.

Susan schrie auf. Sie schnappte sich den Umschlag und riss ihn auf. Ich hielt immer noch die Einkaufstasche, und mit der anderen Hand versetzte ich Béla einen Faustschlag gegen den Arm. »Ach, du!« Ich war so erleichtert, dass ich kaum geradeaus denken konnte. »Wie konntest du nur! Wie kannst du Susan so etwas antun? Oder *mir*!«

Sechs Monate später feierte Susan ihren Highschool-Abschluss. Der Tag begann bei schönstem Sonnenschein, aber mitten in der Zeremonie, die im Freien stattfand, rollte plötzlich Donner über uns hinweg. Bald darauf fielen die ersten Regentropfen. Die Schule schickte alle nach Hause, auch wenn sie das Abschlusszeugnis noch nicht ausgehändigt bekommen hatten. Wir liefen zum Auto, während rundherum die Blitze zuckten. Zu Hause brach Susan in Tränen aus, weil ihre Abschlussfeier buchstäblich ins Wasser gefallen war. Ich tat mein Bestes, um sie zu trösten. »Susan, ich verspreche dir, dass dieser Tag keineswegs der Höhepunkt deines Lebens sein wird. Dich erwartet noch viel mehr als nur eine Abschlussfeier an der Highschool.« (Offensichtlich glaubte sie dasselbe, denn als die Schule einige Wochen später einen neuen Termin für die Feier ansetzte, machte sie sich nicht einmal die Mühe hinzugehen.)

Im Herbst zog Susan aus und fing mit dem Studium an der Penn an. Sie verabschiedete sich mit dem gleichen breiten, furchtlosen Lächeln von uns, das sie aufsetzte, wenn wir sie im Sommer allein nach Ungarn schickten. Diese Reisen – immer etwa zehn Wochen im Sommer, seit ihrem fünften Geburtstag – summierten sich mittlerweile auf zweieinhalb Jahre, die sie ohne uns verbracht hatte. Was mich anging, so war sie also ohnehin schon bei der Hälfte ihres dritten Jahres angekommen.

»Gib dir Mühe«, sagten wir zu ihr und waren sicher, dass sie das tun würde.

Drew war ein sehr zurückhaltender Mensch, weit reservierter, als ich es bin. Aber in einer Hinsicht waren wir uns vollkommen ähnlich. Er arbeitete ununterbrochen. Manchmal schickte ich ihm um drei Uhr morgens eine E-Mail. Ich wusste, dass er auch arbeitete, weil die Antwort vor vier Uhr eintraf. So ging das hin und her, hin und her, Tag und Nacht. Jeder von uns durchforstete die wissenschaftliche Literatur nach Studien, die für unsere Arbeit förderlich sein konnten – nach jedem noch so winzigen Detail, welches das grenzenlose Spektrum unserer Fragen reduzieren konnte. Ich ging in meiner Lektüre *Jahrzehnte* zurück. Wir dachten über die Fragen nach, die wir stellen wollten, und über die Materialien, die uns zur Verfügung standen. Um diese Elemente herum bauten wir unsere Experimente auf. Selbst wenn wir wussten, welche mRNA wir herstellen wollten, musste ich erst einen Weg dorthin finden.

Wir führten Experimente durch, dann versuchten wir herauszufinden, ob die Resultate verlässlich waren. Wenn wir Zweifel hatten, fingen wir wieder von vorne an. Wir testeten, nahmen Änderungen vor, testeten noch einmal. Wir pflügten uns durch Unmengen von Daten. Es hat einen Grund, dass Forschung auf Englisch *research* heißt. Sie suchen nicht nur (*search*), Sie wiederholen die Suche immer wieder (*re-search*). Wieder und wieder und wieder.

Drew und ich arbeiteten Schulter an Schulter – manchmal in seinem Labor, dann wieder in meinem im Fachbereich für Neurochirurgie. Ja, ich arbeitete immer noch in der Neurochirurgie. Und ja, meine vorrangige Arbeit war Teil der Immunologie. Verwirrt? Ja, so ging es auch den Neurochirurgen.

Die Grenzen zwischen den verschiedenen Fachbereichen kamen mir absolut willkürlich vor. Vielleicht ergaben sie für die kaufmännische Seite Sinn, aber im Rahmen der Wissenschaft? Kein bisschen. Alles überschneidet sich, jedes Thema hängt unvermeidlich mit vielen anderen zusammen. Das gilt vor allem für die Medizin. Ein Herzinfarkt kann einen Schlaganfall auslösen (was Davids Vater passiert war), und doch wird der Herzinfarkt von Kardiologen wie Elliot behandelt und der Schlaganfall von Neurochirurgen wie David. Entzündungen sind ein Thema für Immunologen wie Drew, aber chronische Entzündungen belasten Herz und Gehirn. Umgekehrt können Probleme mit Herz und Gehirn im ganzen Körper Entzündungen auslösen.

Der Körper ist – wie die Welt – ein *System*. Er lässt sich nicht in Kategorien mit scharfen Grenzen einteilen.

Ich betrieb Grundlagenforschung. Und in der Grundlagenforschung folgt man den Ergebnissen überallhin. Ich war viel zu beschäftigt, um mich zu fragen, in welchem Fachbereich ich gerade tätig war. Drew und ich arbeiteten uns die Finger wund.

Susan schien in ihrem ersten Jahr an der Penn keine sonderlich eifrige Studentin zu sein. Ihre Noten waren nicht besonders. Der einzige Kurs, in dem sie sich gut machte, war Ungarisch. Eine Sprache, die sie schon ihr Leben lang gesprochen hatte.

Hin und wieder besuchte sie mich im Labor und erzählte mir von den verschiedenen Aktivitäten, für die sie sich angemeldet hatte, für den Hockeyclub, das Basketballteam, einen Filmclub und eine Gruppe, die mit Kindern arbeitete. Das war ja alles schön und gut, aber in ihrer Stimme schwang keine Begeisterung mit, wenn sie davon erzählte. All diese Dinge nahmen ihre Zeit, aber nicht ihr inneres Feuer in Anspruch. Nichts interessierte sie so, dass sie sich dafür wirklich engagiert hätte. Und das traf auch auf ihre Seminare zu. Manchmal, so erzählte sie mir, schwänzte sie sogar den Unterricht.

Sie wirkte verloren.

Was auch immer Susan durchmachte, ich konnte es nicht begreifen. Ich war mein Leben lang immer eine Getriebene gewesen – fast schon zwanghaft. Ich wusste nicht, wie ich hätte anders sein können. Da ich nicht verstand, was in Susan vorging, konnte ich ihr auch nicht helfen.

Béla und ich taten also das Einzige, was ihr möglicherweise helfen würde. Wir erinnerten sie daran, dass wir die Studiengebühren nicht bezahlten, damit sie herumbummelte. Wir sprachen mit ihr über die Opfer, die wir für sie gebracht hatten, all die Mühe, die wir ihretwegen auf uns genommen hatten. Wir machten ihr klar, dass wir ihr eine Riesenchance verschafft hatten. Und wenn wir hart arbeiten konnten, dann konnte sie das schließlich auch.

Es gibt so viele verschiedene Arten, einem Menschen nahezukommen. Das kann schnell gehen, wie es bei mir und Elliot der Fall war. Wir hatten von Anfang an eine herzliche, kollegiale Beziehung. Manchmal aber gibt es auch einen Fehlstart. Mit David hatte ich mich nicht gleich auf Anhieb verstanden, aber irgendwann arbeiteten wir schließlich beide mit der gleichen kindlichen Begeisterung zusammen.

Und manchmal kommt man jemandem auf subtile Weise näher, so langsam, dass man es kaum merkt.

Drew und ich arbeiteten schon Jahre zusammen, als ich eines Tages bemerkte, dass er ein Armband trug. Mit einem Metallplättchen, auf dem etwas eingraviert war. »Was bedeutet das?«, fragte ich ihn.

»Das sind die Informationen, die Ärzte oder Sanitäter für den Fall brauchen, dass ich bewusstlos geworden bin«, erklärte Drew.

Als ich ihn verblüfft anstarrte, fügte er hinzu: »Ich habe Diabetes Typ 1.« Er sagte mir, er wisse das schon seit er fünf Jahre alt war.

Die ganze Zeit über hatte Drew Diabetes? Das ist eine chronische Erkrankung, die viel Anpassung erfordert. Wenn der Blutzuckerspiegel sinkt, muss man Zucker zu sich nehmen. Umgekehrt muss man Insulin zuführen, wenn man Kohlehydrate isst oder der Blutzuckerspiegel in die Höhe schießt. Man muss also ständig aufpassen, und selbst dann kann es zu Episoden ernsthafter Unterzuckerung kommen, aus denen schnell ein Notfall werden kann.

Nicht, dass der Diabetes irgendetwas an unserer Beziehung geändert hätte. Ich hatte es einfach nicht *gewusst.*

Aber so war das mit uns. Drew und ich erkundigten uns beim anderen, was die Familie machte, oder wir erzählten, was die Kinder gerade so anstellten, aber ansonsten führten wir so gut wie keine persönlichen Gespräche. Wir redeten vielmehr über Zellen. Über RNA. Wir sprachen über Signalrezeptoren und Zytokine und Klonierungstechniken. Wir *arbeiteten.* Aber wie sich herausstellen sollte, kommt man anderen Menschen auch auf diesem Weg näher.

Worüber reden wir eigentlich, wenn wir uns über Wissenschaft unterhalten? Natürlich verwenden wir dabei Begriffe wie *Ligandenbindung*, *präsentierte Epitope* und *Translationsfaktoren.* Aber was wir damit meinen, ist immer so viel mehr als der unmittelbare Fachjargon. Denn wir reden eigentlich darüber, *wie die Welt möglicherweise funktioniert.* Experimente zu entwerfen, heißt im Grunde, dass wir eine Frage stellen: »Was, wenn unsere sämtlichen Annahmen falsch sind?« Oder: »Womit sollten wir uns als Nächstes beschäftigen?«

Und wenn Sie nun zu zweit ein Bild von der Welt entwerfen – *wenn Sie anfangen, Entdeckungen zu machen* –, dann erleben sie gemeinsam etwas, was die meisten Menschen nur allein erfahren: *Ehrfurcht.* Die Biologie ist ebenso elegant wie rätselhaft. Sie können gar nicht Tag für Tag und Jahr für Jahr innerhalb dieses wunderschönen Mysteriums leben, ohne dabei Vertrauen, Verbundenheit und Respekt zu entwickeln.

Im Sommer nach ihrem ersten Jahr an der Penn gestand Susan, dass sie es einfach vermisste, Teil einer Sportmannschaft zu sein – einer richtigen Mannschaft, in der alle Spieler sich aufeinander verlassen und auf ein größeres Ziel hinarbeiten. Außerdem vermisste sie die effektive Zeiteinteilung, die eine Schulmannschaft ihren Teammitgliedern abforderte. Teil einer solchen Mannschaft zu sein, hatte, wie Susan nun merkte, immer für Ordnung in ihrem Leben gesorgt.

Sie wollte also in irgendeinem Sportteam für die Penn aktiv werden. Aber die Penn spielte in der Division I: Sie stellte ihre Teams aus Spitzensportlern zusammen, oder zumindest aus Sportlern, die etwas mehr gewonnen hatten als einen Preis an der Highschool. Susan überlegte, sich für Leichtathletik zu bewerben. Sie ging zwar nicht gerne laufen, aber sie hatte lange Beine. Und das Team nahm manchmal auch Sportler und Sportlerinnen aus einem offenen Probetraining auf.

Am Ende des Sommers brachten Béla und ich Susan zur Uni, wo nun ihr zweites Jahr beginnen würde. Mittlerweile lebte sie im Studierendenwohnheim, das ich von meinem Labor aus sehen konnte. Bald darauf ging sie zu einem dieser offenen Probetrainings. Dort erfuhr sie, dass die Bewerber und Bewerberinnen zunächst einmal sechs Meilen laufen mussten, um ins Cross-Country-Team zu kommen. Susan seufzte. Nein, das wollte sie nicht.

»Nein, danke«, sagte sie, und das war das Ende ihrer Leichtathletik-Laufbahn an der Uni.

Aber es gab noch eine Sportart an der Penn, die Probetrainings veranstaltete, auch für Leute mit wenig Erfahrung. Auf jeden Fall würde sie dort keine Langstreckenläufe absolvieren müssen, denn es ging ums *Rudern.*

»Rudern?«, fragte ich. David hatte zur Rudermannschaft gehört. Für mich war das immer eine Elitesportart gewesen, jedenfalls nichts für eine Einwandererfamilie wie unsere. Schließlich brauchte man fürs Rudern ein *Boot.*

»Aber in der Ankündigung steht, dass jeder und jede es versuchen kann!«, sagte Susan. »Mom, ich bin jede!« Dann lachte sie und wurde wieder ernst. Das Team wollte vor allem große Frauen haben. Und Susan war groß, mehr als ein Meter neunzig. Also ging sie in der folgenden Woche zum Probetraining bei den Ruderfrauen.

Als sie die Sporthalle betrat, zeigte eine Frau auf sie und meinte: »Mit deinem Körperbau wirst du eine *großartige* Ruderin abgeben!« Die anderen Teammitglieder stimmten ihr lautstark zu. Susan erzählte mir das am Telefon, und endlich hörte ich in ihrer Stimme das, was ich die ganze Zeit über vermisst hatte.

»Mom, die waren alle so nett und so ermutigend!«, berichtete sie. »Ich glaube, darin könnte ich wirklich gut werden.«

»Okay«, meinte ich. Solange sie nur gute Noten schrieb.

Die Tage waren lang. Wochen wurden zu Monaten, Monate zu Jahren. Drew und ich führten unglaublich viele Experimente durch. Noch wichtiger: Wir isolierten verschiedene Typen von RNA und testeten, ob sie Entzündungen auslösten, wenn sie in dendritische Zellen eingeschleust wurden.

mRNA von Säugetieren löste nur eine *schwache* Entzündungsreaktion aus.

Säugetiere besitzen RNA, die innerhalb von Zell-Organellen zu Hause ist, welche man Mitochondrien nennt. Mitochondrien sind wie kleine Kraftwerke in der Zelle: Sie produzieren die Energie, welche die Zelle für ihre zahlreichen biochemischen Reaktionen braucht. Mitochondriale RNA bewirkt, wenn sie aus ihrem »Gehäuse« herausgelöst wird, eine *umfassende* Entzündungsreaktion.

Auch bakterielle RNA führte zu einer starken Entzündungsreaktion. Bakterielle tRNA hingegen (Transfer-RNA), ein kleines Molekül, das dazu beiträgt, den Code der mRNA in Proteine zu übersetzen, verursachte nur eine *sehr schwache* Reaktion.

Was für uns aber am aufregendsten war: tRNA aus Säugetierzellen löste *überhaupt keine Entzündung* aus.

Aha! Es *war* also möglich, dass RNA keine Entzündungsreaktion provozierte!

Wir gingen die Resultate immer wieder durch.

HOCH ENTZÜNDLICH:

✓ mitochondriale RNA
✓ bakterielle Gesamt-RNA
✓ unsere In-vitro-mRNA

WENIGER ODER GAR NICHT ENTZÜNDLICH:

✓ Säugetier-mRNA
✓ bakterielle tRNA
✓ Säugetier-tRNA

Welches gemeinsame Merkmal besaß also die erste Gruppe, das bei der zweiten fehlte?

Tatsächlich gab es da etwas.

Sie erinnern sich vielleicht noch an meine Arbeit im Labor von Robert Suhadolnik. Die Natur ist voller struktureller Abwandlungen der Bausteine von A, C, G und U. Diese Variationen erlauben dem Molekül, normal zu funktionieren, bewirken manchmal aber auch, dass es *besser* funktioniert.

Doch diese Abwandlungen sind real. Und sie sind auch in manchen RNAs präsent.

Als wir die Präsenz, beziehungsweise Absenz, solcher Modifikationen an den Nukleosiden überprüften, wurde es mit einem Mal interessant:

Modifikationen an RNA-Nukleosiden		
	wenige/keine	viele
hoch entzündlich	mitochondriale RNA bakterielle Gesamt-RNA unsere In-vitro-mRNA	
wenig bis gar nicht entzündlich		Säugetier-mRNA bakterielle tRNA Säugetier-tRNA

Aha. Vielleicht waren wir hier etwas auf der Spur.

Vielleicht war es ja der Mangel an RNA-Modifikationen, der die Entzündungen auslöste! Vielleicht kann das angeborene Immunsystem – der Generalist – zwischen RNA-Molekülen *mit* solchen strukturellen Veränderungen und RNA-Molekülen, in denen diese *nicht* präsent sind, unterscheiden.

Vielleicht wirkt das Fehlen dieser Modifikation wie ein Alarmsignal für die Immunzellen.

Wir hatten jetzt eine Arbeitshypothese: *Nukleosid-Modifikationen in der mRNA sind der Schlüssel, um sich der Immunantwort zu entziehen*. Wussten wir das mit Sicherheit? Natürlich nicht. Es war nur eine Hypothese, schließlich gab es auch noch andere Möglichkeiten.

Wir mussten unsere Hypothese also überprüfen.

Dazu mussten wir zwei Formen von RNA herstellen, solche mit *modifizierten* Nukleosiden und solche mit *nicht-modifizierten* Nukleosiden. Dann konnten wir die Entzündungsreaktionen vergleichen. Das war ein guter Plan, er hatte nur einen Haken: Niemand hatte jemals diese Art modifizierter RNA hergestellt. Ich hatte keine Ahnung, wie ich das anstellen sollte.

Susan verliebte sich Hals über Kopf ins Rudern. Sie genoss es, früh aufzustehen und vom stillen Campus zum Schuylkill River zu gehen. Sie liebte es, das Boot ins Wasser zu senken, *auf* dem Wasser zu sein und an den Ufern der landgebundenen Welt vorbeizurauschen. Sie genoss es, dass sie das Boot nur mit ihrer Muskelkraft vorantrieb, in perfekter Abstimmung mit ihren Kameradinnen. Sie liebte diese Kraft, die sie spürte, wenn die Anstrengung aller im selben Rhythmus erfolgte und sie sich schneller vorwärts bewegten, als sie es je für möglich gehalten hätte.

»Pure Magie.« So beschrieb sie uns, Béla und mir, den Sport immer wieder. »Es ist einfach pure Magie.« Und damit meinte sie alles: das Teamwork, die Kameradschaft, den Geruch, die Geräusche und den Anblick des Wassers. Und alles, was sie auf diese Weise über sich selbst herausfand.

Als ich jung war, empfand ich mich in der Schule als total gewöhnlich, nicht annähernd so klug wie die anderen. Aber als ich mich aufs Lernen stürzte, entdeckte ich, dass man die eigenen Fähigkeiten steigern konnte, indem man sein Gehirn benutzte. Susan entdeckte nun etwas sehr Ähnliches. Sie hatte als unerfahrene Anfängerin begonnen. Aber wenn sie dem Sport alles gab, was sie hatte, würde sie eines Tages vielleicht gut darin werden. Sehr, sehr gut.

Susan war immer ein leistungsorientiertes Kind gewesen, doch bislang hatte sie ihr Potenzial nie ausgereizt. Jetzt aber hatte sie eine Möglichkeit gefunden, ihren inneren Wettkämpfer zum Leben zu erwecken. Beim Training traten die Teamkameradinnen auf dem Rudergerät gegeneinander an. In den ersten Monaten entdeckte sie fasziniert, wie ihre Leistung stieg und stieg. Sie musste sich körperlich immer noch auf den Sport einstellen, aber manchmal erlebte sie schon kurze Momente unglaublicher Schnelligkeit. (Letztlich war sie dem Laufen nicht ganz entkommen, denn manchmal mussten die Teammitglieder längere Strecken laufen, wobei man die Zeit stoppte. Aber sie liebte ihren Sport so sehr, dass es ihr nichts ausmachte.)

Im Oktober nahmen Béla und ich unsere Plätze auf der Tribüne ein, die man am Ufer des Schuylkill aufgebaut hatte. Es war die Navy Day Regatta, Susans erstes Rennen. Wir saßen in der Nähe der Bootshäuser – derselben Bootshäuser, die wir damals hell erleuchtet am Ufer des Flusses gesehen hatten, als wir frisch aus Ungarn nach Philadelphia gekommen waren. In jener ersten Nacht war uns alles fremd vorgekommen, und die Bootshäuser waren Teil einer Landschaft gewesen, auf die wir uns keinen Reim machen konnten. Nun gehörten wir zur Szenerie. Das war jetzt *unser* Leben. Es war *unsere* Tochter, die in ihrem Penn-Trikot am Fluss stand.

Es war ein wundervoller Herbsttag, warm und leuchtend. College-Teams aus dem ganzen Land würden gleich gegeneinander antreten. Die Luft knisterte beinahe vor Energie. Die Ruderer selbst, Männer und Frauen, waren so wunderschön wie das Wetter. Beim Rudern setzen sie jeden Muskel ihres Körpers ein, und sie müssen jeden Tag trainieren. Daher waren diese jungen Menschen der Inbegriff von Gesundheit – langgliedrig und muskulös. Es sah fast so aus, als sei eine Gruppe von Supermodels aus einer Plakatwand gestiegen, um sich die Welt anzusehen.

Susan hatte sich immer ein wenig unwohl gefühlt, weil sie so groß war. Aber zu diesen Menschen hier passte sie perfekt. Ich konnte sehen, wie sie sich nun zu ihrer ganzen Größe aufrichtete und sich voller Selbstbewusstsein bewegte. Als würde sie zum ersten Mal in ihrem Leben den ganzen Raum einnehmen, der ihr zur Verfügung stand.

Es war ein Hochgenuss, sie auf dem Wasser zu sehen!

Rudern hatte mich nie besonders interessiert. Bis jetzt war mir nicht mal klar gewesen, dass Ruderer mit dem Rücken zur Fahrtrichtung sitzen. Sie sehen nicht, wohin sie unterwegs sind. Die einzige Person im Boot, die die Ziellinie sieht, ist der Steuermann oder die Steuerfrau, die mit dem Gesicht zu den Ruderern sitzt, den Takt vorgibt und das Boot lenkt. Da Susan die Ziellinie nicht sehen konnte, hatte sie kein Gefühl dafür, wie weit sie noch davon entfernt war. Es gab keine Grundlage, auf der sie ihre Kräfte hätte einteilen können. Sie musste einfach so viel Energie in jeden Schlag legen, wie sie nur konnte.

Das erinnerte mich an meine Experimente. Auch ich hatte nie eine Vorstellung davon, ob der Durchbruch je kommen würde und wie fern oder nah er war. Ich musste einfach darauf vertrauen, dass harte Arbeit mich ans Ziel bringen würde. Dass ich es schaffen würde, wenn ich alles gab.

Susans Trainer bemerkte schnell, dass ihr Ehrgeiz eigene Risiken mit sich brachte. Sie hatte so viel Angst, einen Fehler zu machen, dass sie sich zurücknahm. »Probier dich aus«, meinte er. »Es kann sein, dass du scheiterst, aber das ist okay. Du merkst nur dann, was du leisten kannst, wenn du aufhörst, Angst vor dem Scheitern zu haben.«

Es war, als hätte er genau die Worte gefunden, die Susan hören musste. *Hab keine Angst vor dem Scheitern.* Sobald sie diesen Rat befolgte, waren die Resultate atemberaubend. Eines Tages nahm er sie sogar beiseite und sagte zu ihr: »Susan, du hast eine echte Chance auf die Olympischen Spiele.« Als Susan mir das erzählte, fielen mir wieder ihre Basketballspiele an der Highschool ein. Wie sie alles getan hatte, um bloß nicht den Ball zu bekommen. »Die Olympischen Spiele?«, fragte ich. »Wirklich? Zsuzsi, das ist fantastisch!«

Aber selbst wenn sie beim Rudern nicht so großes Potenzial gezeigt hätte, hätte ich sie bestärkt, damit weiterzumachen. Sobald sie sich der Rudermannschaft angeschlossen hatte, kam sie auch überall sonst auf die Liste der Besten. Und sie blickte nie zurück.

Sean, der Leiter des Fachbereichs für Neurochirurgie, verlor allmählich die Geduld mit mir. Wir setzten uns mindestens einmal im Jahr zusammen, um meine Arbeit zu besprechen. Das lief immer gleich ab. Anfangs sprachen wir über meine Forschung. Ich beschrieb im Schnellverfahren, woran Drew und ich arbeiteten. Wir würden vermutlich herausfinden, warum mRNA so starke Entzündungsreaktionen hervorrief. Während Sean zuhörte, bewegte sich in seinem Gesicht kein Muskel. Und dann sagte er etwas, das vage nach Bestärkung klang: »Ja, das hört sich ganz so an, als ob es wichtig werden könnte, Kati.«

Danach ging er unvermittelt zu einem anderen Thema über. Er erklärte mir, wie die Penn meinen Erfolg maß: Veröffentlichungen (gut, aber nicht außergewöhnlich); Erwähnungen in anderen Publikationen (hin und wieder, aber nicht annähernd so häufig wie sonstige Forscher des Fachbereichs) und Finanzierung (immer noch keine).

»Kati«, erklärte Sean mir. »Der Fachbereich steht hier unter Druck. Wenn wir die angesetzte Finanzierung pro Netto-Quadratmeter nicht aufbringen können …«

Dollar pro Netto-Quadratmeter. Drew und ich steuerten auf

einen echten Durchbruch zu, und Sean erzählte mir etwas über Dollars pro Netto-Quadratmeter. »Aber der Fachbereich hat doch keinerlei Schwierigkeiten«, wandte ich ein. Und das war eine Tatsache. Andere Teammitglieder warben mehr als genug Geld für uns alle ein. Einer der Neurochirurgen forschte an Schädel-Hirn-Traumata, was damals ein heißes Thema war. Er wurde mit Geld quasi zugeschüttet – mit mehreren Millionen Dollar pro Jahr.

»Kati«, drängte Sean mich weiter. »Die Universität schaut nicht nur auf die Fakultät als Ganzes. Sie prüfen die Finanzierung auch im Hinblick auf jeden einzelnen Forschenden. Wenn du in Zeitschriften wie *Nature* zu den führenden Autorinnen gehören würdest, könnte ich deine Arbeit besser verteidigen.« Mit Millionen von Lesern ist *Nature* quasi der Heilige Gral unter den wissenschaftlichen Publikationen – genauso viel gelesen wie zitiert.

»Aber du veröffentlichst eben nicht in *Nature*«, fuhr Sean fort. »Und du bekommst auch keine Forschungsstipendien. Wenn sich daran nicht etwas ändert, wird das nicht gut gehen.«

An diesem Punkt hatte ich seine Stimme jedoch längst ausgeblendet und beschäftigte mich wieder mit dem, was mich eigentlich interessierte: Wie konnte ich mRNA modifizieren?

Den Sommer nach ihrem zweiten Jahr an der Uni verbrachte Susan damit, für den Vesper Boat Club an der Boathouse Row zu rudern. Das verlangte enormen Einsatz und bedeutete auch eine Veränderung für unsere Familie. Seit ihrem fünften Lebensjahr hatte Susan den ganzen Sommer immer in Ungarn verbracht. Dieses Jahr musste sie ihren Besuch in Kisújszállás auf wenige Wochen vor Beginn des Studienjahres beschränken.

In diesem Sommer kam sie jeden Abend nach Hause und erzählte begeistert von ihrem Training und der Energie, die sie im Bootshaus verspürte. Während sie redete, verzehrte sie riesige Portionen Essen, weil sie sich die Energie zurückholen musste, die sie auf dem Wasser gelassen hatte. Dann ging sie ins Bett und schlief auf der Stelle ein. Bis sie frühmorgens aufstand, um den exakt gleichen Tagesablauf zu wiederholen. Susan ruderte, bis ihr alles wehtat, bis ihre Finger Blasen hatten und bluteten. Manchmal hielt sie mir einfach ihre Hände hin. »Schau mal, Mom!«, sagte sie dann, und ich musterte ihre lädierten Handinnenflächen. »Schau nur, wie krass ich bin!« Schon beim Anblick ihrer zerschundenen Hände taten mir meine weh.

In ihrem dritten Jahr lebte Susan auf dem Campus mit ihren Teamkameradinnen in einem eigenen Haus. Ich sah sie jetzt seltener, aber sie besuchte uns oft zu Hause und erzählte Béla und mir, an welcher Regatta sie demnächst teilnehmen würde oder wie das letzte Rennen gelaufen war. Wenn ich irgendwie konnte, sah ich mir die Rennen an. Man stellte mich immer gleich vor: als Susan Francias Mutter.

Das ist Susan Francias Mutter.

Hast du Susan Francias Mutter schon kennengelernt?

Ach, Sie sind Susan Francias Mutter!

Selbst wenn Susan mir nicht erzählt hätte, dass sie im Rang aufgestiegen war, machten die begeisterten Reaktionen ihrer Teamkameradinnen auf mich – *Susan Francias Mutter!* – eins unmissverständlich klar: Susan gehörte mittlerweile zu den besten Ruderfrauen im Team.

Eines Tages flog sie zu einem Trainingslager in Princeton, New Jersey. Als sie abends zu Hause anrief, war sie außer sich vor Begeisterung: Der Trainer der US-Nationalmannschaft sei dagewesen. Am Ende des Tages hatte er sie beiseitegenommen und gefragt, ob sie amerikanische Staatsbürgerin sei. Tatsächlich war sie das, und zwar seit dem Sommer nach ihrem zweiten Jahr an der Uni. Die Zeremonie hatte am 4. Juli stattgefunden. »Er hat mich gefragt, weil er glaubt, ich hätte das Zeug für die Nationalmannschaft!«, rief sie.

Nach ihrem dritten Jahr an der Uni fuhren wir mit ihr nach Princeton, wo sie den Sommer in einem Trainingslager für die Vorauswahl zur Nationalmannschaft verbrachte. Sie trainierte mit den besten Hochschulruderern des Landes. Alle hatten hohe Ziele und strahlten eine enorme Energie aus. Am Ende des Sommers nahm sie an der Royal Canadian Henley Regatta in St. Catherines, Ontario teil, einer Reihe historischer Rennen auf einem alten Schiffskanal. Bei dieser Regatta gewann Susan einen ganzen Stapel Medaillen. Als sie nach Philadelphia zurückkam und uns von den Rennen erzählte, spekulierte ich laut, dass ihr Weg möglicherweise genau so verlaufen würde, wie sie sich das erhoffte.

»Nun, wenn du an den Olympischen Spielen teilnimmst«, sagte ich, »dann wäre es doch toll, anschließend wieder bei der Canadian Henley mitzumachen. Dann gewinnst du vermutlich alles!«

Susan schaute mir direkt in die Augen. »Mom«, sagte sie. »Nach Olympia mache ich keinen Schritt zurück. Olympia ist das Größte. Sobald ich es dorthin schaffe, bin ich an der Spitze angekommen.«

Damals lag etwas in ihrer Stimme, was mir neu war. Direktheit, Überzeugung und Gewissheit. Und dann war da noch dieses Wörtchen: *sobald*. An diesem Punkt begriff ich, dass es für Susan keine hypothetische Frage mehr war. Kein Traum. Susan meinte es völlig ernst. Sie wollte an den Olympischen Spielen teilnehmen.

Währenddessen wollten Drew und ich testen, ob mRNA mit modifizierten Nukleosiden möglicherweise keine Entzündungsreaktion hervorrief. Aber zuerst musste ich mal dahinterkommen, wie ich modifizierte mRNA herstellen konnte!

In der Natur besteht RNA immer aus den gleichen Nukleosiden. Sobald man die RNA hat, werden bestimmte Nukleoside durch Enzyme modifiziert. Aber diese Enzyme waren 2004 noch nicht bekannt! Selbst jene, die man identifiziert und beschrieben hatte, stellten uns vor unmögliche technische Herausforderungen. Das war also eine Sackgasse.

Eine andere Möglichkeit bestand darin, Nukleoside zu kaufen, die bereits modifiziert waren, und dann daraus mRNA herzustellen. Aber woher sollte ich solche Moleküle bekommen? Ich wandte mich an meinen alten Kollegen János Ludwig, der mittlerweile für ein Ribozym-Unternehmen in Deutschland arbeitete. Ich befolgte seinen Rat und kaufte zehn verschieden modifizierte Nukleotid-Bausteine – alle, die zu jener Zeit erhältlich waren.

Fünf wurden von der RNA-Polymerase, ein wichtiges Enzym für mRNA-Synthese, nicht angenommen. Und schon war die Anzahl unserer Möglichkeiten auf die Hälfte geschrumpft. Glücklicherweise passierte das bei den anderen fünf nicht. Das hieß, dass ich fünf verschiedene Varianten modifizierter mRNA herstellen konnte.

Als die modifizierte mRNA fertig war, konnten wir anfangen, jede Variante mit ihrer nicht-modifizierten Form zu vergleichen. Würden die Modifikationen mRNA weniger entzündlich machen?

Diese Experimente waren unglaublich aufregend. Und doch hatten wir auch damals noch keine Ahnung, welche Wirkung sie eines Tages erzielen würden – nicht nur auf unser Leben, sondern auf die ganze Welt.

Wissenschaftliche Forschung ist, wie bereits gesagt, ein Puzzle, das sich ständig ändert. Jedes neue Stück, das man hinzufügt, verändert das Gesamtbild und eröffnet neue Wege, sodass das Puzzle immer weiter wächst. Ich vermute, das wird immer so weitergehen, bis das Puzzle sich mit dem gesamten Universum deckt.

Aber wenn Sie sich eines der Puzzlestücke genauer ansehen, werden Sie merken, dass es selbst ein Mosaik aus Tausenden von Entdeckungen ist, die von Wissenschaftlern vor Ihnen gemacht wurden. (Und wenn Sie Ihren Blick auf eine dieser Entdeckungen richten, wird sich diese ebenfalls als Mosaik herausstellen. Auf diese Weise können Sie jede Entdeckung zurückverfolgen bis in die Zeit der Antike.) In der Wissenschaft hört man immer wieder einen Satz: *Wir stehen auf den Schultern von Riesen.* Und das ist absolut wahr.

Weniger als ein Jahrzehnt, bevor ich und Drew unsere Arbeit an der mRNA aufnahmen, hatten die Wissenschaftler eine wichtige Entdeckung in Bezug auf das Immunsystem gemacht. Dendritische Zellen und andere Zellen der angeborenen Immunantwort enthalten »Erkennungsdienst-Proteine«, die man *toll-like receptors* oder TLR nennt. Diese Wachhunde des Immunsystems scannen die Körperlandschaft auf potenzielle Gefahrensignale. Da sie zum angeborenen Immunsystem zählen, sprechen sie nicht auf spezifische Antigene an. Stattdessen identifizieren sie molekulare Muster, die auf Gefahr hinweisen.

Ein TLR ist das molekulare Gegenstück eines Wachmanns, der darauf trainiert wurde, bestimmte Züge eines Einbrechers zu erkennen. Im Grunde wie im Zeichentrickfilm: Der Übeltäter trägt vielleicht eine schwarze Mütze oder eine schwarze Maske, die er übers Gesicht gezogen hat. Oder ein gestreiftes T-Shirt. Unter Umständen hält er eine Taschenlampe in einer Hand und einen Sack mit gestohlenen Gütern in der anderen. Vielleicht hat er Bartstoppeln im Gesicht und schleicht auf Zehenspitzen. Ein wirklicher Einbrecher jedoch entspricht vielleicht nicht diesem Klischee. Aber wenn der Wachmann ein gestreiftes Hemd und eine Taschenlampe entdeckt, weiß er, dass er Alarm schlagen muss.

Signalisierte die unmodifizierte mRNA den TLRs vielleicht eine Gefahr?

Als wir modifizierte und nicht-modifizierte mRNA verglichen, konzentrierten wir uns auf die TLRs. Und das lieferte uns ein klares Bild: Nicht-modifizierte mRNA aktivierte mehrere Typen der *Toll-like-Rezeptoren*. Aber mRNA, deren U-Nukleoside modifiziert waren, tat dies nicht.

Das hieß: *Wenn wir Uridin modifizieren konnten, konnten wir die Entzündungsreaktion verhindern, die bislang bei synthetischer mRNA stets aufgetreten war*. Endlich hatten wir die Information, die wir brauchten – die die ganze Welt brauchte! –, und konnten uns daranmachen, sichere mRNA-Therapeutika zu entwickeln.

Heureka!

Wieder feierten wir nicht, holten keinen Champagner aus dem Kühlschrank. Als wir die Daten durchgingen, richtete Drew sich ein wenig auf, und seine Augen weiteten sich ein bisschen – so wie damals, als ich ihm gesagt hatte, ich könnte mRNA herstellen. Ich weiß noch, dass ich murmelte: »Es ist nicht immunogen.« (*Immunogen* ist der biologische Fachausdruck für »löst eine Immunreaktion aus«.) Ich sagte das mehrmals, als würde es nur so wahr werden. »Es ist nicht immunogen. Es ist wirklich nicht immunogen.«

Das war eine großartige Neuigkeit. Aber wir würden bald erfahren, dass unsere Entdeckung noch viel weiter reichende Auswirkungen hatte.

Susans letztes Jahr an der Penn begann. Sie hatte sich für den Master in Kriminologie eingeschrieben, sodass sie am Ende ihres vierjährigen Studiums *sowohl* einen Bachelor *als auch* einen Master haben würde.

Sie arbeitete ununterbrochen. Sie ruderte, sie besuchte ihre Seminare. Sie ruderte, sie studierte. Sie ruderte, sie schrieb ihre Seminararbeiten. Sie schlief und aß, und dann ruderte sie noch ein bisschen.

Manchmal dachte sie auch über ihre Zukunft nach. Vielleicht würde sie zum FBI gehen. Oder doch nach Kalifornien.

Vor allem aber hatte sie das Jahr 2008 im Blick. Die ersten Olympischen Spiele, bei denen sie vielleicht dabei sein würde.

Drew und ich hatten eine Riesenentdeckung gemacht: Indem wir Uridin durch eine modifizierte Version dieses Nukleosids ersetzen, konnten wir unsere mRNA vor frühzeitiger Entdeckung durch das Immunsystem schützen. Aber würde die modifizierte Form auch korrekt in Proteine übersetzt werden? Diese Frage stand am Beginn einer neuen Reihe von Experimenten.

Das am häufigsten modifizierte Nukleosid nennt sich *Pseudouridin*. Die Wissenschaft kennt es seit mehr als einem halben Jahrhundert, denn es existiert in vielerlei Formen von RNA, auch in der tRNA. Es ist in jeder Zelle Ihres Körpers vorhanden und kommt natürlich vor. RNA mit Pseudouridin besitzt dieselbe Nukleobase (Uracil) wie Uridin, doch RNA mit Pseudouridin ist stabiler und strukturell stärker. Die Abänderung ist an sich gering, macht aber trotzdem einen großen Unterschied!

Als wir mRNAs mit verschiedenartig modifiziertem Uridin testeten, stellten wir etwas Erstaunliches fest: mRNA mit Pseudouridin wurde effizienter translatiert. Dieses Molekül brachte tatsächlich *die zehnfache Menge Protein* hervor.

Uridin gegen Pseudo-Uridin auszutauschen, machte unsere modifizierte mRNA doppelt nützlich. Auf diese Weise löste sie keine schädliche Immunantwort aus und wurde in viel mehr Protein übersetzt.

Seit dreißig Jahren machte ich nun diese Arbeit. Tag für Tag,

Experiment für Experiment, Labor für Labor. Und schließlich, endlich war alles da.

Wir hatten die Möglichkeit, mRNA im Labor herzustellen.

Wir konnten diese mRNA in Zellen einschleusen.

Wir konnten unsere mRNA davor schützen, abgebaut zu werden.

Indem wir Pseudouridin in die mRNA einbanden, konnten wir eine überschießende Entzündung verhindern. Und dafür sorgen, dass die mRNA in *viele, viele* Proteine übersetzt wurde.

Ich war überglücklich. Das war eine Entdeckung, die einem Paradigmenwechsel gleichkam. Und dieser würde neue Arzneien und Impfstoffe mit sich bringen. Die ganze Welt würde sich dafür interessieren. Jede Zeitschrift. Jedes Biotech-Unternehmen. Jedes Forschungsinstitut. Dessen waren wir uns absolut sicher.

Drew und ich schickten unsere Resultate zuerst an *Nature* – die renommierte Zeitschrift, die Sean erwähnt hatte. Um dort veröffentlicht zu werden, durfte die Forschungsarbeit vorher *nirgendwo anders publiziert* worden sein. Sie musste *enorme wissenschaftliche Bedeutung* haben und *bei Wissenschaftlern aus allen möglichen Disziplinen auf Interesse stoßen.* Auf unsere Forschungsprojekte traf all dies zu.

Bereits innerhalb der nächsten vierundzwanzig Stunden bekamen wir eine Rückmeldung. Die Herausgeber der Zeitschrift lehnten unseren Aufsatz ab, weil er nur ein *geringfügiger Beitrag* (*incremental contribution*) sei. Es war das erste Mal, dass ich dieses Wort hörte: *incremental.* Ich schlug es im Wörterbuch nach und war fassungslos. Das war in deren Augen also ein »geringfügiger« Beitrag? Nicht weiter von Bedeutung? Begriffen die Herausgeber von *Nature* etwa nicht, welche Folgen diese Entdeckung haben würde? »Inkrementelle« Forschung sah ich ständig an der Penn. Was wir aber geschafft hatten, war ein echter Durchbruch.

Na gut. Vielleicht würde ja eine Zeitschrift, die sich stärker mit dem Immunsystem beschäftigte, die Bedeutung erkennen. Also schickten wir den Artikel in einem zweiten Schritt an *Immunity*, eine namhafte Fachzeitschrift, die sich mit immunologischen Entdeckungen befasste. Hier schaffte es unser Artikel zumindest bis zur Peer-Review, bei der drei Wissenschaftler unsere Arbeit überprüften. Weiter allerdings nicht. Zumindest nicht beim ersten Mal. Es gab ein bisschen Hin und Her, und wir mussten weitere Experimente machen, aber am Ende stimmte *Immunity* zu, den Artikel zu veröffentlichen. Die Welt würde also endlich erfahren, was wir erreicht hatten.

Am Abend bevor der Artikel erschien, sagte Drew mit seinem typischen Ernst zu mir: »Kati, mach dich bereit. Von morgen an wird dein Telefon nicht mehr stillstehen.« Seiner Meinung nach würde man uns bitten, zahllose Vorträge zu halten, um unsere Arbeit Journalisten und anderen Wissenschaftlern zu erklären. Die Menschen in aller Welt würden sie zur Kenntnis nehmen.

Ich nickte. Okay. Nach all diesen Jahren war ich bereit.

Doch das Telefon läutete nicht. Weder am Tag des Erscheinens noch am nächsten Tag oder im darauffolgenden Monat. In den Jahren nach der Veröffentlichung erhielt ich zwei Einladungen – beide 2006 –, über unseren Durchbruch zu sprechen. Eine kam vom Sapporo Cancer Seminar in Japan. Die andere von den Organisatoren des zweiten jährlichen Treffens der Oligonucleotide Therapeutics Society, das an der Rockefeller University in New York stattfand.

Die Rockefeller University ist ein spannender Ort. Weil dort nur Graduierte studieren dürfen, ist sie bei Nicht-Wissenschaftlern kaum bekannt. Dabei handelt es sich um eine erstklassige Institution, hochgeachtet bei biomedizinischen Wissenschaftlern. Es gibt dort keine Fachbereiche und keine Fachbereichsleiter. Ohnehin ist die administrative Hierarchie ausgesprochen flach. Das wissenschaftliche Personal ist dazu angehalten, interdisziplinär zu arbeiten. Und das Modell funktioniert: In ihrer mehr als hundertjährigen Geschichte hat die Rockefeller University Dutzende Nobelpreisträger hervorgebracht, Dutzende Preisträger des Lasker Awards, 132 Mitglieder der National Academy of Sciences sowie viele weitere preisgekrönte Persönlichkeiten. (Eine davon ist übrigens Alexander Tomasz, der ältere Bruder von Jenő Tomasz, mit dem ich am BRC zusammengearbeitet hatte. Diese Ungarn sind wirklich überall!)

Ich mochte die Rockefeller University: Sie lag mitten in der Stadt, am Ufer des East River an der Upper East Side, und war doch eine Welt ganz für sich. Ich fühlte mich wohl, weil dort alles *Wissenschaft, Wissenschaft, Wissenschaft* war, genau wie damals am BRC. Nach meiner Präsentation kam eine Wissenschaftlerin von einem anderen Institut auf mich zu. Sie wollte mir eine Frage zu meiner Arbeit stellen. Ich nickte und war bereit, alle technischen Fragen zu beantworten, über den Aufbau der Experimente oder über die Schwierigkeiten, modifizierte mRNA zu synthetisieren, oder über die Reaktionen des Immunsystems.

»Wer ist Ihr Supervisor?«, wollte sie wissen.

Ich sah sie an. »Ich selbst«, antwortete ich. Das Organigramm der Penn war mir in diesem Falle egal. Es war die ehrlichste Antwort, die ich geben konnte.

Dann fuhr ich nach Hause. Und das war es dann auch für eine lange Zeit. Wir hatten Aufmerksamkeit und Beifall erwartet, ernteten jedoch nur Schweigen. Unsere bahnbrechende Entdeckung löste lediglich ein kollektives Achselzucken aus. Offensichtlich hatte unser Durchbruch es nicht geschafft, zu irgendjemandem durchzubrechen.

Drew und ich arbeiteten weiter. Wir veröffentlichten mehr Aufsätze und fanden einen Weg, unsere synthetische RNA zu reinigen. Wir gründeten 2006 sogar ein Unternehmen namens RNARx. Unser erstes Produkt sollte bei Anämie helfen, einem Mangel an roten Blutkörperchen. Wir wollten mRNA entwickeln, die für Erythropoietin (Epo) kodiert, ein Hormon, das den Körper zur Bildung roter Blutkörperchen anregt.

Wir beantragten bei den National Institutes of Health eine Anschubfinanzierung für Kleinunternehmen und bekamen sie auch. 100 000 Dollar für unser Start-up plus weitere 800 000 Dollar, wenn wir im Mäuseversuch Erfolg haben sollten. Es war nicht so viel, wie wir tatsächlich brauchten, um das Unternehmen zum Laufen zu bringen, aber es war ein Anfang. Wir wandten uns an Investoren und beantragten mehr Forschungsgelder, doch die Antwort lautete jedes Mal unweigerlich Nein.

Vielleicht lag es ja an unserer Art der Präsentation, dachte ich. Schließlich waren Drew und ich Wissenschaftler. Wir hatten keinerlei Erfahrung damit, wie man seine Arbeit verkauft. Dann veranstaltete die Wharton School, die hoch angesehene wirtschaftswissenschaftliche Fakultät der Penn, ihren jährlichen Wettbewerb. Die Studierenden aus dem MBA-Programm würden die Patente durchgehen, die das Technology Office hatte eintragen lassen. Jede teilnehmende Gruppe sollte ein immaterielles Gut geistigen Eigentums vorstellen und dazu einen Businessplan entwickeln. Die Gewinner würden entsprechende Finanzierungen erhalten.

Zwei MBA-Studierende wählten unser Patent für die nukleosid-modifizierte mRNA aus. Wir sagten den beiden, dass wir uns freuen würden, wenn sie die geschäftliche Seite von RNARx übernehmen könnten, sollten wir die Finanzierung erhalten. Aber auch diese Profis hatten kein Glück. Das von ihnen erarbeitete Proposal flog schon in der ersten Runde raus.

Selbst Elliot sagte Nein. Über die Jahre war ich mit ihm in engem Kontakt geblieben. Ich wusste, dass er an die mRNA-Therapie glaubte und dass es ihn beeindruckte, was Drew und ich geleistet hatten. Aber als wir ihn fragten, ob er nicht der CEO unseres neuen Unternehmens werden wolle, sah er mich so enttäuscht an wie an dem Tag, als er mir verkünden musste, dass ich keine Beförderung erhalten würde. »Ich mache gerne als unbezahlter Berater mit«, versicherte er mir. »Aber ich habe jetzt einen neuen Job, und für so etwas bin ich zu risikoscheu. Es tut mir leid, Kati, aber ich kann einfach nicht.«

Ich und meine Arbeit mochten vielleicht der Vergessenheit anheimfallen, aber Susan steuerte geradewegs darauf zu, eine richtige Berühmtheit zu werden.

Nachdem sie ihren Abschluss an der Penn gemacht hatte, kehrte sie nach Princeton zurück, um den zweiten Sommer im Elite-Trainingslager der Ruderer zu verbringen. Wir schrieben den Juni 2004. Es war der Sommer der Olympischen Spiele, und das US-Team befand sich ebenfalls in Princeton, wo sich die Sportler dem ultraharten Abschlusstraining vor Athen unterzogen. Alle, auch Susan, trugen dazu bei, die Ruderer auf den Wettkampf vorzubereiten.

Susan saß im Race-Boat, welches das Olympia-Team Tag für Tag neu herausforderte. Sie war für den Frauen-Achter eingeteilt (acht Rudernde plus Steuermann bzw. Steuerfrau). Jeden Morgen streifte sie das T-Shirt einer anderen Nation über. Jeden Tag bekamen sie vom Olympia-Trainer Anweisungen: »Als Nächstes machen wir zwölf 250-Meter-Spurts. Legt euch bei den ersten fünf ins Zeug, beim sechsten aber verkauft ihr eure Seele und schaut nicht zurück!«

Das Olympia-Team schlug Susans Rennboot ständig, wie sie

es auch erwartet hatte. Manchmal aber gewann sie den sechsten Spurt. Das muss sich für sie beinahe surreal angefühlt haben: Nach nur drei Jahren Rudern für ihre Uni-Mannschaft *schlug sie die Olympioniken.*

In jenem Sommer war Susan Zuschauerin, als die US-Mannschaft, mit der sie monatelang trainiert hatte, in Athen die Silbermedaille gewann. Doch richteten die Trainer ihr Augenmerk bereits auf die nächsten Wettkämpfe. Am Ende des Sommers lud man Susan zu dem Team ein, das sich auf die Spiele von 2008 in Peking vorbereiten sollte. Man lud dreimal so viele Ruderer ein, wie es Plätze in den Booten gab. Bis dahin waren es noch vier Jahre, aber Susan hatte das Gefühl, ihrem Ziel näher zu kommen.

Gleichfalls gegen Sommerende nahm sie wieder an der Canadian Henley Regatta teil, und dieses Mal dominierte ihr Boot jedes Rennen.

In den folgenden vier Jahren konkurrierte sie mit dreißig anderen Frauen um einen der acht begehrten Plätze im olympischen Boot. Susan rief mich jeden Tag atemlos an, um mir zu berichten, wie schnell sie an diesem Morgen gewesen war. Sie ging jedes Training so an, als handle es sich um das olympische Rennen selbst. War sie gut, dann war sie begeistert. Schnitt sie schlecht ab, nahm die Verzweiflung überhand. Tatsächlich fürchtete ich diese Anrufe, weil ich nie wusste, was mich am anderen Ende der Leitung erwartete. Aber ich war immer da, um sie aufzubauen.

»Es ist noch nicht gut genug«, sagte sie immer wieder. »Ich möchte die Beste der Welt sein.«

Bevor wir RNARx gründeten, hatten Drew und ich unsere nichtentzündliche modifizierte mRNA patentieren lassen.

Wobei das nicht ganz richtig ist. Bei Forschungsinstituten wie der Penn hält die Universität das Patent für das geistige Eigentum, das ihre Beschäftigten geschaffen haben. Also bekam tatsächlich die Penn das Patent auf unsere modifizierte mRNA. Unsere Verträge besagten, dass Drew und ich einen Anteil an allen Einnahmen erhalten würden, die aus dem Patent hervorgingen. Aber wie und an wen das Patent lizenziert werden sollte, darüber entschied die Penn allein.

Wenn RNARx ins Laufen kommen sollte, mussten wir natürlich die Lizenz für unser geistiges Eigentum erhalten. Also verhandelten wir mit der Penn immer wieder über die Bedingungen. Wir verhandelten. Wir feilschten. Wir engagierten einen Anwalt.

Ich versuchte, optimistisch zu bleiben.

Im Fachbereich für Neurochirurgie bedrängte Sean mich immer noch wegen meiner fehlenden Finanzmittel.

»Kati, ich versuche ja nur, dir die Faktenlage zu erklären«, sagte er bei einer unserer zahlreichen Besprechungen. »Die Penn hat einen bestimmten Betrag festgesetzt, wie viel Geld für jeden Netto-Quadratmeter Laborraum eingeworben werden muss, und du erreichst diesen Wert nicht einmal ansatzweise. Ich habe meinen Vorgesetzten ja einige Zeit lang erklärt, dass du gerade zwischen zwei Finanzierungszusagen stehst, aber mittlerweile …«

»Mukoviszidose«, stieß ich hervor.

Sean hörte auf zu sprechen. »Wie bitte?«

»Wir können die mRNA vielleicht dazu verwenden, um Patienten mit Mukoviszidose zu gesundem Lungengewebe zu verhelfen.« Sean antwortete nicht, aber ich drang weiter auf ihn ein. »Denk doch mal darüber nach, Sean! Mukoviszidose wird durch ein fehlendes bzw. defektes Protein ausgelöst, das man CFTR nennt. Wenn wir also eine mRNA herstellen können, die für CTFR kodiert, und diese dann den Patienten verabreichen können, dann könnten die Zellen vielleicht genau das Protein produzieren, das sie brauchen. Das würde den Menschen wirklich *helfen*! Man könnte es vielleicht sogar inhalieren. Siehst du denn nicht, wie wichtig das ist?«

Sean schaltete seine geduldige Lass-uns-doch-einfach-die-Besprechung-hinter-uns-bringen-Stimme ein: »Kati, jeder in diesem Fachbereich betreibt wichtige Forschung. Dougs Arbeit an der kognitiven Auswirkung von Gehirnerschütterungen zum Beispiel: Das wird wirklich Durchschlagskraft haben. Aber Dougs Arbeit wird nun mal finanziert. Und ich kann nicht einfach die Ressourcen des Fachbereichs umdirigieren, um die Arbeit derer zu unterstützen, die ihre Zielwerte nicht erreichen …«

Und da waren sie wieder. *Dollar pro Netto-Quadratmeter*. Als wäre das wichtig. Als stünde das System, innerhalb dessen wir tätig waren, über allem. Tatsache war: Ich kostete diese Fakultät fast nichts. Ich wurde nicht hoch bezahlt. Mein Salär war lachhaft im Vergleich zu dem der Neurochirurgen um mich herum. Ich war mittlerweile in meinen Fünfzigern und machte immer noch alle meine Experimente selbst. Ich hatte keine Mitarbeitenden, keine Postdocs. All diese Jahre, seit ich unter Judy Swain herabgestuft worden war, hatte ich an Fachbereichsbesprechungen teilgenommen, obwohl ich streng genommen nicht dazu gehörte!

Sean redete immer weiter. Nicht über die Wissenschaft, nicht darüber, wie mRNA die Welt verändern konnte, sondern wie üblich über das Budget. Finanzierung.

»… und ich hoffe, du arbeitest mit mir zusammen, um eine Lösung zu finden«, sagte Sean. »Denn wenn nicht …«

»Sean«, erwiderte ich. »Ich muss zurück an die Arbeit.«

Im Sommer 2008 rief Susan uns an und verkündigte die wichtigste aller Neuigkeiten. Nach Wochen brutaler Auswahlrennen hatte der Nationaltrainer der Vereinigten Staaten sie in sein Büro gerufen. Er bot ihr einen Stuhl an, schüttelte ihr die Hand und sagte: »Willkommen im olympischen Team.«

Anfang August 2008 trafen Béla und ich uns mit meiner Schwester in Ungarn. Dann flogen wir zu dritt nach China. Ich war noch nie in Peking gewesen, und es war eine tolle Zeit, um die Stadt zu besuchen! Sie flirrte nur so vor Energie. Vor weniger als drei Jahrzehnten hatte sich Chinas Wirtschaft für ausländische Investoren geöffnet. Die Olympischen Spiele fühlten sich wie eine Coming-out-Party für eine ganze Nation an. *Alle* feierten, auch Menschen, die keine offizielle Rolle innehatten. Die Chinesen zogen durch die Straßen und jubelten jeder Person zu, die auch nur entfernt so aussah, als könnte sie Sportler oder Sportlerin sein. Die Taxifahrer und Taxifahrerinnen hatten für diesen Anlass extra ein paar englische Sätze gelernt. Vollkommen Fremde kamen auf uns zu, um uns Geschenke zu überreichen. Wieder und wieder wollten Leute von mir, Béla und Zsóka ein Foto machen.

»Groß«, sagten sie manchmal auf Englisch, wenn wir in ihre Kamera lächelten. »Sehr groß.« Wenn sie nicht Englisch sprachen, deuteten sie das an, indem sie die Hände auf die Höhe unserer Köpfe erhoben. »Meine Tochter gehört zu den Sportlern«, erklärte ich dann. *Ich bin hier, weil unsere Zsuzsi an den Spielen teilnimmt. Unser wunderschönes, wild entschlossenes Mädchen ist Olympionikin.*

Susan hatte uns erzählt, dass es letztlich nur darum ging, die Rumäninnen zu schlagen. Sie hatten bei den letzten drei Spielen die Goldmedaille im Achter der Frauen geholt. Zsóka wollte unbedingt eine Kirche finden, um dort eine Kerze für das US-Team anzuzünden. Wie sie es bei vielen von Susans Weltmeisterschaften und World-Cup-Rennen getan hatte. Aber in Peking gab es nicht viele Kirchen, und viele Straßen waren für Besucher gesperrt. Also zogen wir durch die Stadt und suchten weiter. Dabei sogen wir alles in uns auf, was sich unseren Augen bot. Die vielen Baukräne, die bis in die Wolken zu reichen schienen. All die brandneuen Wolkenkratzer. Die Planierraupen, die das Alte wegschoben, um Platz für das Ultramoderne zu machen. Die Dinge änderten sich so schnell, dass wir jetzt schon wussten: Sollten wir je nach Peking zurückkehren, würden wir eine andere Stadt vorfinden. Aber obwohl wir ununterbrochen suchten, fanden wir keine Kirche für Zsókas Kerze.

Als Susan uns am Abend aus dem olympischen Dorf anrief, erzählten wir ihr von unserer ergebnislosen Suche. »Ich danke euch«, sagte Susan. »Aber ich glaube nicht, dass wir die Kerze brauchen.«

Sie werden gewinnen, dachte ich. *Sie ist sicher, dass sie gewinnen werden.*

Am Abend der Eröffnungszeremonie im Nationalstadion Peking (dem »Vogelnest«) war es schwül. Nahezu hundert Prozent Luftfeuchtigkeit. Doch die Gehsteige um das Stadion herum waren voller Menschen, die unbedingt dabei sein wollten, auch wenn sie nicht ins Stadion durften. Die Zeremonie war umwerfend. Noch nie zuvor hatte ich etwas Vergleichbares gesehen: 15 000 Menschen in traditioneller Tracht zogen als perfekt choreografierte Kolonne mit ihren Trommeln an uns vorüber. Es war, als hätten wir es nicht mit einzelnen Menschen zu tun, sondern mit einer perfekt kalibrierten Maschine oder einem gigantischen neuen Organismus.

Ich saß inmitten von 90 000 Zuschauenden aus aller Welt. Der Schweiß drang uns aus allen Poren. Und die ganze Zeit über dachte ich: *Ich bin hier, weil Susan an den Olympischen Spielen teilnimmt. Ich bin Susan Francias Mutter, und sie ist Olympionikin.*

Und was Susans Wettkampf anging? Kein anderes Team kam ihr auch nur nahe.

Am Ende des letzten Rennens ging der Frauen-Achter mit nahezu einer Bootslänge Vorsprung durchs Ziel. Béla, Zsóka und ich sprangen von unseren Stühlen, hüpften auf und ab und schrien uns heiser. Wir weinten, als wir sahen, wie Susan im Boot die Arme hob, erschöpft, aber überglücklich. Wir weinten immer noch, als das Team die Steuerfrau – eine Kraftmaschine namens Mary Whipple – ins Wasser warf, was unter Ruderern Tradition hat. Und wir weinten, als die Medaillen überreicht wurden, sowie jedes Mal danach, wenn Susan und ihre Teamkolleginnen diese wunderschönen Goldmedaillen an die Lippen hoben.

Ich war Susan Francias Mutter, und mein Kind hatte Gold nach Hause gebracht.

Das Rudern und die Forschung haben etwas gemeinsam: Du musst einfach immer wieder zurück an den Ausgangspunkt. Immer wieder neu anfangen – ein neues Ziel, ein neues Experiment, eine neue Chance, sich selbst zu beweisen, eine neue Reihe von Unbekannten.

Selbst mit ihrer Goldmedaille musste Susan nach der Rückkehr um einen Platz im Achter für die *nächsten* Spiele kämpfen. Man bekommt keine Extrapunkte dafür, dass man einmal ganz an der Spitze stand. Die einzige Frage, die nach Peking interessant war, lautete, ob Susan dazu beitragen konnte, auch 2012 Gold zu holen. Und das brachte ganz neue Herausforderungen mit sich.

Vor 2008 war es normal gewesen, dass Susan von anderen Ruderfrauen auch mal geschlagen wurde. Plötzlich aber hegte sie ganz andere Erwartungen an sich selbst. Wenn sie nun ein Rennen verlor, musste sie gegen Selbstzweifel ankämpfen. *Warum haben die mich jetzt geschlagen? Warum habe ich es nicht mehr drauf? Was, wenn ich den Höhepunkt schon hinter mir habe?*

Sie kämpfte nicht nur mit Zweifeln, sondern auch mit Verletzungen. Rudern fordert den Körper extrem. Susan erlitt einen Bandscheibenvorfall und mehrere Ermüdungsbrüche an den Rippen. 2011 waren die Schmerzen so stark, dass es ihr unmöglich war, zu sitzen, zu fahren oder auch nur einen Teller vom Tisch zu heben. Susan klebte sich mit Wärmepackungen und Schmerzpflastern zu und machte weiter. Ich bat sie, vorsichtig zu sein, auf ihren Körper zu hören, vernünftig mit ihm umzugehen. Und ich erinnerte sie daran, dass sie das ja nicht machen musste. Sie hatte bereits olympisches Gold gewonnen, neben den vier Weltmeisterschaften. Aber Susan antwortete nur trotzig: »Du und Dad könnt euch schon Tickets für London kaufen.«

Ach, Susan, dachte ich. *Du bist so was von stur. Wie ich.*

In der Zwischenzeit hatte ich meine eigenen Fragen, Zweifel und privaten Probleme zu lösen.

Einige Jahre nachdem Drew und ich angefangen hatten, mit der Penn zu verhandeln, hatten wir es immer noch nicht geschafft, für das Patent auf unsere Entdeckung eine Lizenz zu erhalten. Die Penn verhandelte nämlich bereits mit einem anderen Unternehmen.

2010 – nachdem die Gespräche schon jahrelang liefen – erhielt ich einen Anruf vom CEO einer Firma für Labormaterialien namens Epicentre in Madison, Wisconsin. Das Unternehmen verkaufte biotechnologische Reagenzien, Enzyme, verschiedene Sets und andere Produkte für die Gensequenzierung. Der CEO wollte die Lizenz für unsere modifizierte mRNA erwerben, um im Labor Stammzellen zu produzieren. Ich erklärte ihm, dass ich die Lizenz nicht erteilen könne, weil das Patent nicht RNARx gehörte.

»Was immer Ihre Leute da tun«, antwortete er, »bitte, bitte lassen Sie nicht zu, dass jemand dafür eine Exklusivlizenz erhält.« Er bot uns 300 000 Dollar für die Lizenz zur Produktion von Stammzellen auf Basis von nukleosid-modifizierter mRNA.

Ich war begeistert. Mit dem Geld könnten Drew und ich endlich unser Unternehmen zum Laufen bringen. Wir hätten genug Geld für einen Inkubatorplatz, Ausrüstungsgegenstände, Zellkulturen und Reagenzien – einfach alles, was wir brauchten, um endlich ernsthaft loslegen zu können! Sofort rief ich im Büro für Technologietransfer der Penn an und sagte den Leuten, dass sie sich bei uns melden sollten, damit wir das Geschäft abschließen konnten. Wir hätten ein gutes Angebot von einer Firma aus Wisconsin. Ich gab ihnen die Kontaktdaten von Epicentre, damit sie das Angebot prüfen konnten.

Bald darauf hörte ich, dass die Penn für 300 000 Dollar eine Exklusivlizenz an Epicentre vergeben hatte. Was hieß, dass kein anderes Unternehmen unsere Technik verwenden durfte (auch nicht RNARx), ohne Gebühren an Epicentre (das inzwischen Cellscript hieß) zu entrichten. In einigen Jahren würde sich das für sie als absolute Goldgrube erweisen!

RNARx existierte mittlerweile seit vier Jahren. Wir hatten die Förderung von den National Institutes of Health nahezu aufgebraucht und keine Investoren gefunden. Wir hatten kein Patent, kein Labor und keine guten Aussichten. Denn wir waren dem Produkt, das wir herstellen wollten, noch keinen Schritt näher gekommen.

Auch waren wir keineswegs das einzige Unternehmen, das damals mit modifizierter mRNA arbeitete. Vor wenigen Monaten hatten Forscher von der Universität Harvard und dem Massachusetts Institute of Technology in Cambridge, Massachusetts ein Start-up gegründet. Der Schwerpunkt? Therapien mit modifizierter mRNA. Das Unternehmen hatte sich einen Namen gegeben, der sich direkt von ihrem wichtigsten Instrument ableitete: ModeRNA. Der Vizepräsident des Risikokapitalgebers, der Moderna finanzierte, war erst kürzlich bei der Penn vorstellig geworden, um sich nach unserem Patent zu erkundigen.

Ich seufzte und sagte ihm, dass das Patent nicht bei mir liegen würde.

In der Zwischenzeit hielt Sean mir weitere Vorträge über fiskalische Kennzahlen und meine immer noch fehlende Finanzierung. Ich wiederum verlangte von ihm, dass man mich wieder in den Lehrkörper des Fachbereichs aufnehmen sollte. Als Sean diesen Antrag bei der Universität stellte und meine Referenzen vorlegte, wurde er rundweg abgelehnt.

Ich ging persönlich zum Büro für Akademische Angelegenheiten und hakte nach. Dort erklärte man mir, sei man einmal vom Lehrkörper der Penn ausgeschlossen, gäbe es keine Möglichkeit mehr zur Beförderung. Als ich nach dem Grund fragte, hieß es, ich hätte »keine Fakultätsqualitäten«.

Ich dachte kurz nach. »Und wie definieren Sie ›Fakultätsqualitäten‹?«, wollte ich wissen.

Die Mitarbeiterin schüttelte den Kopf. »Das weiß ich auch nicht«, sagte sie kurz angebunden. »Aber man ist zu dem Schluss gelangt, dass *Sie* diese Fakultätsqualitäten nicht besitzen.«

Ich ging erhobenen Hauptes hinaus und arbeitete weiter, genau wie Susan es jeden Tag machte.

Die Auswahl für Susans zweite Olympiateilnahme war härter als die erste. Vielleicht erinnerte sie sich auch bloß nicht mehr, wie knallhart die erste gewesen war. So wie Frauen oft vergessen, wie schlimm ihre erste Geburt war, sobald die Wehen vorbei sind. Während dieses Auswahlverfahrens rief Susan mich eines Abends völlig verzweifelt an. Ihr Körper war ebenso gebrochen wie ihr Kampfgeist.

Ich tat das Einzige, was mir in dieser Situation einfiel: Ich sang ihr das Lied vor, das ich schon als Kind für sie gesungen hatte. Das Lied, das ich selbst hören musste.

Das Feuer von Diamanten und Gold ist wunderschön,
aber es kann nur dein sein,
wenn du selbst danach gräbst.
Ich weiß, du wirst irgendwann merken,
dass es die Mühe wert ist …

Damit wollte ich sagen: Ich weiß, dass es schwer ist. Aber alles, was du dir hart erkämpfst, wird noch schöner, weil du alles dafür gegeben hast.

Schmerz hin oder her, Susan schaffte es zum zweiten Mal in die Olympia-Auswahl.

Ein Rennen ist ein sechsminütiger Schnappschuss. Es ist so schnell wieder vorbei, dass es wirklich aussieht wie ein Kinderspiel. Was der Zuschauer nicht sieht, sind die Jahre davor – all die Wochen und Monate und Tage und Stunden und Sekunden, die diese Jahre ausmachen. Das Training, der Schmerz, die Blasen, die Zweifel.

Was der Zuschauer nicht sieht, ist die Plackerei, die Leidenschaft, die Motivation, die man für diese Mühe braucht.

Susan hatte wirklich alles ins Rudern investiert, und es hatte sich zweimal gelohnt. Zum zweiten Mal sah ich, wie mein Kind die Vereinigten Staaten von Amerika repräsentierte, dieses Mal am Dorney Lake in der Nähe des Eton College im englischen Buckinghamshire. Wieder steuerte sie mit dem Rücken auf eine Ziellinie zu, die sie nicht sehen konnte. Und zum zweiten Mal wurde ich Zeugin, wie Susans Achter diese Ziellinie als Erster überschritt.

Ich bin Susan Francias Mutter, und ich durfte zuschauen, wie sie olympisches Gold gewann … zwei Mal.

Im Mai 2013 kam ich in mein Labor im Fachbereich für Neurochirurgie und fand meine Siebensachen auf dem Flur. Da standen mein Stuhl, meine Ordner, meine Kochplatte, meine Schaubilder und meine Schachteln mit Reagenzgläsern.

Was passierte hier?

Im Labor war eine Labortechnikerin damit beschäftigt, meine Sachen in Schachteln zu quetschen. Neben ihr stand ein großer Abfalleimer, in den sie verschiedene Dinge fallen ließ. *Meine* Dinge.

»Was tun Sie da?«, fragte ich, während das Abdeckpapier für den Laborplatz und eine Schachtel alter Pipetten in den Abfall wanderten.

»Wir brauchen diesen Platz«, sagte sie nur. »Sean sagte, wir müssen mehr Platz schaffen.« Sie griff nach einem Stapel Mikrotiterplatten.

»Lassen Sie die Finger davon«, fuhr ich sie an.

Sie zögerte, aber nur kurz. Dann nahm sie die Mikrotiterplatten in die Hand.

»Ich sagte, Sie sollen das lassen.«

»Kati«, antwortete sie, während sie die Platten dem Mülleimer überantwortete. »Ich fürchte, Sie müssen mit Sean sprechen.«

Sean wartete in seinem Büro auf mich. »Kati«, sagte er und hörte sich an wie ein Vater, der versucht, bei seinem Kind einen Wutanfall zu vermeiden. Als würde er mit einem Kleinkind reden. »Wir haben doch darüber gesprochen. Du hattest genug Zeit, um deine Zahlen in Ordnung zu bringen. *Siebzehn Jahre.*« Er erklärte, er hätte neues Lehrpersonal eingestellt. Menschen mit Finanzierungszusagen. Das System funktioniere nun einmal so.

Aber das war mein Labor. Mein Ein und Alles.

»Aber keine Sorge«, sagte Sean, um mich zu beruhigen. »Ich habe einen neuen Arbeitsplatz für dich gefunden.« Er meinte, ich könne für meine Forschungen einen winzigen Raum in der Nähe der Tierhäuser haben. Ein unsäglicher Raum, viel zu klein und völlig ungeeignet, um die Bedingungen herzustellen, die man braucht, um mit mRNA arbeiten zu können.

Ich sah, wie draußen auf dem Flur verschiedene Leute meine Sachen durchstöberten, als handle es sich um Sperrmüll.

»Es tut mir leid, Kati«, meinte Sean, »aber ich habe getan, was ich konnte.«

»Sean«, fauchte ich. Es war die Art, wie er mit mir redete, als hätte er die Weisheit mit dem Löffel gefressen, als wäre *ich* es, die keine Ahnung hatte. Begriff er denn nicht, wie nützlich mRNA eines Tages sein konnte? Fehlte ihm jede Einsicht? »Dieses Labor wird eines Tages ein *Museum* sein!«

In Seans Gesicht bewegte sich nicht ein Muskel. »Nun, das mag ja sein, Kati«, antwortete er. »Aber im Moment halte ich mich an die Richtlinien und vergebe den Laborplatz an jemand anderen.«

Es war dieser Satz über die *Richtlinien*, bei dem es mir endgültig reichte. Dieser Satz und das völlig leidenschaftslose Gesicht, das er machte, als er ihn von sich gab. Als wäre alles, was ich hier tat, völlig belanglos. Ich stand da und dachte nur: *Ich packe das nicht mehr. Ich kann hier einfach nicht länger arbeiten.*

TEIL 6

—

Eine veränderte Welt

2022

Die Scheinwerfer auf der Bühne blenden. Als ich meinen Platz im Rampenlicht einnehme, brandet donnernder Applaus auf. Der Saal ist voll, aber ich kann trotzdem einige Gesichter erkennen. Wann immer ich aus der Dunkelheit der Kulissen ins Licht trete, müssen meine Augen sich erst daran gewöhnen.

Vor wenigen Momenten saß an dieser Stelle noch Jon Batiste, der geniale Musiker und mehrfache Grammy-Preisträger, am Klavier. In einen engen, strahlend blauen Anzug gekleidet, erfreute er das Publikum mit seinem Song »Don't Stop«.

Don't stop dreaming, don't stop believing … So with all you've got, don't stop.

Auch Tim Cook, der CEO von Apple, hat gerade eben noch auf diesem Podium gestanden. Nach mir wird John Kerry, US-Senator und Klimabotschafter, hier seinen Platz einnehmen. Mindy Kaling wird eine Ansprache halten. Dann werden Gabby Giffords, Bill Gates, Dwyane Wade und viele andere folgen. Aber jetzt bin ich an der Reihe.

Ich versuche, mich zu orientieren. Über die Decke des eleganten, holzgetäfelten Saales – die Frederick P. Rose Hall im Lincoln Center, nahe dem Columbus Circle in New York – wölbt sich ein Halbkreis aus rot glühenden Diamanten. Von meinem Platz auf der Bühne aus wirkt es wie ein gigantisches Lächeln. Hinter mir zieht sich die Projektion eines Schriftbandes über die Bühne. *TIME100 Summit.* Die Zeitschrift *Time* bringt die einflussreichsten Menschen der Welt zusammen. Die Wörter sind größer als ich.

Vor der Bühne richtet ein schwarz gekleideter Fotograf ein Objektiv auf mich, so groß, dass man damit wahrscheinlich auch die Ringe des Saturn fotografieren könnte. Ich atme durch und richte meinen Blick zuerst auf den Teleprompter, dann wieder zurück ins Publikum. Mittlerweile haben meine Augen sich an das Spektakel gewöhnt, und ich sehe die Gesichter. Manche lächeln mich an, andere erkennt man nicht, weil sie vorsichtshalber Masken tragen.

In diesem Raum befinden sich einige der einflussreichsten Menschen des Planeten und warten auf das, was ich zu sagen habe.

Ich fange an: »Ich bin als Tochter eines Metzgers aufgewachsen …«

Und seitdem ist unglaublich viel passiert – in der Welt und in meinem Leben.

2013 verließ ich die Penn, hatte aber als ehemalige Mitarbeiterin weiterhin Zugang zur Bibliothek. Ich war bereit für etwas Neues und sah mich bei den Biotech-Unternehmen um.

Zu der Zeit hatte sich die Welt grundlegend gewandelt. Moderna – das Start-up aus Massachusetts, dessen Finanzchef mit mir über das Patent gesprochen hatte, welches Drew und ich nicht hatten lizenzieren dürfen – hatte mittlerweile eine Anschubfinanzierung von 300 Millionen Dollar erhalten. (Und das war nur der Anfang: Als das Unternehmen 2018 an die Börse ging, nahm es fast zwei Milliarden Dollar ein, obwohl noch nicht ein Produkt in die Fertigung gelangt war.)

Anfangs fragte ich mich, ob ich vielleicht bei Moderna einen Job bekommen könnte. Aber ich sah mir auch andere Unternehmen aus dem Privatsektor an, in aller Welt. Zu meiner Überraschung waren sie alle hellauf begeistert, als ich mich vorstellen wollte. Die Leute dort wussten über mRNA-Forschung Bescheid, und sie kannten meine Aufsätze. Zum ersten Mal in meinem Leben musste ich niemanden überzeugen, dass mRNA Potenzial hatte. Die Menschen, mit denen ich sprach – Führungspersonal in Biotech- und Pharma-Unternehmen – sahen dieses Potenzial und verstanden es. Ihr Enthusiasmus kam fast dem meinen gleich.

In all den Jahren zuvor hatte ich die Leute, die zum »Club der mRNA-Gläubigen« gehörten, an den Fingern einer Hand abzählen können. Denn offensichtlich wollte kaum jemand dazugehören. Nun entdeckte ich, dass der Club inzwischen Anhänger in aller Welt hatte!

Von allen potenziellen Arbeitgebern beeindruckte mich ein kleines Unternehmen namens BioNTech am meisten. Die Firma war in Deutschland angesiedelt, in Mainz. Die Gründer von BioNTech hießen Uğur Şahin und Özlem Türeci. Sie waren nicht nur Ärzte und Wissenschaftler, sondern auch miteinander verheiratet.

Uğur kam in der Türkei zur Welt, nahe der syrischen Grenze. Als er drei Jahre alt war, wanderte die Familie nach Deutschland aus, wo sein Vater anfing, für den Autobauer Ford zu arbeiten. Özlem stammte aus Istanbul. Sie war die Tochter eines Chirurgen und einer Biologin. Beide Familien kamen als »Gastarbeiter« nach Deutschland. Uğur und Özlem wurden Ärzte. Sie lernten sich kennen, als sie beide in der Krebsstation eines Krankenhauses arbeiteten. Sie waren erschüttert von dem Mangel an Behandlungsmöglichkeiten für Krebspatienten. Die existierenden Therapien waren ihrer Ansicht nach zwar gut genug, aber meist nicht *schnell* genug.

Beide glaubten, dass die Immunotherapie ein vielversprechender Ansatz war. Die Idee dabei ist, das Immunsystem des Körpers so anzusprechen, dass es selbst gegen Krebszellen vorgeht.

Sie gründeten BioNTech, um solche Arzneimittel möglichst bald verfügbar zu machen. Die Plattform, die sie für ihre immunotherapeutischen Mittel einsetzen wollten, war die mRNA.

Im Juni 2013 flog ich für eins von Susans Rennen nach Luzern in die Schweiz. Anschließend chauffierte meine Schwester mich und Béla nach Mainz, wo ich vor den BioNTech-Mitarbeiterinnen und -Mitarbeitern meine Forschungsarbeiten präsentierte. Nach meiner Präsentation gingen Uğur und ich zum Mittagessen, und er erläuterte mir, was hinter ihrer Arbeit stand.

Zwei Menschen können dieselbe Art von Krebs haben, und doch ähneln sich die Tumoren nur zu höchstens drei Prozent. Bis vor Kurzem wurden hochindividuelle Tumoren mit einer für alle gleichen Therapie behandelt: Bestrahlung, Operation und Chemotherapie. Dieser Ansatz war nicht nur nicht so wirksam, wie es das Wohl der Patienten erfordert hätte. Er hatte außerdem den Nachteil, dass dabei häufig auch gesunde Zellen zerstört wurden. Die Immunotherapie auf der Grundlage von mRNA aber hatte das Potenzial, *exakt jene Proteine bereitzustellen, die der Patient brauchte, damit sein Körper den Krebs selbst bekämpfen konnte.*

Wir unterhielten uns sehr lange. Uğur stellte viele Fragen, erklärte ausführlich die Arbeit von BioNTech und schlug dabei immer wieder den Bogen von der Arbeit im Labor zu den Bedürfnissen der Patienten. Sein Verständnis der wissenschaftlichen Seite von mRNA war absolut einwandfrei.

Ich mochte Uğur auf Anhieb. Er war bescheiden und zurückhaltend. Wenn er über die Mission des Unternehmens sprach, wurde sein Gesicht von einem breiten Lächeln überzogen. Genau wie ich schien er nicht zwischen der Arbeit und dem Rest seines Lebens zu unterscheiden. Seine Lebensaufgabe war eben genau das – sein Leben *und* seine Arbeit. Mir gefiel auch, dass sein Fokus auf den Patienten lag, denen er vielleicht helfen könnte, und nicht auf den Investoren, die er an Land gezogen hatte. Selbst nach fünf Jahren hatte BioNTech immer noch keine Webseite. (Gut, es gab eine, aber auf der hieß es nur: *Im Aufbau.*) Es gab keine Pressemitteilungen. Man wollte nicht an die Öffentlichkeit gehen, bevor man sicher sein konnte, dass es auf der wissenschaftlichen Seite keine offenen Fragen mehr gab. Ein Unternehmen also, das genau so arbeitete, wie ich es mit meinen Publikationen gehalten hatte.

Uğur bot mir eine Stellung an. Eine gute: als Vizepräsidentin. Ich sagte ihm, ich würde das Angebot nur dann in Betracht ziehen, wenn ich weiterhin an nukleosid-modifizierter mRNA arbeiten könne. Er war einverstanden. Sollten Béla und ich also einmal mehr in ein neues Land gehen?

»Aber natürlich machst du das«, sagte Béla, als wir die ganze Angelegenheit diskutierten. »Das ist eine Wahnsinnschance für dich. Aber …« Béla zögerte. »Ich weiß nicht, ob wir gleich unser ganzes Leben umstellen sollten.« Ich verstand, was er meinte. Er hatte jahrzehntelang zugesehen, wie ich von Labor zu Labor weitergereicht wurde, ohne jede Sicherheit.

»Wenn wir das Haus verkaufen und nach Deutschland ziehen«, fuhr er fort, »was passiert dann, wenn die ganze Sache schiefgeht? Wir müssten in die USA zurück und von vorne anfangen.«

Ich dachte an jene erste Nacht in den Vereinigten Staaten, als alles, sogar die Glühwürmchen, uns fremd gewesen war. Ich dachte an das Zuhause, das wir uns zusammen aufgebaut hatten und in dem alles, worauf mein Auge fiel, buchstäblich Bélas Fingerabdruck trug. *Das ist der Boden, den Béla Brett für Brett selbst verlegt hat. Das sind die Fenster, die er eingebaut hat. Und die Regale, die er selbst gezimmert hat, die Aktenschränke von seiner Hand und die Trockenmauer, die er eingezogen hat, als der Boden fertig war. Das ist sein Liebesdienst. Das Heim, in dem Susan aufwuchs, in dem wir Festtage und kleine Siege gemeinsam feierten. Der Ort, der mich jeden Tag willkommen hieß und mich in schweren Zeiten tröstete.*

»Du hast recht«, sagte ich. »Ich weiß, dass du da richtig liegst.«

Wir beschlossen, dass Béla in den Vereinigten Staaten bleiben sollte. Ich hingegen würde in Deutschland eine kleine Wohnung mieten. Ich nahm an, dass ich bei BioNTech nur ein oder zwei Jahre bleiben würde. »Und wenn der erste Patient mit nukleosid-modifizierter mRNA behandelt wird«, sagte ich, »dann komme ich nach Hause zurück.«

Mainz liegt an den Ufern des Rheins. Es ist eine wunderschöne Stadt, deren 2000-jährige Geschichte sich in der großen Kathedrale, den Fachwerkhäusern und dem Kopfsteinpflaster der Straßen widerspiegelt. Ich nahm mir dort eine kleine Wohnung, ohne mir bei der Einrichtung große Mühe zu geben. Keine dekorativen Gegenstände, keine Kunst an den Wänden, nichts, was diese Räume zu einem neuen Zuhause gemacht hätte. Ich war damals achtundfünfzig, und mein Schlafzimmer war ein Raum mit einer Matratze auf einem Lattenrost und einer Glühbirne, die von der Decke baumelte. Mein Heim, der Ort, der mir wichtig war, lag auf der anderen Seite des Atlantiks.

Am Morgen wachte ich gegen fünf Uhr auf und ging vor der Arbeit eine Stunde lang am Rhein laufen. Am Abend kehrte ich in meine leere Wohnung zurück. Manchmal telefonierte ich dann mit meiner Mutter, die mir erzählte, was in der Welt so vor sich ging. Sie wusste, dass ich keine Nachrichten schaute, also übernahm sie es, mich in alles einzuweihen, was die deutsche Bundeskanzlerin Angela Merkel so machte. »Sie hat vor den Vereinten Nationen eine wichtige Rede über den Klimawandel gehalten. Vor der G7-Konferenz hat sie sich mit Obama getroffen. Sie erhält gerade viel Gegenwind, weil sie Flüchtlinge willkommen geheißen hat, aber sie bleibt eisern.« Und: »Weißt du eigentlich, Kati, dass sie Naturwissenschaftlerin ist? Sie ist Physikerin.«

Meine Mutter war geistig auf der Höhe wie eh und je, auch wenn ihre Gesundheit allmählich nachließ. Wenn wir uns unterhielten, ermahnte ich sie manchmal: »Mama, du musst dich gesünder ernähren. Hast du auch genug Bewegung? Es ist wichtig, dass du jeden Tag mal deine Herzfrequenz erhöhst.« In meiner Stimme hörte ich denselben Unterton, der früher in ihren Worten mitgeschwungen war, wenn ich als Kind mal wieder an irgendeiner Krankheit litt: Sorge, die in Ermahnungen umschlug.

Alle paar Monate flog ich in die USA, um Béla zu sehen. Ich blieb dann ungefähr zwei Wochen dort und arbeitete vom Homeoffice aus. Dann kehrte ich nach Deutschland zurück, in meine leere Wohnung, und arbeitete weiter.

Susan zog sich aus dem Rudersport zurück. 2014 wurde sie in die Rowing Hall of Fame aufgenommen. Sie arbeitete als Coach, hielt da und dort Vorträge und machte Model-Jobs. Schließlich ging sie doch noch an die University of California in Los Angeles. Sie schrieb sich für ein MBA-Programm ein und machte 2018 ihren Abschluss an der Anderson School of Management. Im Sommer 2019 rief sie mich an und erzählte mir, dass sie jemanden kennengelernt hatte. Ryan arbeitete im Bauwesen, als Projektmanager eines Generalunternehmers, der Aufträge an die Subunternehmer vergab.

»Gut«, sagte ich. »Dann weiß er wenigstens, wie man Dinge zusammenbaut.« Für mich hatte das immer blendend funktioniert.

Im September, nur zwei Monate, nachdem sie angefangen hatten, sich zu treffen, flogen Susan und Ryan durch die Nacht nach Deutschland und standen in den frühen Morgenstunden vor meiner Tür. Susan erzählte mir später, dass die Reise erst ihr siebtes Date war. Als ich die Tür öffnete, sah ich mir diesen Ryan genau an: Er war groß und auf jungenhafte Weise gut aussehend, ansonsten wirkte er genauso aufgedreht wie Susan. Also umarmte ich ihn einfach. Dann trat ich zurück, sah ihm in die Augen und fragte: »Was hältst du denn von einem Schluck Jägermeister?«

Ryan versteckte seine Überraschung gut und lächelte mich an. Ich würde bald merken, dass dies sein typischer Südstaatencharme war. »Klar doch!«, antwortete er.

Wir gingen ins Wohnzimmer, und ich goss uns drei Kurze ein, die wir kippten. Es war, als hätten wir etwas zu feiern. Schon damals war mir klar: Der Junge würde uns erhalten bleiben.

Ich genoss es, in der Biotech-Industrie zu arbeiten. Es war etwas total Erfrischendes und *Ehrliches* an dem, was wir taten und wie wir darüber sprachen. Wir waren ein Unternehmen. Wir waren da, um Produkte herzustellen, die auf guter Wissenschaft beruhten. Wir brauchten das Geld der Investoren, um unsere Forschungen durchzuführen, und wir hofften, noch mehr Geld zu verdienen, wenn wir die Früchte unserer Arbeit verkauften. Das Ganze war geradeheraus und direkt.

Auch die akademische Forschung war auf Geld angewiesen. Doch in jenen Kreisen taten viele so, als sei das nicht der Fall. Sie überkleisterten die Rolle, welche das Geld spielte, mit Prestigesymbolen: Publikationslisten, Gremienarbeit, Forschungsstipendien, Alma Mater und »Einfluss«.

In der Industrie hingegen war Sachlichkeit das Leitprinzip. Die wissenschaftliche Seite funktionierte oder sie funktionierte eben nicht. Wenn die Wissenschaft gut war und die Datenlage eher den einen als den anderen Ansatz stützte, dann war das alles, was zählte. Es spielte keine Rolle, ob Sie mit Akzent sprachen oder an einer Ivy-League-Uni studiert hatten oder anderen gut Honig ums Maul schmieren konnten.

Die Mitarbeitenden von BioNTech kamen aus fünfundsechzig verschiedenen Ländern. Nicht alle sprachen Deutsch, aber jeder einzelne beherrschte die Sprache der Wissenschaft.

Zum ersten Mal in meinem Leben machte ich nicht jedes Experiment selbst. Ich stand einem Team vor, das Grundlagenforschung betrieb. Gemeinsam führten wir Experimente durch, um herauszufinden, wie wir unsere mRNA und deren Rezeptur verbessern konnten. BioNTech erzielte stetige Fortschritte, was die mRNA-Immunotherapien von Krebs anging. Aber wir begannen auch, an mRNA-Impfstoffen für verschiedene Infektionskrankheiten zu arbeiten. Und das hieß, dass ich wieder mit Drew zusammenarbeiten würde. BioNTech begann, Drews Labor an der Penn zu finanzieren. So konnte er konkrete Versuche für eine Reihe neuer Impfstoffe anstellen. Dazu gehörte auch das HIV-Vakzin, das uns zusammengebracht hatte. Obwohl wir bei BioNTech selbst klinische Versuche durchführten und eigene Produkte testeten, gingen wir doch auch Partnerschaften mit anderen, größeren Unternehmen ein. Eine davon wurde 2018 bekannt gegeben: die Partnerschaft mit dem Pharma-Riesen Pfizer, um einen mRNA-basierten Grippeimpfstoff herzustellen. Und so machten wir uns an unsere Studien.

Ich arbeitete gerne bei BioNTech. Wirklich sehr gerne.

Aber es war nicht immer alles leicht. 2016 entdeckte man bei mir einen Tumor an der Ohrspeicheldrüse. Susan kam von Kalifornien nach Deutschland, um bei mir zu sein. Genau wie ich verstand sie kaum, was die deutschen Ärzte sagten. Wir blickten auf Monitore und versuchten, ihre Empfehlungen zu verstehen. Ich wurde mehrfach operiert, wobei die zweite Operation dazu führte, dass ich ein Auge nicht mehr schließen konnte und eine Gesichtshälfte mehrere Monate lang gelähmt war.

Ende 2018 starb meine Mutter an Nierenversagen. Sie war

neunundachtzig Jahre alt geworden. An einem sonnigen Januartag standen wir auf dem mit frisch gefallenem Schnee bedeckten Friedhof und übergaben ihre Asche derselben Erde, in der mein Vater vor vierunddreißig Jahren zur Ruhe gebettet worden war.

Nein, es war nicht alles einfach.

Andererseits gab es auch viel Schönes in meinem Leben. Ich liebte Mainz und meine Arbeit, wo ich an wichtigen Projekten beteiligt war. Susan und Béla, die in Kalifornien und Philadelphia lebten, waren gesund und glücklich. Im Vergleich zu dem, was ich vorher so erlebt hatte, lief alles blendend.

Dann kam der Tag im Januar – sechs Jahre, nachdem ich bei BioNTech angefangen hatte –, an dem Uğur einen Artikel in The Lancet las. Es ging um etwas, das sich auf einem anderen Kontinent abspielte: ein neues Virus, das die Atemwege befiel und im chinesischen Wuhan grassierte.

Ich muss Ihnen nicht erzählen, was danach geschah. Wenn Sie den Beginn des Jahres 2020 erlebt haben, dann haben Sie Ihre eigenen Erinnerungen daran. Vielleicht wissen Sie noch, wie desinteressiert die Medien anfangs waren – *ach, das passiert bloß anderen Menschen, irgendwo auf der Welt*. Dann haben Sie vielleicht irgendwo einen Bericht gehört oder gelesen, der Sie kurz überlegen ließ, ob so etwas auch *hier*, in *Ihrem* Umfeld, möglich wäre. Vielleicht gab es ja den einen Artikel im Internet, bei dem sich Ihnen der Magen zusammenzog, weil es so aussah, als sei der Plot irgendeines Katastrophenfilms plötzlich mitten in die Realität katapultiert worden.

Vielleicht sind Sie in den Supermarkt gegangen und haben auf unüblich strategische Weise entschieden, was und wie viel Sie einkaufen. (Möglicherweise gehörten Sie zu jenen Menschen, die Toilettenpapier und Reinigungsmittel hamsterten. Unter Umständen haben Sie es sich dann aber doch anders überlegt. Oder Sie sind, wie so viele Menschen damals, in den Supermarkt gegangen und standen vor leeren Regalen.)

Vermutlich erinnern Sie sich noch genau daran, wie Ihre Schule, Universität oder Firma geschlossen wurde. Nur für kurze Zeit, wie es anfangs hieß, höchstens eine oder zwei Wochen. Oder Sie standen direkt an der Front, weil Sie in einem Krankenhaus oder einer Apotheke gearbeitet haben, weil Sie Busfahrerin oder Zugschaffner waren oder Verkäufer in einem Supermarkt. Sie konnten nicht einfach schließen. (Wenn Sie zu diesem Personenkreis gehört haben, dann spreche ich Ihnen an dieser Stelle nachträglich meinen tief empfundenen Dank aus.)

Aber Sie werden sich auf jeden Fall erinnern, dass die Welt sich von einem Moment auf den anderen verändert hatte. Das muss ich Ihnen also nicht erzählen.

Es war ein Coronavirus, ein kugelförmiges Virus, das von einer »Krone« von Spikes umgeben ist, die dem Virus helfen, in die Zelle einzudringen. Stellen Sie sich einen Ball aus Hartschaum vor, an dessen Außenseite lauter Golf-Tees stecken. Die Tees stehen für die Spike-Proteine, der Ball hingegen enthält die genetische Information des Virus. Wie jedes Virus kapert auch dieses die Zellen des Körpers und funktioniert deren Maschinerie geschickt zu einer Virenfabrik um, um Kopien von sich selbst zu erzeugen.

Coronaviren wurden zuerst in den 1960er-Jahren entdeckt. Meistens lösen sie nur leichte Erkrankungen aus, wie die klassische Erkältung oder die »Bauchgrippe«. Ein Coronavirus zwang Sie vielleicht mal ein paar Tage ins Bett, aber tödlich war eine Infektion damit normalerweise nicht. Mit zwei Ausnahmen: 2002/2003 verursachte SARS-CoV (das im Volksmund einfach »SARS« genannt wurde, was für Severe Acute Respiratory Syndrome steht) 8000 Infektionen, meist in Asien. Die Anzahl der Infizierten war nicht allzu groß, aber SARS war extrem aggressiv und hatte eine Mortalitätsrate von zehn Prozent. Selbst die Menschen, die überlebten, erkrankten schwer. Paradoxerweise war es gerade seine Virulenz, die das Virus in Schach hielt. Wenn die Menschen infiziert (und infektiös) waren, waren sie einfach zu krank, um andere Menschen anzustecken.

2012 kam dann das Middle East Respiratory Syndrome (MERS), das ebenfalls von einem Coronavirus ausgelöst wurde. Auch hier erkrankten die Menschen schwer. MERS hatte eine Mortalitätsrate von 35 Prozent, höher noch als die der Pocken! Glücklicherweise verbreitete sich MERS nicht leicht *von Mensch zu Mensch*, daher blieb die Anzahl bestätigter Fälle mit circa 2500 vergleichsweise niedrig.

Das neue Coronavirus, das wir als SARS-CoV-2 oder COVID-19 (Kurzform für *coronavirus disease 2019*) kennenlernen sollten, breitete sich hingegen sehr schnell aus und konnte schwere Erkrankungen verursachen. Manchmal wurden die Menschen so schwer krank, dass sie ins Krankenhaus mussten. Andere wieder erkrankten zwar, aber nicht lebensbedrohlich. Einige starben an der Infektion, andere zeigten nur milde oder gar keine Symptome.

Viele Menschen reagierten erleichtert, als sie hörten, dass COVID-19 asymptomatisch oder mild verlaufen konnte. *Vielleicht nehme ich ja keinen Schaden, selbst wenn ich mich anstecke.* Aber wenn Wissenschaftler und Gesundheitspolitiker das Wort »asymptomatisch« hören, schrillen bei ihnen die Alarmglocken. Menschen, die nicht wissen, dass sie infektiös sind, verbreiten nichts ahnend und ungehindert das Virus weiter.

COVID-19 hatte eine niedrigere Mortalitätsrate als SARS oder MERS – zwischen einem und drei Prozent –, doch das war nicht unbedingt beruhigend. Ein Prozent der gesamten Menschheit, das waren immer noch mehrere Dutzend Millionen. Und das Virus wanderte recht schnell um den Globus. Es war ja ganz neu, *nirgendwo waren die Leute dagegen immun.*

Wir brauchten also einen Impfstoff, und zwar schnell.

Bisher war der am schnellsten hergestellte Impfstoff der gegen Mumps gewesen, der in den 1960ern entwickelt worden war. Das hatte vier Jahre gedauert. Aber Anfang 2020 wurde die ganze Welt heruntergefahren. Ganze Volkswirtschaften brachen ein. Die Menschen an der Virenfront waren der Gefahr jeden Tag ausgesetzt, und selbst Leute, die zu Hause arbeiten konnten, durften ihre Lieben nicht mehr sehen.

Wir hatten keine vier Jahre.

Doch Geschwindigkeit war immer einer der großen Vorzüge von mRNA-Therapien und Impfstoffen gewesen. Wenn wir die genetische Sequenz für ein Antigen finden würden, dann könnten wir mRNA produzieren, die für dieses Antigen kodierte, und könnten sie in einer Lipidhülle sehr, sehr schnell verabreichen. Uğur und Özlem trafen eine mutige Entscheidung: Die Ressourcen von BioNTech würden zu hundert Prozent für die Entwicklung eines Impfstoffes gegen dieses neue Virus umgewidmet werden.

Sie setzten alles auf eine Karte.

Anfang Januar 2020 veröffentlichte Zhang Yongzhen, ein chinesischer Virologe und Professor, die Gensequenz des SARS-CoV-2-Virus. Sie umfasste beinahe 30 000 »Buchstaben«. Diese As, Cs, Gs und Ts trugen die Informationen für zusammengenommen

29 Proteine. Diese Proteine erlaubten dem Virus, sich der Immunantwort des Wirts zu entziehen, in die Zelle einzudringen, deren Prozesse zu sabotieren und für seine Zwecke umzufunktionieren, sodass es sich in hohen, ja tödlichen Mengen reproduzieren konnte.

Wenige Wochen, nachdem Uğur den Artikel in *The Lancet* gelesen hatte, traf BioNTech mit Pfizer eine Vereinbarung über die gemeinsame Produktion eines COVID-19-Impfstoffes. Die beiden Unternehmen gaben in gutem Glauben Vollgas, so als wären sämtliche Einzelheiten längst geklärt. Auch dieses unüblich starke Vertrauen unter den Unternehmen machte deutlich, dass Eile geboten war. Wie alle Impfstoffentwickler konzentrierten wir uns auf nur einen Teil der Virenproteine: das Spike-Protein. Da das Spike-Protein auf der Oberfläche des Virus saß, würden Antikörper sich sehr schnell daran binden und so das Virus neutralisieren. Die Plattform für diesen Impfstoff, der schließlich auf den Markt gelangen würde, war eine modifizierte mRNA, bei der das Uridin durch N1-Methylpseudouridin ersetzt wurde.

Béla hat am 18. März Geburtstag. Zu diesem Anlass war ich immer nach Hause geflogen, und das wollte ich auch 2020 tun. Schließlich wurde er in diesem Jahr sechzig Jahre alt. Ich hatte die Tickets schon Monate zuvor bei der Lufthansa gebucht und verließ Deutschland am Freitag, dem 13. März. Als ich in den USA ankam, wurden die Flughäfen für alle nicht unbedingt nötigen Reisen gesperrt. Die nächsten zehn Monate verbrachte ich im Homeoffice und dirigierte von dort aus mein Team auf einem anderen Kontinent.

Es ist unmöglich, auf diesen Seiten die Dringlichkeit und Energie wiederzugeben, mit der wir uns Anfang 2020 unserer Arbeit widmeten. Ganze Bücher wurden über die Entwicklung des Impfstoffes geschrieben, darunter eins, bei dem Uğur und Özlem als Co-Autoren fungierten, sowie eins von Albert Bourla, dem Chief Executive Officer von Pfizer.

Ich möchte hier nur so viel sagen: Es war eine unglaubliche Leistung, die Mut, Expertise, Entschiedenheit und Präzision erforderte. Ich sah diese Qualitäten nicht nur bei den Führungspersönlichkeiten an der Spitze – Albert, Uğur und Özlem –, sondern bei jedem, der mit dem Projekt zu tun hatte: Angestellte, Subunternehmer, Lieferanten und alle, die uns zuarbeiteten.

Die Industrie hatte mich schon vorher beeindruckt. 2020 aber flößte sie mir die blanke Ehrfurcht ein. Was wir bei BioNTech zusammen mit Pfizer in diesem Jahr schafften, glich einem Wunder. Es ging ja nicht nur darum, einen neuen Impfstoff auf einer neuen Plattform zu entwickeln. Wir brauchten auch neue Herstellungsprozesse und -ausrüstung, riesige Freezer-Farmen, neue Transportregeln und eine ganz neue globale Lieferkette. All das musste sozusagen erst aus dem Boden gestampft werden, und das mehr oder weniger sofort, ohne dass es zu Verzögerungen oder Engpässen kam. Was immer es kostete, was immer nötig war, die Antwort von Pfizer lautete immer gleich: »Okay, packen wir's an.«

Die Logistik war irrsinnig, die Investitionen atemberaubend. Pfizer stellte Milliarden Dosen des Impfstoffes her, und die allererste Dosis, die vom Band ging, war vom ersten bis zum letzten Molekül ganz exakt so wie die milliardste. Wann immer in der Apotheke oder in den Impfzentren oder im Krankenhaus eine neue Dosis geöffnet wurde, ob nun in Manhattan, in München oder in Muncie – die Menschen konnten sicher sein, dass sie alle exakt dasselbe Produkt bekamen.

Das waren nun also die Früchte meiner lebenslangen Arbeit. Und sie gingen hinaus in die große, weite Welt. Man könnte sagen, es war ein bisschen so, als würde man seinem ältesten Kind dabei zusehen, wie es seinen ersten Tag in der Schule antritt. Doch dieser Vergleich würde den Dimensionen und der Geschwindigkeit, mit der sich all das vollzog, nicht annähernd gerecht werden. Vielleicht trifft dieses Bild es ein wenig besser: Man sieht zu, wie das eigene Kind – nachdem es jahrelang von den allerbesten Trainern und Teamkameradinnen angespornt wurde – bei den Olympischen Spielen zum ersten Mal vor den Augen der ganzen Welt die Goldmedaille holt.

Susan und Ryan verlobten sich im Juli 2020. Sie wollten im Oktober in Charlottesville, Virginia heiraten, wo sie sich kennengelernt hatten. Es war so eine wunderbare Neuigkeit, aber ich hatte keine Zeit zum Feiern, konnte bei der Planung nicht helfen, nicht bei den Blumenarrangements, bei den Kleidern, den Einladungen oder Fotografen. Wenn Susan mich anrief, um mir die Einzelheiten zu erzählen, sagte ich flüchtig »Mhm, ja, mhm«, bevor ich das Gespräch auf den letzten Artikel lenkte, den ich gelesen hatte. Meine volle Aufmerksamkeit galt der Arbeit. Ich hatte ausgerechnet, dass ich pro Stunde, die ich nicht las, elf wichtige Artikel über das Virus und die von ihm verursachte Krankheit verpasste. Ich konnte förmlich *spüren*, wie diese Artikel sich mir entzogen, wie ich hinterherhinkte. Als der Oktober anbrach, hatte ich kaum einen Gedanken auf die Hochzeit verschwendet oder sie auch nur richtig zur Kenntnis genommen.

Ich hatte Susan seit Weihnachten nicht mehr gesehen. Als ich zum abendlichen Probedinner ging – das nur für die Familie und enge Freunde gedacht war –, verblüffte mich ihr Anblick.

Da war sie, meine Zsuzsi, leibhaftig. Sie lehnte an der Wand, eine offene Tüte M&Ms in der Hand. Sie unterhielt sich mit einer der Brautjungfern, einer ihrer Kameradinnen aus dem Olympiateam. Susans blondes Haar war streng zurückgekämmt. Sie trug ein langes Kleid, ihre Ruderfrauenarme waren immer noch schlank und muskulös, ihr Gesicht von der Sonne Kaliforniens goldgebräunt.

Meine leidenschaftliche, schöne Tochter. Morgen würde sie heiraten. Einen Moment lang hielt ich inne und sah sie an. Sie schob sich ein M&M in den Mund, lächelte und redete weiter. Sie hatte mich noch nicht gesehen.

Aber etwas war anders.

Sofort steuerte ich auf sie zu, und die Worte purzelten aus meinem Mund, bevor ich sie zurückhalten konnte: »In welchem Monat bist du?«

Vielleicht hatte sich die Form ihres Gesichts ein wenig verändert, oder ihr Kleid saß nicht wie sonst. Oder es waren die M&Ms in ihrer Hand. Eine Mutter weiß so etwas.

Ich wusste es.

Nebelschleier, Herbstblätter. Überall zarte Rosen, eine Pferdekutsche. Olympionikinnen als Brautjungfern, eine in Cowboystiefeln. Bélas Rede, die mit den Worten begann: »Wenn Sie Fragen zum Impfstoff haben, wird Kati sie heute Abend beantworten …« Ein Love Train, ein Line Dance ohne Schuhe und Béla, der mit einer Blumengirlande um den Hals tanzte. Ein neues Leben, das bald das Licht der Welt erblicken würde – mein Enkelkind –, und nun sicher unter Schichten aus weißer Spitze ruhte.

Susan und Ryan strahlten und hatten ihr ganzes wunderbares Leben noch vor sich.

Achtundzwanzig Tage nach Susans Hochzeit kamen die Resultate der klinischen Versuche von BioNTech/Pfizer heraus. Man hatte 43 448 Teilnehmende an 153 Orten auf der ganzen Welt getestet und sie in zwei gleich große Gruppen aufgeteilt. Die eine Gruppe erhielt den Impfstoff, die andere ein Placebo. Es war eine Blindstudie, was bedeutet, dass weder die Probanden noch die Personen, die die Injektion gaben, wussten, ob der Wirkstoff verabreicht worden war oder nur die Kochsalzlösung. Wenn die Testpersonen Symptome wie Fieber, Halsschmerzen etc. zeigten, gingen sie in die jeweilige Klinik und ließen sich auf COVID-19 testen. Die Daten wurden gesammelt. Jetzt war die Zeit gekommen. Jetzt würden wir herausfinden, ob der Impfstoff funktionierte: ob die Personen, die ihn erhalten hatten, tatsächlich weniger Ansteckungen aufwiesen.

Unter normalen Umständen werden Impfstoffe und neue Medikamente in aufeinanderfolgenden Phasen getestet: Zuerst kommt die präklinische Arbeit, die Grundlagenforschung, die der Herstellung der Produkte vorausgeht. Diese Arbeit war, zu unserem Glück, bereits erledigt. Nicht nur bei BioNTech und Pfizer auf der Suche nach einem Grippe-Impfstoff, sondern auch in den Jahrzehnten davor – als man die RNA erforschte, speziell die mRNA, die Lipide und die Zusammensetzung von beidem.

Sobald die präklinische Arbeit getan ist, werden die Produkte in die klinischen Tests geschickt. Diese bestehen aus drei Phasen. Mit jeder Phase werden mehr Probanden getestet … was auch die Kosten entsprechend erhöht. In Phase 1 geht es um die Sicherheit und die Frage: *Ist dieser Impfstoff oder das Medikament sicher, und in welcher Dosis?* In Phase 2 heißt es dann: *Erzielt es die erwünschte Wirkung?* Wenn es sich um einen Impfstoff handelt, fragt man: *Löst der Stoff eine wirksame Immunreaktion aus?* In Phase 3 testet man den Stoff dann an der breiten Bevölkerung. Je diverser die Testpersonen, desto besser und zuverlässiger die Resultate. In dieser Phase sehen wir uns die Wirkung des Produkts und alle Probleme an, die in den vorhergehenden Phasen nicht aufgetreten sind.

Die COVID-19-Impfstoffe durchliefen all diese Phasen mit den üblichen bewährten Verfahren hinsichtlich Sicherheit, Forschungsmethoden und Anzahl beziehungsweise Diversität der Probanden. Aber wir führten Phase 1 und Phase 2 parallel durch, um noch schneller an Resultate zu kommen. Pfizer produzierte jedoch schon während dieser Phasen Millionen Impfstoff-Dosen, die in ultrakalten Lagerhallen aufbewahrt wurden.

Sollten die Tests zeigen, dass der Impfstoff wirksam und sicher war, konnte man sofort mit der Auslieferung beginnen.

Viele Kollegen haben berichtet, wie nervös sie waren, bevor die Daten kamen. Ich war nicht nervös. Ganz im Gegenteil, ich hatte eher das Gefühl, es schon zu *wissen*.

Der 8. November 2020 war ein Sonntag. Béla und ich feierten Susans Geburtstag bei uns zu Hause. Am Abend läutete das Telefon. Es war Uğur. Er teilte mir mit, er habe soeben von Albert Bourla erfahren, dass der Impfstoff wirkte. Die Resultate waren eindeutig: Unser Impfstoff mit der modifizierten mRNA zeigte eine Wirksamkeit von fünfundneunzig Prozent gegen den damals zirkulierenden Virenstamm.

Nachdem ich aufgelegt hatte, drehte ich mich zu Béla um. Ich war vollkommen ruhig.

»Es wirkt«, sagte ich nur.

Und dann, zum ersten Mal in meinem Leben, kehrte ich nach einer guten Nachricht nicht sofort an die Arbeit zurück. Stattdessen feierte ich auf die schönste Weise, die ich mir vorstellen konnte: Ich öffnete eine große Packung Goobers – Erdnüsse in Milchschokolade – und aß jedes einzelne Stück.

Bald darauf erschienen Artikel über mich, was beinahe surreal war. Zuerst wurde ich in allgemeinen Beiträgen über den Impfstoff da und dort kurz erwähnt. Als eine Forscherin unter vielen, die mit ihrer jahrzehntelangen Arbeit zu der bislang schnellsten Entwicklung eines Impfstoffes überhaupt beigetragen hatten.

Am 10. November 2020, nur einen Tag, nachdem die Resultate der Phase-3-Studie von BioNTech/Pfizer publiziert worden waren, erschien in der Online-Zeitschrift *STAT* ein Artikel mit der Überschrift: »Die Geschichte der mRNA: Wie eine einst verworfene Idee zur entscheidenden Technologie im Rennen um den Corona-Impfstoff wurde«. Eine Woche später erschien im Guardian ein Artikel speziell über mich: »Die Pionierin der Covid-Impfung: ›Ich habe nie daran gezweifelt, dass es wirkt‹«. Daneben ein Foto von mir, zusammen mit Béla und Susan bei den Olympischen Spielen in London. Als USA-Fans trugen wir alle Rot-Weiß-Blau. Danach folgte ein Feature in der *New York Post* (»Die jahrzehntelange Forschung dieser Wissenschaftlerin führte zu beiden Covid-19-Impfstoffen«). Und eines im *Telegraph* (»Erlösung: Wie der unerschütterliche Glaube einer Wissenschaftlerin an die mRNA der Welt das Covid-19-Vakzin bescherte«). Im Dezember gab ich auf CNN ein Interview, bei dem der Moderator Chris Cuomo mich als Wissenschaftlerin vorstellte, »die eine Art von Forschung betrieb, die ich Ihnen wirklich nicht erklären kann«. Ich blinzelte den Zuschauern aus dem Raum zu, von dem aus ich in den letzten zehn Monaten via Zoom kommuniziert hatte, und tat mein Bestes, Cuomos Fragen zu beantworten, während ich gleichzeitig dachte: *Ach du meine Güte, ist das alles merkwürdig!*

Ich hatte ja keine Ahnung.

Kurz vor Weihnachten, mehr als zwanzig Jahre, nachdem Drew und ich uns am Kopierer kennengelernt hatten, erhielten wir gemeinsam das BioNTech/Pfizer-Covid-19-Vakzin verabreicht. Mittlerweile hatte auch der mRNA-Impfstoff von Moderna – der wie das BioNTech/Pfizer-Vakzin auf unserer uridin-modifizierten mRNA beruhte – die Zulassung für die Anwendung in Notfallsituationen erhalten und war verfügbar. Wir wurden an der Penn geimpft. Im Flur bildete das medizinische Personal lange Schlangen mit einem Zwei-Meter-Sicherheitsabstand, um ebenfalls geimpft zu werden. Einer meiner früheren Kollegen von der Penn rief: »Da sind die Erfinder des Impfstoffes!« Es erhob sich ein ohrenbetäubender Jubel, und meine Augen wurden feucht.

Aber so ganz stimmte diese Aussage nicht. Natürlich hatten wir unseren Durchbruch erzielt, und dieser war für die Bekämpfung der Pandemie wichtig geworden. Doch auch viele andere verdienten Beifall. Da war die lange Reihe von Wissenschaftlern und Wissenschaftlerinnen, deren Entdeckungen in der Vergangenheit unsere erst möglich gemacht hatten, die Entdecker der Zelle, des Zellkerns, der DNA, der RNA und deren fragiler Botenform, die man einst als »X« bezeichnete. Jene Wissenschaftler und Wissenschaftlerinnen, die die komplexen Prozesse der Transkription im Reagenzglas erforscht hatten oder die Lipidhülle, mit deren Hilfe wir die mRNA in die Zellen schleusen konnten. Und natürlich auch all jene Menschen, die die Technologie entwickelt hatten, die wir für unsere Forschung einsetzten.

Dann gab es das ganze medizinische Personal, das an vorderster Front tätig war: Ärzte, Krankenschwestern, Technikerinnen und Putzmänner. Sie hatten sich um die infizierten Patienten gekümmert, waren im letzten Jahr, als es noch keinen Impfstoff gab, jeden Tag zur Arbeit gegangen. Sie hatten ihr Leben riskiert, um das anderer Menschen zu retten.

Außerdem die Menschen bei BioNTech und Pfizer und den Unternehmen, mit denen wir zusammenarbeiteten: Ingenieurinnen, Techniker und Lagerarbeitende. Menschen mit Erfahrung in Dingen, die ich mir nicht einmal hatte vorstellen können: Produktion, Maschinenbedienung, Transport und Logistik. All das hatte dazu beigetragen, dass wir den Impfstoff innerhalb eines Jahres herstellen und ausliefern konnten. Und natürlich Zehntausende von Testpersonen, die eingewilligt hatten, in einem Jahr voller bisher ungekannter Ängste einen völlig neuen Impfstoff mit einer neuen Plattform an sich testen zu lassen.

Von nun an war ich täglich von Menschen umgeben, die diesen Jubel ebenfalls verdienten: jenen, die diese superschnelle Impfstoffverabreichung möglich machten. Freiwillige aus jeder Gemeinde dieses Landes, ja der ganzen Welt. Sie kamen aus dem Ruhestand zurück oder nahmen sich frei, um anderen zu helfen. Sie gingen nach der Arbeit in die Kliniken und arbeiteten die Nacht durch, um so viele Menschen wie möglich so schnell wie möglich mit Impfstoff zu versorgen. Sie standen im Regen und regelten den Verkehr auf den Klinikparkplätzen. Sie prüften die Ausweise der Impfwilligen. Sie öffneten Fläschchen, zogen Spritzen auf, hielten die Impfungen schriftlich fest und beruhigten all jene, die eine Phobie gegen Spritzen hatten. Und sie steckten eine Nadel nach der anderen in einen Arm nach dem anderen, wieder und wieder, bis aus Hunderten oder Tausenden Geimpften Millionen, ja Hunderte Millionen wurden.

Man kann all diese hilfsbereiten Menschen nicht zählen, ihre Opfer nicht einzeln aufführen. Als die Nadel mit der modifizierten mRNA meine Haut durchdrang, traten mir Tränen in die Augen. Ich spürte große Demut. Aber vor allem fühlte ich mich einfach nur geehrt, ein Teil des Ganzen zu sein.

Ich erhielt immer mehr Anrufe von Journalisten und Einladungen von Führungspersönlichkeiten aus aller Welt. Beiträge über mich erschienen im National Public Radio, auf France 24, auf WBUR (in Boston) und in *Le Monde*, *The Boston Globe*, der *Los Angeles Times* und der *Hungarian Free Press*. Forbes zählte mich 2020 zu den inspirierendsten Einwanderinnen. Geschichten über meine Arbeit gingen um die Welt, von Deutschland bis nach Vietnam, Mexiko, China, die Türkei oder Brasilien.

Gina Kolata veröffentlichte einen Artikel über mich in der *New York Times*. In dieser legendären Zeitung war tatsächlich ein Foto von *mir*, wie ich in meinem schwarzen Wollmantel in der Einfahrt unseres Hauses stand. Über mir erhoben sich die Äste kahler Bäume in den Himmel, der weiße Schnee bedeckte den Boden. Darauf folgte eine Episode im *Times*-Podcast *The Daily*. Irgendwann fühlte sich das alles so an, als habe jemand tief in mein ruhiges, zurückgezogenes Leben hineingegriffen und es nach außen gewendet, so schnell, wie man ein Paar Socken oder eine Jeans umdreht.

Im Dezember 2020 hatte ich zwanzig Follower auf Twitter. Ich war dort schon seit gut zehn Jahren präsent, eigentlich nur, um regelmäßige Updates von Susan zu bekommen. Die meisten meiner Follower waren Freunde von ihr. In kürzester Zeit schwoll deren Zahl auf 69 000 an (Stand März 2024). Ich erhielt Botschaften, Briefe und Karten von Menschen, deren Leben das Vakzin berührt hatte.

Endlich konnte ich meinen Mann im Pflegeheim besuchen …
Meine Mutter …
Die Isolation war …
Ich war so unendlich einsam …
Ich hatte solche Angst …

So ein Geschenk …
Ich sah meine Kinder wieder …
Endlich durfte ich mein Enkelkind im Arm halten …

Endlich durfte ich mein Enkelkind im Arm halten … Ja, das traf auch auf mich zu.

Alexander Bear kam im Februar 2021 zur Welt. Er hatte lange Finger, ein rundes Gesicht und riesige Augen, die die Welt förmlich aufzusaugen schienen. Susan ging mit größter Selbstverständlichkeit mit ihm um. Ich blieb zwei Wochen lang bei ihr und Ryan, kochte Unmengen ungarisches Essen und wiegte den kleinen »Bären« in langen Nächten im Arm. Eine ganz neue Art der Nachtarbeit. Ich genoss jede Minute.

Ich fing an, Preise zu erhalten, meist gemeinsam mit Drew oder mit Uğur und Özlem. Manchmal bekamen wir den Preis auch zu viert. Ich reiste um die ganze Welt, immer wieder verblüfft darüber, dass ich genauso geehrt wurde, wie vor mir Jonas Salk, James Watson und Francis Crick, Jane Goodall, Louis Pasteur, Nikola Tesla und sogar Albert Szent-Györgyi, das ungarische Genie, an den meine Klasse in der Grundschule einen Brief geschickt hatte, ohne seine Adresse zu kennen. Bei der Feier für den Lasker Award lernte ich David Baltimore kennen, dessen bahnbrechendes Buch über Viren mich so beeindruckt hatte, als ich meine Arbeit am BRC in Ungarn begann. Es war mir eine Freude, ihm persönlich sagen zu können, wie sehr sein Werk mich beeinflusst hatte!

Ich erhielt Ehrentitel von der Duke und der Yale University, von der Universität Tel Aviv und von meiner eigenen Alma Mater, der Universität von Szeged. (O Szeged, du wirst immer in meinem Herzen sein.) An der Universität von Yale lernte ich eine meiner Heldinnen kennen: Joan Steitz, die Pionierarbeit in Sachen RNA geleistet hatte. An der Universität von Tel Aviv traf ich die ebenfalls geehrte Jodi Kantor, eine der Journalistinnen, die im Harvey-Weinstein-Skandal den Stein ins Rollen gebracht hatten. Und Cori Bargmann, eine brillante Neurobiologin, die unser Verständnis davon, wie Gene und Umwelt zusammenspielen, um unser Verhalten zu beeinflussen, entscheidend vorangebracht hatte. Wir sprachen über Frauen in der Wissenschaft, Frauen in der Welt – darüber, welchen Weg wir hinter uns hatten und vor welchen Herausforderungen wir immer noch standen. Auch über all die Dinge, die wir dringend brauchten, um Erfolg haben zu können (Kinderbetreuung, Mentorinnen und bezahlbare Bildung).

Drew und ich schafften es auf das Titelblatt des *Time Magazine*, wo wir zu den Helden von 2021 ernannt wurden. In *Glamour* wählte man mich zur Frau des Jahres. Ein Team der Zeitschrift kam mit kiloweise Make-up und Kleidung ausgerüstet zu mir nach Hause, um eine Fotostrecke zu schießen. Ich wirbelte in einem schwarzen Kleid herum und posierte in einem coolen gelben Pullover und mit getönter Brille. Das wäre nicht das, was ich normalerweise tragen würde, aber einen Nachmittag lang machte es wirklich Spaß.

Meine Reisen führten mich noch weiter: nach Brüssel, Bangkok und Hanoi, wo ich meine ehemaligen Mitstudentinnen aus Vietnam wiedersah. Ich aß mit Angela Merkel bei ihr zu Hause zu Abend. Ich dinierte mit König Philippe von Belgien. Ich lernte Kaiser Naruhito und Kaiserin Masako von Japan kennen. Jeden zweiten Tag wachte ich in einer neuen Stadt, einem neuen Land, häufig sogar auf einem neuen Kontinent auf. Susan begleitete mich zu vielen dieser Events. Sie ist eine wunderbare Reisegefährtin und hatte immer eine Flasche Wasser für mich dabei. Wenn wir heute irgendwo hinkommen, ist sie »Katalin Karikós Tochter«. So wie ich »Susan Francias Mutter« war, als Susan die Weltbühne betrat.

Ich kehrte nach Ungarn zurück und traf dort meinen alten Lehrer vom Gymnasium, Albert Tóth. Ich freute mich unglaublich, ihn zu sehen. Er war mittlerweile über achtzig und hatte eine schlimme Covid-Erkrankung gehabt, noch bevor der Impfstoff verfügbar war. Aber er war immer noch der kluge Mann, als den ich ihn kannte. Die Stadt Szeged ernannte mich zur Ehrenbürgerin. Der Empfang wurde in der Stadthalle abgehalten, wo Béla und ich geheiratet hatten. Viele meiner Freunde aus der Universität kamen zu dieser Gelegenheit nach Szeged. Im Grunde war es eine Art Klassentreffen. Danach waren wir alle bei unserem alten Freund László Szabados eingeladen, mit dem wir während des Studiums so viele Zugabenteuer erlebt hatten. Lászlo hatte lange Jahre in Südamerika gearbeitet und war nun ans Biological Research Center zurückgekehrt.

Meine Kommilitonen waren über die ganze Welt verstreut und leisteten überall großartige Arbeit. Ich war so erleichtert, dass ich mitten im Wirbelwind meiner ständigen Weltreisen einfach nur mal dasitzen und mit Freunden reden konnte.

Ohnehin meldeten sich viele alte Freunde bei mir. Eines Morgens, nicht lange nachdem ich selbst geimpft worden war, stieg ich bei mir zu Hause gerade von der Rudermaschine, als es läutete. Zu meiner großen Freude stand Jean Bennett vor der Tür, meine Freundin und Kollegin, mit der ich mir in den ersten Jahren an der Penn einen Laborplatz geteilt hatte. Auch sie trug Sportsachen und war so hilfsbereit und begeistert wie eh und je. »Kati, ich *musste* dich einfach sehen!«, rief sie aus. »Ich wollte dir unbedingt sagen, wie sehr ich dich bewundere und wie stolz ich bin, so lange Seite an Seite mit dir gearbeitet zu haben.« Jean war mittlerweile selbst eine Berühmtheit, weil sie die erste von der FDA zugelassene Gentherapie gegen eine seltene Form von Blindheit entwickelt hatte. Später sollten wir beide von der Universität Yale die Ehrendoktorwürde verliehen bekommen.

Obwohl ich János Ludwig, mit dem ich am BRC zusammengearbeitet hatte, nicht sah, telefonierte ich doch häufig mit ihm. Bei einem dieser Gespräche erinnerte ich ihn an die alte Zeit: »Weißt du noch, wie wir das komische Spiel mit den geraden und ungeraden Zahlen machten, als wir im Labor die Gläser wuschen?«

»Kati, ich habe für solche Erinnerungen keine Zeit«, antwortete er. »Ich habe viel zu viel Arbeit.«

Die Welt mochte sich verändert haben, aber es war schön zu sehen, dass János der alte geblieben war.

In Budapest malten Künstler ein Wandbild von meinem Gesicht, zwanzig Quadratmeter groß, in bunten Farben. Es trug den Titel: A jövőt magyarok írják (Ungarn prägen die Zukunft). Wir besuchten den Ort mit meiner Schwester und wünschten uns, dass meine Mutter und mein Vater das noch erlebt hätten. Ich wünschte, ich hätte meinen Eltern sagen können, dass mein Vater vor so vielen Jahren recht gehabt hatte: Ich bin eine *kutató*, eine Suchende. Ich hatte mein ganzes Leben lang gesucht und unterwegs auch etwas gefunden. Und es stellte sich heraus, dass es für die Menschen wichtig war.

Allerdings machte ich mir allmählich Sorgen. Ich schaffte es kaum noch, mein Lesepensum aufrechtzuerhalten. Ich erinnerte mich noch an den Experten, den ich vor Jahrzehnten gehört hatte. Ich wusste noch gut, wie enttäuscht ich war, als mein Held zu sprechen begann und ich merkte, dass er nicht mehr auf dem neuesten Stand war.

Mir sollte das nicht passieren. Ich will nicht, dass mir so etwas jemals widerfährt. Aber wie sollte ich es anstellen?

In all dieser Zeit öffnete ich nur einmal eine Flasche Champagner. Eine Gala anlässlich einer Preisverleihung hätte eine endlos lange Reise erforderlich gemacht, doch die Veranstaltung wurde abgesagt. Für mich hieß das, dass ich endlich ein paar Tage frei hatte – zum Durchatmen und zum Lesen.

Und das war nun wirklich ein Grund zum Feiern.

Mehr Briefe kamen, mehr Botschaften:
Ich bin so dankbar für Ihre Arbeit …
Ich sah meinen besten Freund wieder …
Endlich konnte ich meine Schwester in den Arm nehmen …
Wir haben wieder Händchen gehalten …
Ein dickes Dankeschön an alle Wissenschaftler …

Aber es kamen auch weniger freundliche Schreiben, vor allem wenn die Menschen Dinge über den Impfstoff gelesen hatten, die sie verängstigten. *Die Impfstoffe verändern Ihre DNA. Die Vakzine verursachen COVID-19. Die Impfstoffe wurden viel zu schnell produziert. Sie machen Menschen unfruchtbar. Die Vakzine verändern den Menstruationszyklus.*

Vieles von dem, was da geschrieben wurde, war schlicht falsch. Die Impfstoffe verändern Ihre DNA natürlich nicht. Sie kommen nicht mal in deren Nähe. Das ist eben der Vorteil der mRNA. Mitunter stolperte ich auch über Falschaussagen, die ein Körnchen Wahrheit enthielten. Zum Beispiel: Alles, was eine Immunreaktion auslöst, kann sich auf den Menstruationszyklus auswirken. Als vor gut hundert Jahren die ersten Impfstoffe verabreicht wurden, hat man dieses Phänomen bemerkt und veröffentlicht.

Die Veränderungen sind kurzfristig und ein Zeichen dafür, dass das Immunsystem arbeitet. Sie sind nicht gefährlich, denn nach kurzer Zeit ist alles wieder normal.

Ich machte – und mache – den Leuten, die Angst haben, keinen Vorwurf. Die wissenschaftlichen Grundlagen dieser Impfstoffe sind komplex. Und die Menschen fürchten nun mal häufig, was sie nicht verstehen. Bedauerlicherweise schürten auch Leute, die es besser wissen sollten, bewusst solche Ängste, indem sie Halbwahrheiten oder glatte Lügen verbreiteten. Manchmal taten sie das, um ängstlichen Menschen etwas zu verkaufen – meist ein Produkt, das sie angeblich vor dem Virus »schützen« sollte. Manchmal aber schürten sie die Ängste der Leute auch aus anderen Gründen, die ich nie begreifen werde.

Aber ein Teil der Verantwortung mag auch bei jenen von uns liegen, die die wissenschaftliche Seite zwar verstehen, aber an ihrer Erklärung gescheitert sind. In dem Moment, in dem ich diese Zeilen schreibe, würde mich der Google-Algorithmus bei einer Online-Recherche über Pseudouridin zu der Frage bringen, die in diesem Zusammenhang wohl am häufigsten gestellt wird: *Ist Pseudouridin giftig?* Ich vermute, das liegt daran, dass viele Menschen Google nutzten, um nach Informationen über einen Impfstoff zu suchen, den sie zu verstehen versuchen.

Doch ich finde online nicht die einfache und korrekte Antwort: *Nein, Pseudouridin ist nicht giftig. Es ist in jeder einzelnen Ihrer Körperzellen enthalten. Ihr Körper betrachtet den Stoff als Freund, nicht als Feind.*

Es klafft ein Abgrund zwischen dem, was die Menschen tatsächlich *wissen* und dem, was sie *wissen müssten*, um die Impfstoffe und Medikamente zu verstehen, die Leben retten. Und dieser Abgrund wird ausgenutzt. Wir müssen also versuchen, ihn zu schließen.

Als diese Fragen kamen, tat ich also, was immer ich konnte. Ich antwortete auf Hunderte von Anfragen, mittlerweile sind es vermutlich eher Tausende. Ich habe die Fragenden auf Studien und Daten hingewiesen, die erklärten, warum sie keine Angst haben mussten. Ich habe das nicht getan, weil ich zum »Team Impfstoff« gehöre. Das hier ist kein Fußballspiel. Ich habe es getan, weil ich Wissenschaftlerin bin. Ich habe Jahre damit zugebracht, Daten unter die Lupe zu nehmen – meine eigenen noch schärfer als die anderer Forscher. Ich möchte, dass die Menschen verstehen, was diese Daten tatsächlich aussagen.

Ein Jahr verging, dann noch eins. Ich war von einem Flughafen zum nächsten unterwegs. Ich checkte in Hotels ein, hielt Vorträge, gab Interviews und posierte mit den Preisen, von denen ich nie geglaubt hätte, sie eines Tages zu erhalten. Noch eine Sache und noch eine Sache, aber auf ganz neue Weise. In Princeton besuchte ich das Institute for Advanced Study, wo Einstein gearbeitet hatte. Dort traf ich Laetitia Garriott de Cayeux, die CEO von Global Space Ventures. Sie trug ein Kleid mit den Bildern von Wissenschaftlerinnen: Marie Curie, Rosalind Franklin, Katherine Johnson, Maryam Mirzakhani und mir.

Ich erfuhr, dass ein kleiner Himmelskörper, den Zsuzsanna Heiner und Krisztián Sárneczky, zwei ungarische Wissenschaftler von der Universität Szeged, im Jahr 2002 entdeckt hatten, nach mir benannt worden war: *(166028) Karikókatalin.* Dieser Asteroid zieht zwischen Mars und Jupiter eine Kreisbahn um die Sonne, für die er 3,7 Jahre braucht.

Ich fühlte mich geehrt, als ich hörte, dass ein Physikerehepaar in Virginia sein zweites Kind nach mir benannte. (Hallo, du kleine

Windsor Katalin: Ich höre, dass du recht resolut bist. Das ist gut so.)

Und ich hörte weiterhin von wieder vereinten Familien, von Festen, die endlich gefeiert werden konnten, von Umarmungen, Händeschütteln und Live-Lächeln. Im Januar 2021, eine Woche, nachdem die Einwohner des Meadowbrook Healthcare Pflegezentrums in Plattsburgh, New York geimpft worden waren, brach dort COVID-19 aus. Siebzig Menschen wurden positiv getestet. Dank der Impfung überlebten alle. In jenem September führte das Heim einen Katalin-Karikó-Wertschätzungstag ein. Man schickte mir Bilder von Pflegeheimbewohnerinnen, die T-Shirts mit meinem Konterfei trugen. Und Fotos vom Muttertag, als die Pflegeheimbewohner ihre Lieben zum ersten Mal nach gut einem Jahr wiedersahen.

Ich schaute mir ihre lachenden Gesichter an, die in der Sonne strahlten, und dachte: *Kein Preis der Welt ist schöner als das. Nie im Leben.*

Im Oktober 2020, bevor die Impfstoffe vom Band liefen, kaufte ich Hyazinthenzwiebeln, legte sie in Wasser und bewahrte sie kühl und dunkel auf. Als sie fünf Zentimeter lange Triebe hatten, nahm ich ihnen die Hütchen ab und stellte sie in unserem Haus in Pennsylvania auf die Fensterbank. Und sie machten, was Zwiebelpflanzen tun: Sie blühten in den schönsten Farben auf.

Manchmal saß ich ganz ruhig da und betrachtete sie. Sie erinnerten mich an den Garten meiner Mutter und die Blumen meiner Großmutter, die auf dem Markt verkauft wurden. An die Illustrationen im Buch von Vera Csapody, der ungarischen Künstlerin und Botanikerin, die mich als Kind so fasziniert hatten.

Ich werde wohl immer das kleine Mädchen bleiben, das in der ungarischen Tiefebene stand und hingerissen zusah, wie das Leben um sie herum in strahlendes Blühen explodierte.

Nachdem ich im englischen Cambridge die Vorlesung für die Professor Hawking Fellowship gehalten hatte, kam eine junge Wissenschaftlerin auf mich zu. Sie stammte aus Rumänien und hatte zugehört, wie ich von meiner Kindheit erzählte, über das einfache Leben in einem Lehmhaus, in dem wir zu viert in einem Zimmer gewohnt hatten. »Ich bin auch in solch einem Haus aufgewachsen«, erzählte sie, und Tränen stahlen sich in ihre Augen. »Ich habe auch so ein Leben geführt.«

Es war nicht das erste Mal, dass ich das zu hören bekam. Als die ersten Artikel über mich erschienen – in denen es auch darum ging, wie ich Geld in einen Teddybären eingenäht hatte, um es außer Landes zu schaffen –, bekam ich unzählige Briefe und E-Mails von Menschen, die wie ich Einwanderer waren.

Mir ging es genauso, hieß es da.

Ich habe auch Geld aus dem Land geschmuggelt.

Ich habe auch mein einziges Heim verlassen, um in ein neues Land zu gehen, das ich nicht verstand.

Mögen die Einwanderer auch weiterhin kommen. Mögen sie sich weiterhin nach der Decke strecken, um mehr zu erreichen, um jene Chancen zu erhalten, die sie verdient haben. Mögen sie ihren Weg machen und dabei unsere Welt verändern.

All die Aufmerksamkeit. Ich brauchte das nicht. Ich hatte nicht darum gebeten. Ich hatte schon sehr früh in meiner Laufbahn entschieden, dass ich auf Anerkennung keinen Wert legte, sondern nur auf die Arbeit selbst – dass ich meine Arbeit gut machen und darauf vertrauen wollte, wohin auch immer sie mich führen würde. Selbst wenn sich die Erfolge erst lange nach dem Ende meiner Lebenszeit einstellen sollten. Und nun war das alles einfach da: so viel Aufmerksamkeit und Dankbarkeit, dass es sich schon unwirklich anfühlte.

Wie passiert so etwas?

Mal ehrlich – wie ist das möglich?

Als ich nun auf der Bühne des TIME100 Summit im Lincoln Center stehe und vom Scheinwerferlicht geblendet ins Publikum blinzle, stelle ich genau diese Frage: »Wie habe ich den Weg von einem einfachen Leben in einem Raum ohne fließendes Wasser bis zu dieser Bühne in New York geschafft, die ich mit den einflussreichsten Menschen der Welt teile?« Und ich fügte hinzu: »Jedenfalls war das nicht meine Absicht.«

Nein, es war keineswegs meine Absicht. Und noch wichtiger: Es hätte alles auch anders laufen können.

Normalerweise verschwende ich an das »Was wäre, wenn ...« keinen Gedanken. Aber natürlich steht es immer im Raum. Was wäre gewesen, wenn die ungarische Regierung und die Lehrer und Lehrerinnen in Kisújszállás nicht in die magere und dickköpfige Tochter eines Metzgers investiert hätten? Wenn der Bitterling, mein kettenrauchender Russischlehrer, es geschafft hätte, meine Zulassung zur Universität zu verhindern? Wenn Robert Suhadolnik meine Ausweisung veranlasst hätte? Wenn ich Elliot nicht kennengelernt hätte? Wenn David nicht eingesprungen wäre und meine Karriere gerettet hätte? Oder wenn wissenschaftliche Zeitschriften einige Jahre früher online verfügbar gewesen wären, sodass ich nie am Kopierer Drew begegnet wäre?

Was wäre, wenn ...?

Das gilt auch für Umstände, die damals auf den ersten Blick eher unerfreulich waren. Was wäre gewesen, wenn ich in Ungarn meine Finanzierung nicht verloren hätte? Wenn Suhadolnik der Mensch gewesen wäre, für den ich mein Leben lang hätte arbeiten wollen? Wenn Dave und Elliot sich nicht neue Wirkungsstätten gesucht und mich zurückgelassen hätten? Wäre die Welt heute eine andere?

Ich glaube, dass meine Arbeit wirklich etwas bewirkt hat. Aber damit das geschehen konnte, mussten sehr viele Dinge zusammenkommen. Es war so viel Glück dabei, dass ich mich frage: Wer war sonst noch da draußen und hatte nicht so viel Glück? Wer könnte jetzt ein wenig Glück gebrauchen? Was entgeht uns in diesem Moment?

Nachdem ich in New York meine Rede gehalten habe, erwartet mich Susan backstage. Gemeinsam fahren wir in den Flatiron District, zum Ross Prize Symposium. Drew erwartet uns dort, außerdem noch mehr Fotografen. Die Organisatoren geleiten uns durch die Menschenmenge, die über die R01-Stipendien der National Institutes of Health diskutiert. Sätze fallen wie: »Wie geht es denn im Cold Spring Lab?« Oder: »Ja, mein Paper wird gerade nochmals begutachtet.« Drew und ich gehen raus auf die Dachterrasse. Dort geben wir Video-Interviews über unsere Arbeit, während von den Straßen unter uns der Verkehrslärm heraufdringt.

Drinnen nehmen wir unsere Preise entgegen und erzählen von der Forschungsarbeit, die wir gemeinsam geleistet haben. Viele Menschen im Publikum machen Fotos. Die meisten kenne ich nicht. Ein Gesicht aber fällt mir sofort auf: ein Typ mit einem breiten Grinsen und der unerschütterlichen Energie eines ehemaligen Ruderers. Jetzt ist er ein bisschen grau an den Schläfen, aber es gibt keinen Zweifel. Das ist er, mein Freund und Kollege David, der einst meine Laufbahn gerettet hat.

Dabei hat David selbst eine ordentliche Karriere hingelegt. Er gehört zu den wenigen Neurochirurgen, die einen Bypass im Gehirn legen können, und ist daher international hochgeachtet. Er hat unzählige Leben gerettet und sich für so manches Krankenhaus als rettender Engel erwiesen. So hat er beispielsweise das etwas verschlafene kommunale Krankenhaus an der Upper East Side in ein wichtiges Operationszentrum verwandelt. Aber vielleicht kennen Sie David ja auch, denn er ist mittlerweile eine Berühmtheit geworden. Er gehört zu den vier Star-Ärzten der Netflix-Dokumentarserie *Lenox Hill* und deren Spin-off *Emergency: NYC.*

David und ich umarmen uns. Es ist so lange her.

Am nächsten Morgen bin ich zu der Zeremonie für den Pearl Meister Greengard Prize geladen. Alice Kuo, die Labortechnikerin und Freundin aus Elliots Labor – die dabei war, als der Nadeldrucker die Daten unseres Durchbruchs ausspuckte – ist gekommen, um mir Beifall zu spenden. Und wir hören zu, wie die Wissenschaftsjournalistin Dava Sobel erzählt, dass sie – sogar nachdem sie jahrelang über Frauen in der Wissenschaft berichtet hatte – die Wissenschaftlerinnen unterschätzte, die im 19. Jahrhundert am Harvard-College-Observatorium arbeiteten: die *Harvard Computers*, wie man diese Frauen nannte. »Ich dachte immer, das sei nur eine nette Story in der Geschichte der Universität Harvard.« Beim Mittagessen sprechen wir darüber, wie viel noch getan werden muss, bis Frauen in den Wissenschaften gleichbehandelt werden.

Am Abend gehen Susan und ich dann zur Time-100-Gala. Wir schreiten über den roten Teppich, während die Paparazzi Fotos schießen. Meistens umschwirren sie die Berühmtheiten: Andrew Garfield, Zendaya, Mary J. Blige. Aber als Susan eine Journalistin ausmacht, die für *Access Hollywood* arbeitet, geht sie auf sie zu und meint: »Ich habe hier eine sehr wichtige Person für ein Interview … Das ist Dr. Katalin Karikó, eine Wissenschaftlerin, die Abertausende Leben gerettet hat!«

»Natürlich!«, strahlt mich die Reporterin an. Sie hält mir das Mikrofon hin. Susan gibt mir einen leichten Schubs, und dann stehe ich mal wieder da und rede über mRNA.

Am Morgen nach der Gala sind Susan und ich schon unterwegs zum Campus der Rockefeller University zu weiteren Veranstaltungen. Rockefeller war damals eine von zwei Universitäten, die mich zu einem Vortrag eingeladen haben, nachdem Drew und ich 2006 unseren bahnbrechenden Artikel in *Immunity* veröffentlichten.

Heute bekomme ich dort einen Ehrentitel verliehen.

Es geht los mit einem Empfang im Innenhof. Es ist Sommer, die Sonne brennt auf uns herab. Ich sehe mich nach einem Fleckchen um, wo es nicht ganz so heiß ist. Tatsächlich entdeckte ich eine Stelle im Schatten. Dort steht ein Mann im dunklen Anzug. Er trägt eine Sonnenbrille, aber ich kann seine Augen erkennen. Gütige Augen. Ein warmer Blick. Die Augen eines guten Nachbarn, eines guten Bürgers und Kollegen.

Ich würde diese Augen überall erkennen.

»Elliot!« Ich gehe zu ihm hinüber, und zum dritten Mal, seit ich in New York bin, habe ich Gelegenheit, einen alten Freund zu umarmen.

Ein weiterer Artikel über mich trug den Titel »Das Karikó-Problem«. Als ich die Schlagzeile sah, musste ich lachen. *Aha, jetzt hat man also ein Problem nach mir benannt.*

Der Artikel stammte aus der Feder von Stuart Buck, dem Geschäftsführer des Good Science Project. Er wurde im Online-Magazin *STAT* veröffentlicht und spricht einige wichtige Punkte an. Buck meint, es sei leicht, den Wert meiner Arbeit *im Rückblick* zu erkennen. Aber wie erkennen wir die Menschen, die *jetzt, in diesem Augenblick* wichtige Arbeit leisten und trotzdem übersehen werden? Wie können wir Finanzmittel für solche Projekte zur Verfügung stellen? Denn, wie Buck meint, ich war im Jahr 1985 sicher nicht die Einzige, die eine Idee mit Potenzial hatte.

Nein. Das ist eben der Punkt. Ich war sicher nicht die Einzige.

Das mRNA-Molekül existiert nur kurzfristig, um eine Botschaft zu übermitteln. Darum hoffe ich, dass auch dieses Buch, in dem es um meine Erfahrungen mit der mRNA geht, eine oder zwei Botschaften übermitteln kann.

Meine erste Botschaft an die Welt ist: Wir können es besser machen. Ich glaube, wir können die Art und Weise verbessern, wie Wissenschaft in akademischen Forschungsinstitutionen betrieben wird. So sollten wir zum Beispiel klar unterscheiden zwischen *Prestigemarkern* – Titeln, Veröffentlichungslisten, Zitatlisten, Forschungsstipendien, Ernennung in Gremien, Etikette und Dollar pro Netto-Quadratmeter – und solchen Indikatoren, die qualitativ hochwertige Wissenschaft belegen. Das vermischen wir viel zu oft, als sei das eine gleichbedeutend mit dem anderen. Aber eine Person ist nicht unbedingt eine bessere Wissenschaftlerin, weil sie *mehr* oder *als Erste* veröffentlicht. Vielleicht hält sie sich ja mit dem Veröffentlichen zurück, weil sie sich zunächst ihrer Daten vollkommen sicher sein will. Auch die Häufigkeit, mit der jemand zitiert wird, hat mitunter weniger mit der Qualität der wissenschaftlichen Arbeit zu tun, die in einem Artikel präsentiert wird, als mit äußeren Umständen. Als Drew und ich unseren grundlegend bedeutsamen Artikel in *Immunity* veröffentlichten, wurde davon kaum Notiz genommen. Es musste erst eine Pandemie kommen, damit die Welt begriff, was uns gelungen war und warum das so viel bedeutete.

Wir sollten uns auch die Kriterien noch einmal ansehen, an denen wir unsere Wissenschaftler messen. Die meisten Institutionen messen den Wert ihrer wissenschaftlichen Mitarbeitenden vor allem an den eingeworbenen Forschungsgeldern. Aber bei der Beantragung von Forschungsmitteln wird in den allermeisten Fällen vom Wissenschaftler verlangt, dass er seine Arbeit und deren mögliche Ergebnisse vorab detailliert erklärt. Meiner Ansicht nach geht es bei guter Wissenschaft in erster Linie ums Fragen, ums Ausprobieren und dann darum, dass man seinen Resultaten folgt. Das sind lauter Schritte ins Ungewisse – und das Ungewisse ist der entscheidende Punkt am Ganzen!

Schließlich sollten wir offen darüber reden, welchen Einfluss Geld auf die akademische Forschung hat und was daraus folgt. Geld ist an der Universität genauso wichtig wie in der Privatwirtschaft. Doch meiner Erfahrung nach kann es sich nur die Universität leisten, gute Ideen zu missachten.

Und noch eine Botschaft habe ich: Die COVID-19-Impfstoffe haben die Tür zur praktischen Anwendung von mRNA weit aufgestoßen. Aber sie sind keineswegs der Schlusspunkt. Die Wissenschaft studiert das Potenzial der mRNA für Therapien gegen verschiedene Krebsformen, gegen Mukoviszidose sowie seltene Stoffwechselkrankheiten und für die Entwicklung von Impfstoffen gegen einige der gefährlichsten Infektionskrankheiten. In den nächsten zehn Jahren werden wir Unmengen neuer mRNA-Therapien und -Vakzine erleben.

Ich werde diese Entwicklung genauso gespannt mitverfolgen wie jeder andere Mensch.

Nachdem die Rockefeller University mir die Ehrendoktorwürde verliehen hat, fahre ich zu einem schicken Abendessen in einem Glasgebäude direkt am East River.

An unserem Tisch plaudert Susan zu meiner Linken auf Ungarisch mit einigen brillanten ungarischen Forschern, die ich im Laufe der Jahre kennengelernt habe – ein Neurowissenschaftler von der New York University, ein Astrophysiker-Ehepaar von der Columbia University, das unter anderem Gravitationswellen studiert. Unter dem Tisch wandert Susans Hand zu ihrem Bauch. Mein zweites Enkelkind ist schon unterwegs.

Rechts von mir sitzen David und Elliot und tauschen Erinnerungen aus. Die beiden sind wie Kinder – sie stecken die Köpfe zusammen, tuscheln und lachen über alte Zeiten. Noch bevor das Abendessen vorbei ist, entwickeln sie neue Ideen über potenzielle mRNA-Therapien. Sie reden, zumindest halb ernst, darüber, ob sie nicht selbst ein Unternehmen gründen sollten. Ich weiß nicht, ob das geschehen wird, aber ich würde tatsächlich auf die beiden wetten.

Béla ist in diesem Moment zu Hause in Philadelphia und legt letzte Hand an ein paar – natürlich selbst gebaute – wunderschöne Vitrinen aus Glas und Holz. Als ich später nach Hause komme, sind die guten Stücke bereits hell erleuchtet und enthalten all diese Preise, von denen ich nie geglaubt hätte, dass ich sie einmal bekommen würde.

Doch vorerst sitze ich hier und höre die Gabeln auf den Porzellantellern klappern, die Gespräche der Menschen, die ich liebe und bewundere. Ich lausche, wie die Sprache meiner alten Heimat sich mit der meiner neuen vermengt und mich umhüllt.

Das hätte ich nie zu träumen gewagt, denke ich.

Am Morgen wache ich früh auf. Ein Auto wartet um vier Uhr morgens vor dem Hotel auf mich, um mich zum Flughafen zu bringen. Ich werde noch mehr reisen, mehr Hotels kennenlernen und mehr Vorträge halten. Ich werde nach Paris, Bilbao und Budapest fliegen, dann wieder nach Paris und weiter in noch fernere Städte.

Diese Phase meines Lebens wird nicht ewig dauern. Ich kann bereits spüren, wie es langsam ruhiger um mich wird. Und dass bald endlich wieder die Zeit kommt, in der ich mich hinsetzen und wissenschaftliche Zeitschriften studieren kann. Was ich lese, wird neue Fragen erwecken, und diese Fragen werden neue Experimente nach sich ziehen.

Aber für den Augenblick möchte ich diese Zeit noch ein wenig genießen. Ich möchte mich daran erinnern, wie es sich anfühlte, als wir alle noch jung waren und am Anfang standen. Ich stelle mir all die jungen Wissenschaftler und Wissenschaftlerinnen vor, die jetzt zu forschen beginnen – deren Arbeiten ich bald lesen werde und die eines Tages Durchbrüche erzielen, die sich niemand von uns vorstellen kann.

Es gibt noch so viel zu entdecken.

SCHLUSSWORT

Ich habe dieses Buch mit einem Dank an die Lehrerinnen und Lehrer begonnen – meine eigenen und die vielen anderen, die ich nie kennenlernen werde.

Lehrer legen, wie ich sagte, Samen in fruchtbare Erde.

Das Schlusswort aber möchte ich den Wissenschaftlern widmen – den gegenwärtigen, den künftigen und potenziellen. Und allen anderen Menschen, deren sehnlicher Wunsch es ist, zum Fortschritt der Menschheit beizutragen. Vor allem aber denen, die nicht ins Bild passen. Vielleicht sehen Sie nicht so aus, wie die Wissenschaftler in Ihren Büchern. Oder Sie kämpfen immer noch mit einer neuen Sprache und sprechen mit einem starken Akzent. Oder Sie haben in Ihrer Jugend einfach nie einen Wissenschaftler kennengelernt. Vielleicht gehen Sie auch auf eine Schule, von der noch nie jemand gehört hat. Möglicherweise verstehen Sie auch einfach die ungeschriebenen Regeln nicht, die in den Heiligen Hallen der Macht so vieles steuern. Ich hoffe sehr, dass gerade Sie sich meine Worte zu Herzen nehmen.

An einem ganz gewöhnlichen Tag auf den Straßen von Szeged war ich auf dem Heimweg von einer Klinik und fühlte mich wirklich schrecklich krank. Gleichzeitig aber durchfuhr mich blitzartig ein Gedanke: Niemand würde je den Beitrag vermissen, den ich gar nicht erst geleistet hatte. Niemand würde an meine Tür klopfen und mich drängen, weiterzumachen. Wenn ich aufgab oder mich Schritt für Schritt immer ein bisschen weniger anstrengte, dann würde niemand den Verlust bemerken.

Eine Welt, in der es an einem wichtigen Beitrag fehlt, ist der Normalfall. Das ist die Definition des Status quo.

Ich weiß nicht, woher diese Einsicht an jenem Tag kam. Aber sie trug mich durch all die Jahre, in denen ich nicht gesehen wurde. Die Jahre, in denen fast jede Botschaft, die mich erreichte, explizit und implizit immer eines zu sagen schien: *Kati, diese Tätigkeit ist nichts für dich.*

Meine Einsicht hielt mich bei der Stange. Sie machte mich dort hartnäckig, wo ich sonst vielleicht aufgegeben hätte.

Vielleicht durchzuckt Sie ja niemals ein derartiger Geistesblitz aus heiterem Himmel. Daher möchte ich Ihnen eine Botschaft vermitteln: *Lassen Sie sich nicht aufhalten.*

Was Sie einmal beitragen können, steht vielleicht immer noch in den Sternen. Doch bitte gehen Sie damit so um, als wäre all das schon real. Das ist wichtig. Auch wenn Sie im Moment noch nicht absehen können, welche Auswirkungen Ihr Beitrag vielleicht einmal haben wird. Diesen Teil hat ohnehin niemand von uns unter Kontrolle. Machen Sie einfach weiter. Nur noch eine Sache. Und dann noch eine. Was auch immer diese eine Sache für Sie ist.

Denn eines weiß ich mit Sicherheit. Jeder Same schenkt neues Leben. Und dieses Leben wiederum produziert neue Samen. Aus denen wieder mehr und Neues erwächst. So setzt es sich endlos fort.

Was ich damit sagen möchte: Sie müssen auf das vertrauen, was Sie in sich tragen. Pflegen Sie es, auch wenn – vor allem wenn – niemand sonst das tut.

Was ich sagen möchte, ist: Machen Sie weiter. Wachsen Sie weiter. Bleiben Sie in Bewegung, immer aufs Licht zu.

Sie sind das Potenzial. Sie sind dieser Same.

DANKSAGUNG

Ich danke meinen Eltern, weil sie mir beigebracht haben, dass harte Arbeit zum Leben dazugehört. Und meiner wunderbaren Schwester, die mich stets bestärkt und auf positive Gedanken gebracht hat. Vor allem aber möchte ich meinem Mann danken, der immer an mich und »meine Wissenschaft« geglaubt und mich durch all meine Höhen und Tiefen begleitet hat. Ich glaube nicht, dass ich ohne die bedingungslose Liebe und Hilfe meiner Familie durchgehalten hätte.

Danke an alle, die mich ermutigt haben, meine Geschichte zu Papier zu bringen. Vor allem an Ali Benjamin, die mir beim Schreiben eine echte Hilfe war. An Madhulika Sikka für ihre sorgfältige Redaktion.

Ich bin zutiefst dankbar für die lebhaften und ehrlichen Beiträge meiner Freundinnen und Freunde, meiner Mitstudierenden und Kollegen. Folgenden Menschen möchte ich für ihren unschätzbaren Beitrag zu diesem Buch danken: Ilona Súlykos, meiner Mitschülerin in der Oberstufe; Albert Tóth, meinem Biologielehrer am Gymnasium, und seinem Sohn Csaba Tóth; Zsuzsa Koncz und László Szabados, meinen Mitstudierenden an der Universität Szeged; meinen Kollegen an der Universität von Pennsylvania: Jean Bennett, Elliot Barnathan, David Langer, Sean Grady und Norbert Pardi. Meinem Kollegen Robert Sobol von der Temple

University. Und Elizabeth Bagi, Freundin unserer Familie. Herzlichen Dank für die Ermutigung, die ich von Mollie Glick und der Creative Artists Agency erhalten haben.